生命密碼

①

萬物演化的基因秘密

尹　燁

著

目錄

序一

生命中的因和果

我非常高興為尹爍先生的新作《生命密碼》撰寫序言。尹爍先生的幾本書，是我讀到的最通俗，同時也是最精闢的基因組學和遺傳學的科普讀物。這個系列叢書不僅回答了人類長期以來一直關心的一些本原性問題，比如，我們從哪裏來、我們是誰，並且準確地科普了當下很多熱門話題，比如基因檢測、幹細胞和克隆等。此外還詳述了動植物的演化、人類對疾病的認識，以及基因技術對人類世界的影響等。對於大眾來講，這是一套"雪中送炭"的好書，即便對於那些非常了解基因組學和遺傳學的讀者，這套書也能引發他們的深入思考。

人類其實一直非常想知道我們從哪裏來。從哲學層面來講，是超自然的力量創造了生命，還是大自然孕育了生命並且幫助生命進行演化？對於這個問題，人類一直很困惑。從生物層面來講，雖然我們的祖先早就知道"龍生龍，鳳生鳳""種瓜得瓜，種豆得豆”這種後代和祖輩的相似性，但並不知道其中的原因。也正因如此，“我們從哪裏來”才成了人類的一個終極問題。

當然，從 19 世紀中後期到 20 世紀初，隨著演化論和遺傳學的誕生（達爾文《物種起源》於 1859 年出版；孟德爾遺傳定律於 1865 年提出，在 1900 年被重新發現），人們似乎找到了答案。但那些答案見仁見智，依然無法解釋很多生物學現象。比如，為什麼原本食肉的熊貓變成了素食者，而且只吃那些連草食動物都不吃的、難以消化的竹子？為什麼我們和牙齒上的細菌都喜歡糖？為什麼同樣是牛奶，對一些人來講是營養品，對另一些人來講則會產生很大的危害？在人類了解遺傳的密碼 —— 基因後，這些問題便能得到很好的解釋。因此，《生命密碼》的看點之一，就是通過基因的演變歷史，了解我們及地球上各種生物是從哪裏來的，為什麼會有今天各種各樣的習性。

每個人都需要了解的第二個本原性問題是：我們是誰？當然很多人會說，從個體上講，我是我父母的孩子，是我孩子的爸爸或者媽媽。而從整體上講，人類是萬物之靈，是自詡地球之主的存在。前一種說法沒有錯，但是一隻猴子甚至一隻青蛙也可以說這樣的話，因此這種說法不具有特殊性；後一種說法其實是人類幾千年來處於食物鏈頂端所產生的一種不自量力的傲慢。在人類了解基因之前，人們確實覺得自己比其他物種更高等、更複雜、更先進，甚至認為不同的人種之間也有高等、低等之分。

但今天，基因組學和遺傳學告訴我們，這種傲慢是沒有根據的，甚至在一定程度上是錯誤的。人類染色體的數量並不比馬或者驢子更多，人類基因中鹼基對的數量甚至要比一些植物（如小麥）少得多。人類在沒有工具的情況下對環境的適應能力，要遠遠低於很多其他物種。人類不過是自然界各種生物中的一種而已，人類和黑猩猩具有相似性，而人類和香蕉、果蠅在基因上的相似性甚至大於 60%。因此，在宏觀層面上，人類要做的，更多的是和自然界和平相處，而不是統治世界。在個體層面上，我們身體的共生細菌數量比人體自身的細胞數量還要多，細菌和我們一同構成了我們的生命。一旦破壞了這個平衡，我們就可能生病。因此，我們要做的，不是像過去那樣試圖殺死所有的細菌，而是跟細菌和平相處。

《生命密碼》這套書，不僅告訴我們關於基因的這些知識，更重要的是讓我們懂得生命中的因和果。這讓我想起了黑格爾的那句名言："凡是現實的都是合理的。"在所有的現實背後，都有過去的合理性因素。理解了這一點，了解了基因對我們生命的作用，我們就能坦然地接受很多結果，更積極、更健康地生活。

2018 年 7 月 20 日，在尤瓦爾的新書《今日簡史》的全球首發儀式上，我和尹燁先生同台交流。當時我講，未來，連接比擁有重要，合作比顛覆重要。尹燁先生也深有同感，還提到了對《數學之美》《浪潮之巔》等幾本書的喜愛。作為世界知名的基因科技公司 —— 華大基因的首席執行官，尹燁先生不僅是基因組學和遺傳學領域的專家，還是一個知識豐富、文筆極佳的專欄作家，非常擅長深入淺出地介紹尖端科技。閱讀他的作品是一種享受，不但能夠讓我收穫很多最新、最準確的生命科學領域的知識和信息，而且能夠激發我進一步思考，讓我對他講述的道理反覆回味。

開卷有益，希望廣大讀者能夠像我一樣，喜歡這套優秀的作品。

吳　軍

硅谷投資人

豐元資本創始合夥人

計算機科學家

序二

做科普，他是認真的

雖然我在商業界闖蕩多年，但心裏仍有一塊地方屬於科學。這也是為什麼 2017 年我邀請尹燁與崔永元一起在北京辦了一場以“活在未來的人”為主題的知識秀，這是中國首部劇場式的知識秀。我們從宇宙聊到微生物，從生死談到上火星，從演化歷史談到未來，科學是解釋未來將以何種姿勢到來的不二法寶。

尹燁是我的一位科學家朋友，我們常會交流對科學問題的看法。他博聞強識，無論是地球演化還是人類起源，生命萬物還是人工智能，人類歷史還是宇宙未來，他都能從科學的角度做一番解答，和他聊天的感覺就像逛圖書館，又像做思維體操，身心格外愉悅。

他的時間管理和持續學習的能力給我留下了深刻的印象。他是一家基因科技上市公司的首席執行官，需要承擔的責任和忙碌的程度我很清楚，但他仍堅持抽空讀書、做公眾號、做演講、做《天方燁談》節目，每一項都需要耗費非常多的精力。他做這些的目的只是為了普及科學知識，而且做得很有趣，讓公眾在不知不覺中就被無處不在的科學知識吸引，歎服於生命的傳奇與精彩。

我在“尹哥聊基因”公眾號裏看到，僅在生命科學領域，他看的書摞起來就有兩人那麼高，而他這麼做只是為了給讀者推薦好的生命科學書籍。不得不說，他是一個很認真的人。

世上最怕認真二字，科學尤其如此，但也往往最需要認真的精神。現今尹燁出了套名為《生命密碼》的新書，話題領域涵蓋動植物、微生物和人，足以滿足對生命科學感興趣的人的好奇心。

我也寫書，也關心科學。我得說，這本書圖文並茂，趣味性和科學性並存，花費了不少的心思。書中不光有科學知識，還有人文、歷史甚至啟發哲思的部分，能漲不少知識。手不釋卷地看完，其間也不時掩卷沉思，感歎生命是如此神奇，又無比神秘，人類能站上食物鏈頂端實在幸運。我們在了解自己、探索未來的道路上，說不定會有更離奇的經歷。

未來需要想象力，充滿各種可能性，我們對這些可能性的理解，需要科普的幫助。這套書告訴你，演化歷史曾創造多麼偉大的奇蹟，也讓你看到未知世界的有趣，這個未知世界不僅指的是時間與空間的尺度，還存在於我們的意識中。看完這本書，你對於生死的態度會更豁達，也會更敬畏生命。

開卷有益，願大家如尹燁一樣，赤子之心永存，對生命充滿好奇。尊重科學，理解科學，最終的目的也是理解自己，畢竟，從地球、人類的歷史中，才能發現人類未來的出路。

馮　侖

萬通集團創始人

御風資本董事長

風馬牛傳媒創始人

前　言

科普是最好的公益

"21 世紀是生命科學的世紀"，這個預言正逐漸變成現實。形形色色的生命傳奇、時刻迭代的基因科技正在改變著我們的生活，並將對未來產生深遠的影響。

的確，在某種程度上，我們對自然萬物及自身的了解已經達到前所未有的高度。但是，坦率地說，對如此美妙的生命，我們卻知之甚少。

基因檢測、基因編輯、人工智能、精準醫療、合成生物、胚胎冷凍……這些熱詞呼嘯而至，乍一看可真讓人如入雲裏霧裏。

面對基因缺陷造成的罕見病，人類真的束手無策嗎？什麼基因讓原本食肉的熊貓"墮落"成了以竹為食的萌寵？美麗芬芳的花朵為了傳宗接代，暗藏怎樣的玄機？人類可以讓猛獁象復活嗎？……這一系列問題，讓人摸不著頭腦。

被時代浪潮裹挾的人們，如何在重重迷霧中看清生命的本質？

科普的意義正在於此。對我而言，科普是一種生活方式，是一蓑煙雨任平生的情懷。科普，就是幫助大家更好地體味生活中無處不在的科學魅力，感受生命科學的甜美之處。

與生物的不解之緣

我和生物早早就結下了不解之緣。從記事起，家裏的寵物就沒有斷過。我們養過魚、烏龜、豚鼠、兔子、很多隻貓。甚至，還有刺猬。

到上學了，父親會給我講《山海經》和《西遊記》，我聽得如癡如醉；母親則揣著相機，領著我去野外拍花草，順便做做標本，我玩得不亦樂乎。無論是看法布爾的《昆蟲記》，還是讀李時珍的《本草綱目》，或認字，或識圖，都讓我對生物課、生物多樣性產生了濃厚的興趣。

於是，高中畢業的我在挑選保送專業時，毫不猶疑地選擇了生物工程。大學畢業後，我有幸加入華大基因，如願從事著最喜愛的工作，也就有了後面的故事。

發願於《天方燁談》

其實，做基因電台的初衷很簡單，源自兩年前的一個念頭：基因科技越來越熱，但業內魚龍混雜；大眾渴慕前沿、靠譜、接地氣的基因知識，卻幾乎沒有值得信賴的信息渠道。基於此，我覺得有義務發揮所長，幫助大家驅走心中的疑雲。我想示範基因科普的正確打開方式，我想談人們聽得懂的生命科學。

我曾經許下四個願望：讓與生俱來的基因健康，許一個沒有罕見病的未來；讓與時俱變的基因可控，許一個遠離腫瘤的世界；用溫度冷凍時間，許一個返老還童的夢想；用人性戰勝“懶熵”，許一個人人健康的大願望。

這四個願望，是希望，更是重擔，而科普對我來說始終是第一步。

於是，我自費買設備，拉感興趣的小夥伴，堅持看書看文獻，通過網絡渠道傳播科普知識。在此期間，我個人看了近 300 本書，速讀了 3,000 多篇文獻，只為把握業界發展的最新動態。薦書如傳燈，我甚至窮舉了 300 多本生命科學相關書籍，列成書單，唯願讓深居象牙塔之中的生命科學知識能變得喜聞樂見，能真正“飛入尋常百姓家”。

我記得，那是 2016 年 3 月 20 日，在這個很有紀念意義的日子裏，《天方燁談》播出了第一期科普節目——《無創產前檢測：為萬千寶寶的健康誕生保駕護航》。

這一天，我們在深圳舉辦了無創產前基因檢測技術研究及臨床應用專家研討會暨“百萬信賴，感恩有你”分享會，邀請了 34 名全國頂級婦產科專家、近百個用戶家庭。3 月 21 日，華大基因成為全球首家無創產前基因檢測項目用戶數突破 100 萬的機構，基因科技開始惠及越來越多的家庭。通過《天方燁談》的電波，這個好消息傳向了更廣闊的地方，傳給了更多的人。

最初，我們計劃做 1,001 期節目，效仿著名的阿拉伯民間故事集《一千零一夜》，又名《天方夜譚》。剛好書名中的夜字跟我的名字是諧音，我就把這個電台節目命名為《天方燁談》。

令人欣慰的是，《天方燁談》受到了不少人的認可和喜愛，而且已經變成了“天方眾談”。華大有 20 多位內部專家在節目中發聲，包括杜玉濤、劉娜、高強、張曉平、方曉東、林梁、金鑫、董潔、黃輝等同事。榮幸的是，黃尚志、李春富、劉四喜、孫路明、張新華、賴永榕、方建培等 10 多位臨床專家也已入駐《天方燁談》獻聲，將來還會有更多各界人士陸陸續續加入我們。在此期間，《天方燁談》也從深圳走向北京、上海、南京、武漢等地，連接起越來越多的志同道合之人。在大家的共同帶動之下，生命科學變得流行。

精進於生命解碼

有了《天方燁談》的沉澱，《生命密碼》呼之欲出。

在地球演化的 46 億年裏，生命存在的時間是 34 億年。滄海桑田，唯一不變的是人類體內的基因，而這點兒東西竟延續了幾十億年。從生命演化歷程來看，早期草類植物跟人類共享基因的比例是 17%；到了蒼蠅，基因相似度達到驚人的 39%；斑馬魚與人類基因相似度達到 63%；小鼠已經是哺乳動物，與人類的基因相似度達到 80%；接下來，人類與黑猩猩基因相似度為 96%……而人類與人類之間的基因重合度，則高達 99.5%。

那麼，人與人之間為什麼還有那麼大的差別呢？這是由人類基因組的 30 億對鹼基決定的，千分之五的不同放在 30 億的基數上，差異就可觀了。我們極其相似，又極其不同。解讀生命密碼，經歷了一個非常複雜的過程。1977 年，人類解密完成的第一個物種是一種噬菌體，其基因組大小只有 5,400 個鹼基，在當時看來猶如"天書"。從 1990 年到 2003 年，花費 38 億美元，在美、英、德、法、日、中六個國家的共同努力下，終於完成了國際人類基因組計劃，我們才第一次知道人類的所有基因密碼。

從門捷列夫提出元素周期表起，到今天，算上人工合成的那些，化學元素總共不到 120 個。但有一點沒有爭議：由中國人發現的元素只有兩個，一個是鋅，一個是砷，且主要是在古代煉丹時發現的。如今，華大基因提出了"生命周期表"，即對每一個已知的物種進行測序，得到它們的基因組，並尋找基因組之間的關聯，進一步挖掘隱藏在數據背後的生命規律，最終實現"數字化動植物""數字化地球"的宏偉目標。這個計劃的意義不亞於元素周期表。

今天，全世界到底有多少物種的基因組被解密？答案是沒有多少。截至本書成書之時[1]，已經公開發表的動植物基因組僅 500 餘種，即便加上正在開展的科研項目也不到 1,000 種。跟地球上預計的至少 870 萬種物種相比，人類的探索之路才剛剛開始，還有非常長的路要走。值得一提的是，在公開發表的 500 餘種動植物基因組中，中國主導的比例達到了 33%，而美國的比例是 25%。可以說，中國力量暫時略勝一籌。化學上缺的，我們正在生命科學上補回來。

值得驕傲的是，在全球已經測序完成的動植物裏，過半是由

---

[1] 此處指簡體版出版時間 2018 年 11 月。

華大基因與合作夥伴共同完成的。因此，我們有完成生命周期表的充分信心。生命周期表的第一期測序對象是現存 27 目 157 科的哺乳綱，目前已有超過 127 科的物種被“科長”認領。這些“科長”將通過眾籌的方式，推動該科物種的基因組分析、解讀和知識傳播，從而使該科物種得到更多的了解和保護。繼哺乳綱動物之後，生命周期表的植物部分也即將開啟測序。

對各個物種基因組的逐一解碼，即是不斷填充生命周期表的過程。解讀生命密碼，離不開生命周期表這個宏偉計劃的持續落地，也離不開各界有識之士的積極參與。而之所以將本書命名為《生命密碼》，既是因為我們對物種的了解得益於生命科技日新月異的進步，也是為了引發更多人對生命本身的關注。

癡心於公益之路

無論是在 J. P. 摩根健康大會這一國際舞台上，還是在 ICG 這樣頂級的國際會議上，抑或是在華大幼兒園的興趣課堂上，我常常跟不同的對象分享自己對生命的思考以及科學本身帶給我的樂趣。在我看來，科普即公益。要做好公益，讓科普的效果最大化，就需要採取實際行動，且刻不容緩。常懷公益之心，踐行不已，才能發揮科學之於民眾的最大價值。

華大基因為什麼這麼關心公益？因為華大基因作為生命科技領域的龍頭機構，一定要做對得起時代的事情。華大基因敢講情懷，堅持公益為先，這是華大基因在誕生之初便已定下的基調。如果你細細查看華大基因的歷史，你會發現它的公益基因，造福使命，也能從中預見它的未來。

以防治包蟲病為例。包蟲病被世界衛生組織（WHO）定義為全球被忽略的 17 大疾病之一，它是由棘球縧蟲的幼蟲寄生引起的人畜共患寄生蟲病，該病潛伏期較長，發現時往往已到晚期。這一疾病嚴重危害患者身體健康和生命安全，影響社會經濟發展。目前，中國是包蟲病流行程度最為嚴重的國家之一，包蟲病高發流行區主要集中在西藏、新疆和青海等省區的牧區或半農半牧區。

遠離包蟲病，預防是關鍵。為了做好包蟲病的早期篩查和診療工作，2017 年 8 月，我和同事們一起，將用於包蟲病篩查和防治的 100 台“–86℃超低溫專業冷凍冰箱”送上高原。在這趟橫跨 4,000 餘千米的旅程中，我們通過直播平台向觀眾們科普相關知識。

沒有真正走過青藏線的人，不會理解“眼睛上天堂，身體下地獄”的感受；不是真正熱愛生命科學的人，也不會懂得在海拔 5,000 米之處、滂沱大雨中堅持做直播的快樂。

一路上，我和醫護人員、患者們的交流很多，既感動於醫護人員的付出，也為掙扎於病痛中的患者感到心酸。但我深信，如果能把藏區的包蟲病控制住，我們就有信心將全國的包蟲病控制住，並且協助“一帶一路”沿線和周邊國家將包蟲病控制住。

這也讓我回憶起 2003 年 SARS（非典型肺炎）肆虐之時。在疫情高發期，華大基因用 36 個小時就測出了 4 株 SARS 病毒的序列，用 96 個小時做出了 SARS 病毒酶聯免疫試劑盒。對於剛剛加入華大基因才一年的我，那是一個報效國家的機會。當時我心裏想的是：“如果在和平年代還能為國家做一點兒貢獻，恐怕也就是現在了。”

為了儘快量產試劑盒，我需要以最快速度準備好認證材料。我在電腦前奮戰了幾十個小時，趕寫出數百頁的研發和註冊材料。做完後才發現，這期間掉的頭髮填滿了電腦鍵盤的空隙。

在試劑盒順利通過藥監局的審批後，我和同事代表華大基因向全國防治非典型肺炎指揮部捐贈了加急生產出來的 30 萬人份的試劑盒。如果把 30 萬人份的試劑盒賣了，華大可以掙幾個億，但正是因為捐了，解了國家的燃眉之急，也鑄就了華大的文化之魂。能參與其中，為國家出一點兒力，對我來講是很榮耀的事情。

此外，罕見病群體，也是華大基因和我一直以來的牽掛。

每個人出生時都攜帶有基因缺陷，但只有少數人患上了無法治癒的罕見病。可以說，是罕見病患者替我們所有人背負了痛苦，我們應該攜手給予他們幫助，基因科技應該承擔應有的責任。

於是，我們啟動了一系列罕見病救助計劃。人們會看到，華大人擲地有聲，永遠以行踐言。

2017 年的上市儀式上，我代表管理層莊嚴承諾：我們每年義務捐助一種罕見病，在全球範圍內永久免費。

2017 年 3 月 21 日，華大基因聯合深廣電公益基金會成立了“華基金”。我作為代表鄭重宣佈：在全球範圍內永久免費為重型地中海貧血患兒提供 HLA 配型檢測。

在第十二屆國際罕見病與孤兒藥大會上，華大基因與深圳市關愛行動公益基金會共同籌劃成立“光基金”，基金來自華大基因 7 位女性高管自發的捐款，以幫助包括遺傳性眼病患者在內的罕見病患者。

我個人出資與南方醫科大學深圳醫院、深圳市關愛行動公益基金會聯合發起“狂犬病科研計劃”，推進狂犬病治療的臨床研究。

德不孤，必有鄰。華大人正前赴後繼，投身公益事業。

為了讓免疫系統缺失、終身只能生活在量身定製的無菌“大泡泡”裏的重症聯合免疫缺陷（Severe Combined Immunodeficiency，簡稱 SCID）患者得到更好的幫助，華大集團執行副總裁朱岩梅博士以個人名義為 SCID 患者發起捐助。籌集的款項將專門為全國範圍內的 SCID 疑似或確診患者提供免費基因檢測服務。

2018 年 9 月 7 日，華大黨委書記杜玉濤博士以個人名義為杜氏肌營養不良症（Duchenne Muscular Dystrophy，簡稱 DMD）患者發起了捐助，華基金正式成立 DMD 專項公益項目。在首期公益活動中，將通過華基金為全球範圍內 14 歲以下疑似 DMD 重症患者提供免費的基因檢測，用以輔助診斷及後續針對性的治療。

我們希望，這些舉動能進一步引起全社會對罕見病患者群體的關注和重視，讓基因科技進一步助力罕見病患者的臨床診斷和治療。科普是最好的公益，同樣，公益也是最能讓人感同身受的科普方式，能讓更多人切實感受到基因科技的力量。

我不過是一個科普工作者

很多人會謬讚我，稱我是一個科學家，其實我最多只能算一個科技工作者。說實話，生命科學理解起來沒有人們想象的那麼複雜。

我更願意把自己定位為一個科普工作者，我和華大有義務讓人們能聽得懂複雜的基因科學。的確，不客氣地講，科普工作者首先都是知識的“二道販子”，但其良心和水平，將決定這些知識能否被正確、無損地傳播。如果科普工作者的知識貯備足夠，他就可以更好地做到跨界，比如為科學注入人文的光輝，或為人文注入科學的力量，那就必然可以派生出新的知識和觀點，從而促進學科的進步和普及。此外，生命科學進境一日千里，知識結構更新極快，對立學說此起彼伏，即使是教科書級別的知識點也在不斷更新甚至被“顛覆”，所以我和同樣從事這項事業的科普工作者會持續努力。雖然每個人的知識結構是有限的，這本書當中也不免存在不足甚至錯誤，但本著對科普事業的熱愛和堅持，我滿懷誠意並盡力給大家送上靠譜的科學知識。

如果，我們對未來的預測是每個人都會知道自己的個人基因組，那麼，我們就有責任告訴現在的人們，什麼是基因，什麼是基因檢測，什麼是基因生活，怎樣用基因科技指導自己的健康生活。

如果，我們看到了這個世紀的競爭制高點一定發生在生命科學和生物技術產業，那麼，我們就有責任從娃娃抓起，啟發他們的想象。

人類必須和自然及其他物種和諧共處，才有未來。如果我們明白了這一點，就能更好地理解生命倫理的意義，從而心懷敬畏，銘記人性之本。

1

篇一

演化：思考生命的發生

假如地球只有一歲

據科學家測算，宇宙已經度過了 138 億年。而地球迄今已度過 46 億個春秋。46 億年的斗轉星移，滄海桑田，這顆星球經歷了翻天覆地的變化。然而，與之相比，人生不過百年，我們幾乎不可能對以億紀年的宏偉尺度形成直觀感受。

作為萬物之靈，我們的生命雖然短暫，我們的思維卻可不受束縛地穿越時空。早在宋朝，東坡居士就寫下“蓋將自其變者而觀之，則天地曾不能以一瞬”。如果用發展的眼光看世界，天地萬物之興衰更替，其實都不過眨眼之間。

那麼，我們不妨效仿蘇軾，以一天代表 1,260 萬年，把地球歷史濃縮成 365 天，在“眨眼之間”閱盡這顆星球的滄海桑田。

來，掀開這份地球“年曆”吧。

漫長的等待

1 月 1 日，零時零分零秒，地球誕生。

8 天後，地球進入冥古宙[1]時期。此時的它，被熾熱的岩漿包裹著，仍是熱乎的，躁動的。過熱的地表，使水汽蒸騰，升入空

[1] 一個地質學上的概念，開始於地球形成之初，結束於 38 億年前。

中，遇到冷空氣後，降雨出現了。

2 月末，或是由於原始大氣中的水汽凝結，抑或是由於岩石中的結晶水分離凝聚，地球上出現了巨型水體，流入板塊運動形成的大洋地殼。從此，有了早期的海洋。

在宇宙射線、太陽紫外線、閃電和高溫的輪番轟炸、“牽線搭橋”之下，海洋中的氨基酸、核苷酸、單糖、脂肪酸等小分子結合起來，有機化合物出現了。

在這一年的前三個月，地球和宇宙中無數星體一樣，都沒有生命存在的跡象。然而，有機化合物的出現為生命奠定了基礎。4 月 12 日，得益於海洋提供的生化反應條件，地球終於結束了孤寂的獨居生活，迎來了原始生命。然而，此時的生命，還只有最基本的新陳代謝和繁衍功能。

有細胞核的真核生物[1]開始在地球現身之時，一年已經過去一半。6 月 15 日，這是動物誕生的起點。

在整個上半年，能在地球舞台上唱主角的，始終是大氣和大地，不斷掀起那天翻地覆的莫測巨變。相比之下，生命無足輕重。

生命的繁花

生命在演化，但起步階段極其漫長。直到 8 月 2 日，生命逐

[1] 具有細胞核的生物的總稱。

漸演化出四大界[1]，多細胞生命初具雛形，原始的藻類也開始出現在海洋中。

不過，一些低等藻類在海洋裏出現，地球迎來了多細胞生物的時代。這些藻類都相對低等。要想見到海帶這類複雜的藻類，還要耐心等上一段時間。

11 月 19 日，值得銘記。這一天大約是 5 億 4,200 萬年前，地球發生了史上一樁重要懸案 —— 寒武紀大爆發[2]（Cambrian Explosion）。這一天，海洋生物蓬勃發展。物種演化出了更強大的視覺系統，節肢動物、海綿動物、脊索動物等集體登場，古生代（Paleozoic Era）就此拉開了序幕。兩天後，寒武紀最具代表性的遠古生物 —— 三葉蟲（*Trilobita*）[3] 出現了。

三葉蟲化石

[1] 真菌與植物和動物在結構、營養方式、消化方式上存在明顯差異，因此，在 1959 年，美國生物學家魏泰克提出了另立真菌界的四界（原生生物界、真菌界、植物界和動物界）分類系統。

[2] 距今 5.3 億年的寒武紀地質時期，突然湧現出許多過去不存在的物種，史稱“寒武紀大爆發”。

[3] 文中物種括注部分若為斜體標注，則為該物種的拉丁學名，正體則為英文名。

11 月 23 日 15 時，一個悲劇向地球襲來。受到伽馬射線暴（Gamma-Ray Bursts, GRB）的衝擊，地球突然迅速變冷，海平面也隨之下降，第一次物種大滅絕[1]開始了。滅頂之災突如其來，把原本瀟灑自在的海中生物冰封在冰川之下，六成物種和這個世界說了再見。

慶幸的是，生命雖然弱小，卻很頑強，生生不息。無論遭遇多麼殘暴的大滅絕，總有一批新生命衝破黑暗，接管這個星球，這也是被多次驗證的自然規律。

11 月 27 日，龐大的史前巨蠍（*Megalograptus*）現身了。樣貌雖然跟今天的蠍子相差不遠，但這些巨蠍身長 2 米、體重 200 千克，足以在當時的海洋中稱霸一方。此時，一部分生命開始從海洋向陸地進發。在陸地上，以裸蕨（*Psilophyton*）為代表的一批古老植物開始蔓延。一切都似乎發展得不錯，但好日子並未持續多久。

11 月最後一天，以腔棘魚（*Coelacanth*）為代表的總鰭魚類[2]開始演化。從骨骼排列上看，這些魚鰭跟今天脊椎動物的四肢相比差別很大，能支撐起魚類的身體在海底爬行。剛過午時，總鰭魚類已脫胎換骨，胸鰭和腹鰭分別演化成前肢和後肢，還擁有功能跟鰓類似的肺臟，被稱為提塔利克（*Tiktaalik*）的魚離水登陸，成為最早登陸的海洋生物之一。實現了水陸生活的無縫切換，兩棲動物也就應運而生。歷經幾千萬年的無數次嘗試，生物登陸終獲成功。

---

[1] 發生在距今 4.49 億年前的奧陶紀末期。

[2] 生活在古生代的泥盆紀，湮滅於中生代的白堊紀。

12 月 3 日，第二次物種大滅絕開始。這一次遠比第一次物種大滅絕慘烈得多。大型物種遭了殃，史前巨蠍等一批動物就此湮滅。

12 月 12 日，第三次物種大滅絕降臨了。這是最為慘烈的一次，彈指間，90% 的物種滅絕。據推測，原因可能是西伯利亞暗色岩的大噴發。

滅絕與新生

第三次物種大滅絕結束兩小時後，中生代（Mesozoic Era）[1] 繼之而來。

作為地球歷史上的關鍵角色之一，小朋友們喜聞樂見的恐龍登場亮相了，首先登場的是槽齒龍和板龍。不過，要想稱霸地球，恐龍還得等待時機，靜候又一場大滅絕的“洗禮”。

12 月 15 日，地球迎來了第四次物種大滅絕。這一回，氣候成了致命因素。曾經乾熱的環境逐步變得溫濕，適應不了新時代的生物只能被淘汰出局，特別是那些古代大型裸子植物，幾乎無一幸免。

接下來的兩天，現代蛙類、海龜和鹹水鱷這些現存的活化石登場，令人歡欣鼓舞。

恐龍注定是這個時代的天之驕子。它們非但沒有滅絕，反而變得更加昌盛興旺。在稱霸地球的版圖中，腕龍

[1] 距今約 2.5 億年 ~6,500 萬年。

（*Brachiosaurus*）、劍龍（*Stegosaurus*）和雷龍（*Brontosaurus*），割據三地。

儘管爬行動物看似統治了這個時代，但內部卻已經出現了分化。

有一部分爬行動物悄然變身，成了早期的哺乳動物，它們在大地上遊走，暗暗積蓄力量，為日後的霸權易主埋下了伏筆。儘管如此，此時的哺乳動物只有老鼠般大小，並沒有太大的發展空間，唯有在狹縫中求生和掙扎。

還有一部分爬行動物嚮往天空，於是，始祖鳥誕生了。始祖鳥是最早的鳥類祖先，隨之而來的則是有羽毛的溫血鳥類。

12 月 26 日，即距今 7,500 萬年前左右，恐龍家族的巨無霸霸王龍（*Tyrannosaurus*）登場了，它們橫行於大地。

12 月 26 日，地球遭遇了第五次物種大滅絕。距今 6,500 萬年前，恐龍全軍覆沒。其滅絕原因眾說紛紜，一個主流說法是，小行星撞擊地球引起了火山爆發，並導致了一系列災難性的連鎖反應。

爬行動物"遜位"，鳥類動物和哺乳動物"登基"，新生代展開了。12 月 28 日，齒鯨（*Odontoceti*）和鬚鯨（*Balaenoptera*）誕生，它們屬於現代鯨類，是目前已知的最大的哺乳動物。12 月 29 日，始乳齒象（*Phiomia*）開始演化，後來，變成了今天的乳齒象（*Mammut*）。這個星球又成了大型哺乳動物的樂園。

回頭望去，在最後的兩個月，地球上為什麼會頻繁出現物種大滅絕呢？

我們可以這樣理解，唯有物種豐富，滅絕才能談得上"大"。

在地球早期，並非沒有極端環境，但那時物種有限，遭遇滅絕的物種也就寥寥無幾。

滅絕，也不盡然都是壞事。每一次的物種大滅絕，一方面是迫使不適應新環境的生物出局，另一方面也是為躲過一劫的物種爭取更好的生存空間和演化機會。

滅絕，促使巨頭們將把持的生存資源轉交到幸存者手中，最終令強者有擔綱主演的機會。

智慧的誕生

相比之下，人類的歷史幾乎可以忽略不計。

縱使再奮力向前追溯，人類起源也只能設到 300 萬 ~700 萬年前，這就是所謂的“人猿相揖別，只幾個石頭磨過”。若是按照人類文明史算，更是只有短短的幾萬年時間。也就是說，到了最後一天的午夜，萬物之靈才披掛上陣。

12 月 31 日 10 時，人猿相揖別。人類離開了賴以生存的森林，開始探索其他更適合生存的空間。到了 12 月 31 日 13 時，始祖地猿出現，他們獲得了直立行走的技能，正式解放了雙手。

12 月 31 日所剩無幾。接下來，就進入了人類發展的快車道。

21 時 8 分，人類第一次使用火，發現了火的照明、取暖、熟食、驅敵等種種妙處。要成為有更高級別的生命，掌握火的使用方法無疑是既酷炫又實用的技能。

22 時 30 分，海德堡人（*Homo heidelbergensis*）出現，同一時期，北京人（*Homo erectus pekinensis*）出現。顴骨高突的北京人，

擁有取用天然火和保存火種的能力，被視為“人類的先驅”。

23 時 37 分，尼安德特人（*Homo neanderthalensis*）登場。就腦容量而言，他們更勝智人（*Homo sapiens*），卻在與智人的衝突中滅絕了。然而，尼安德特人的一部分基因存留了下來，延續至今。

23 時 58 分 03 秒，即距今 1.7 萬年前，山頂洞人亮相。人類有了原始宗教，學會了“跳大神”，並進入了母系氏族社會。

23 時 58 分 51 秒，人類學會了耕種，有了遠古農業。

23 時 59 分 05 秒，人類進入了陶器時代，學會了儲藏食物。

23 時 59 分 15 秒，人類工具中出現了青銅器。在古埃及，一座座金字塔拔地而起。文明時期開始，亞里士多德、孔子等先賢登壇授課，為後人留下了無盡的精神寶藏。

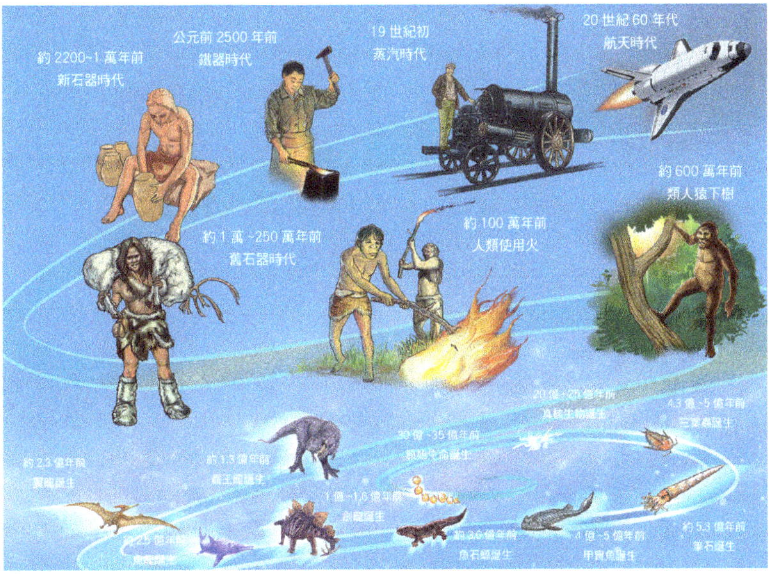

示意圖：地球的生命演化史（繪圖：柳葉刀）

23 時 59 分 36 秒，人類開始使用鐵器。

23 時 59 分 57 秒，工業革命，蒸汽機車上路。

23 時 59 分 59 秒，計算機問世，人造衛星上天，人類登上月球。

嚴格意義上說，從完成國際人類基因組計劃到智能手機的普及，再到閱讀這篇文章的時刻，都只能算是這一年中最後一毫秒的事情。

天地者，萬物之逆旅也；光陰者，百代之過客也。人類燦爛輝煌的文明，都不過是地球"一年"最後一分鐘的一支短小插曲。

一歲之後

或許，在整個宇宙演化的 138 億年間，也曾有無數行星和地球一樣，有過智慧生命的蹤跡。或許，這些生命已到訪過地球，卻在返鄉之後走向了毀滅。迄今為止，我們還沒有發現外星生命。

人類及目前推測出的大約 870 萬種地球生命，在這浩渺宇宙中，在這有限認知內，成了一棵絕無僅有的"獨苗"。

然而，這棵獨苗是否能繼續存在，前景尚不明朗。

過去的生物大滅絕，原因不外乎氣候變遷、天災突降。人類不曾經歷前五次物種大滅絕，卻有著造成大滅絕的能力，特別是近期大量物種的滅絕主因都是人類活動。也許，在不遠的將來，地球會毀於能源耗盡、環境破壞、核戰爆發、生化浩劫等人為災難。

午夜就要過去，新篇即將翻開；未來何去何從，盡在我們手中。最起碼，我們應當明白，人類之於萬千物種，不過是滄海一粟。

“仰觀宇宙之大，俯察品類之盛。”對自然懷有敬畏，牢記人性之本，明天才會更加美好。

假如地球只有一歲

If the earth is only one year old

1月1日 00:00:00
地球形成

4月12日 21:39:07
原核細胞出現

6月15日 13:07:49
真核細胞出現

11月6日 18:57:23
早期多細胞生物出現

11月12日 08:15:39
埃迪卡拉生物群出現

11月19日 07:50:36
寒武紀生命大爆發

11月23日 15:02:36
第一次物種大滅絕開始

11月24日 09:43:18
海底植物出現

11月24日 19:14:36
脊索原始魚類出現

11月27日15:47:59
脊椎原始魚類出現

11月27日 23:25:02
裸蕨類和兩棲類登陸

11月28日 20:21:54
有頜原始魚類出現

11月29日 09:41:44
軟骨魚類出現

11月29日 21:07:18
鸚鵡螺出現

11月30日 08:32:52
腔棘魚出現

12月3日 06:37:33
第二次物種大滅絕開始

12月4日 20:42:46
兩棲動物統治地球

12月7日 15:21:54
原始四足爬行動物出現

12月12日 00:00:00
第三次物種大滅絕開始

12月12日 13:26:05
哺乳動物的祖先犬齒獸類出現

12月13日 00:51:39
蛇頸龍出現

12月14日 03:31:18
恐龍出現

12月14日 22:33:54
原始的哺乳動物出現

12月15日 21:25:02
第四次物種大滅絕開始

12月18日 14:09:54
真正的哺乳動物出現

12月19日 20:38:05
原始被子植物出現

12月20日 02:20:52
始祖鳥出現

12月26日 01:10:26
霸王龍出現

12月26日 19:15:54
第五次物種大滅絕
開始

12月28日 00:46:57
類人猿出現

12月28日 12:12:31
哺乳動物重返海洋

12月29日 05:20:52
始乳齒象開始演化

12月31日 10:40:10
人猿揖別

12月31日 13:31:33
始祖地猿出現

12月31日 17:08:39
阿法南方古猿出現

12月31日 20:00:03
匠人與能人出現

12月31日 20:34:19
猛獁象和乳齒象出現
直立人第一次走出非洲

12月31日 21:08:36
人類掌握火的使用

12月31日 22:30:52
海德堡人出現

12月31日 23:37:08
尼安德特人出現

12月31日 23:46:17
晚期智人出現

12月31日 23:53:22
袋獅等澳洲生物滅絕

12月31日 23:56:54
尼安德特人滅絕

12月31日 23:57:42
智人進入美洲

12月31日 23:58:03
人類有了原始宗教

12月31日 23:58:30
人類從狼馴化出狗

12月31日 23:58:51
人類開始定居
從事農業生產

12月31日 23:59:01
城市風格的群居地出現

12月31日 23:59:08
人類進入陶器時代

12月31日 23:59:22
金字塔和象形文字出現

12月31日 23:59:33
《漢謨拉比法典》
成文

12月31日 23:59:36
人類開始大規模
使用鐵器

12月31日 23:59:57
工業革命
蒸汽機車上路

12月31日 23:59:59
計算機問世
人造衛星上天
人類登上月球

人腦竟有 6 億年

人類離開工具，實在是一種孱弱的動物。

論速度，尤塞恩·博爾特根本不是獵豹的對手；論力量，一隻黑猩猩（*Pan troglodytes*）能把一個成年男子打得滿地找牙，一隻銀背大猩猩（*Gorilla gorilla*）估計能打倒一個排的兵力；論視力，鷹隼的眼睛遠比人眼要精確；論聽覺，蝙蝠的超聲探測能力令人耳自愧不如……

那麼，人類如何擺脫先天劣勢，成為萬物之靈？靠的正是發達的大腦。正如荀子在《非相》中所言："人之所以為人者，非特以二足而無毛也，以其有辯也。"

從 BP 機到智能機

人腦容量可達 1,400 毫升，每天接收和處理大約 34Gb（吉字節）的信息，即便並行運算千百條人生問題，也根本不在話下。而這強大的信息處理能力，依賴的是信息連接的基本節點——神經元，人腦裏的神經元數量有多少呢？近乎天文數字，有將近 900 億！

可以說，這是整個自然界最複雜的神經系統。形成如此複雜的系統，並非一朝一夕之功。就像手機應用需要不斷迭代一樣，大腦也整整經歷了 6 億年的不斷升級。

讓我們把時鐘撥回 6 億年前。那時，遠古生物可謂“頭腦簡單”，或者說壓根兒沒有所謂的大腦結構，甚至連中樞神經系統都不完備。遠古生物傳遞信息只能靠一些演化出軸突[1]的神經細胞，這些軸突互相連接，並傳遞一些附載有用信息的電信號。

那時的神經系統，只有最簡單的應激能力，僅能在外界刺激下做出諸如“有食物，快吃”“有危險，快躲”的簡單反應，幾乎沒有任何記憶存儲的功能。也就是說，相當於只能接受簡單信息的 BP 機（尋呼機）。

對於生活簡單的原始動物來說，這樣的神經系統已經可以滿足生活需求。然而很快，環境開始變得複雜，BP 機式的神經系統遇到了障礙。

有一些生物成功“出水”，登上陸地，演化成了爬行動物。為了適應環境的複雜變化，大量神經細胞不得不集結在一起，形成了腦幹（brainstem）和小腦（cerebellum），這就是所謂的“基礎腦”。但這種基礎腦的功能十分有限，只有三個皮層（cortex），僅能滿足最基本的運動需求。

雷龍被認為是體形最大的恐龍，體重高達 30 噸，但腦子只有網球般大小。網上曾有這麼一個段子：“如果把雷龍的尾巴剁了，可能要過好一陣子，它才能感覺到疼痛。”

顯然，基礎腦中出現的皮層，給未來的大腦演化打下了堅實基礎，因為皮層集中了大量負責各種功能的神經元。有了皮層，

---

[1] 軸突是自神經元發出的一條突起，傳遞自神經元發出的衝動。

大腦才有了儲存長期記憶、運行複雜思維，甚至表達愛意及親情這些高級情感的可能性。

又經過一輪漫長的演化，地球終於迎來了哺乳動物。這些哺乳動物已有“初級大腦”，初級大腦已經演化出了更多新皮層，傳遞信息的功能變得變強，其餘功能也有了跨越式的飛升。於是，未來人腦的雛形出現了。

不過，大腦若想具備智能，還得熬到靈長類動物出現。以猩猩（Pongo pygmaeus）為例，大腦皮層的神經元數量大約是 90 億，神經系統相當於從 BP 機升級到了功能手機。大腦越出色，模仿學習的效果就越好，反過來也會促使生物本身演化得更快。

最終，人類與靈長類動物相揖而別，開始直立行走。與此同時，大腦也揭開了演化的新篇章。猩猩腦跟人腦相比，完全是小巫見大巫，因為早期人類大腦皮層的神經元數量已經達到了 160 億。終於，大腦像是從功能手機升級到了智能手機，開始奠定人類種群在生物界的江湖地位。

在之後的演化過程中，腦容量的擴充大小，似乎成了決定大腦演化程度的關鍵因素。大約 290 萬 ~390 萬年前，人類祖先的腦容量突然開始增長，迅速從南方古猿的 415 毫升漲到 1,400 毫升，達到了現代人的腦容量水平。腦容量的變化，也帶來了內部神經元和外部構造的巨大變化，比如前額葉區擴大，腦門前突；大腦有了更優質的新皮層，得到了更好的發育；神經元連接更多，也更加有條理了。

腦容量的激增，意味著無論是細胞數量還是組織結構，都發生了重大變化。那麼，腦容量為什麼會突然變大呢？

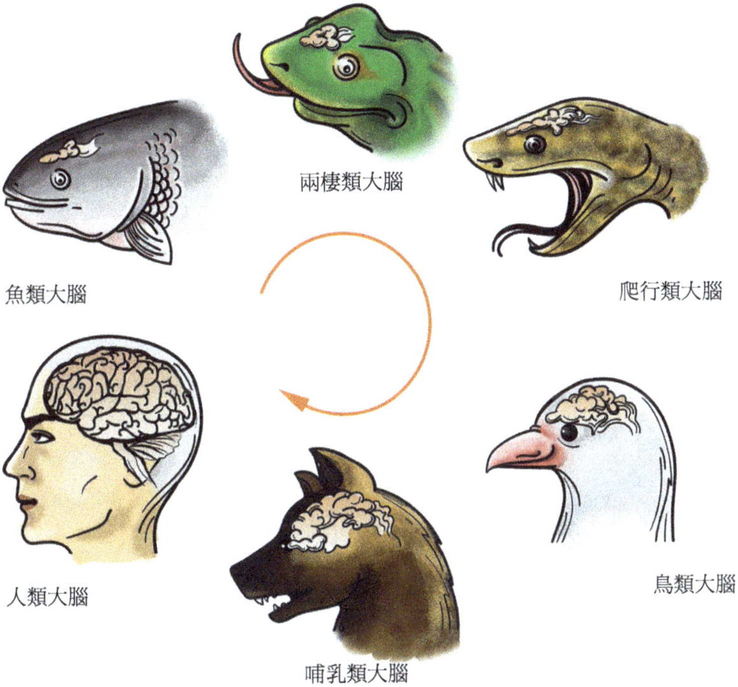

示意圖：低等生物和高等生物腦容量的區別

進步的動力，內外兼修？

在從古猿向人類演化的過程中，產生了許多基因突變。遺憾的是，我們對大腦這個精妙器官的了解，還處於非常膚淺的層面。科學家認為，有幾個基因可能為猿腦向人腦迅速演化立下了汗馬功勞。

第一個可能是 *FOXP2* 基因。人類和猿的一大區別，是人類擁有語言這一強大的能力。如果沒有語言，就沒有今天的人類文明，語言促使人與人之間的信息交流變得更加高效和精確。而*FOXP2*基因至關重要，這是一種控制語言能力發展的基因，該基因的突變常見於先天性語言功能障礙的人群中。另外還有研究表明，*FOXP2*對記憶力和理解力也有影響。

值得注意的是，這裏所說的*FOXP2*基因只不過是當前語言研究的冰山一角，在冰山下面還有許多基因奧秘有待發掘。

第二個可能是*ARHGAP11B*基因。這一基因僅見於智人、尼安德特人和丹尼索瓦人。而這個基因，可能和大腦語言中樞的出現有關。

第三個可能是*HARE5*基因。這個基因很可能是控制大腦發育的關鍵。實驗證明，跟移植了猩猩*HARE5*基因的小鼠相比，移植了人類*HARE5*基因的小鼠在腦容量上擴大了12%，而且產生了相應的大腦皮層。

這些與腦功能增強相關的基因，從何而來？科學家認為，這些基因一定孕育在人類演化的實際需求中。如何更好地製造和使用工具，如何應對日漸加重的勞動負擔，如何開創和傳承語言文字，如何由素食向肉食轉變……這些問題促進大腦不斷演化，也推動人類文明前進。

也就是說，腦容量的激增，是基因、人類行為與外部環境共同作用的結果。我們不妨舉幾個例子簡單說明。

人類祖先曾向北方遷移，地域差異是他們首先要迎接的挑戰。通常，緯度越高的地方，光照強度就越低。那麼，如何在昏天黑地裏看清東西呢？這離不開成像工具的分辨率，也就是人眼的視力必須足夠好；此外還需要大腦運算能力跟得上，才能較好地處理圖像解析結果。打個比方，就像需要同步升級顯卡硬件和更新顯卡驅動，對於住在高緯度地區的人類而言，不僅雙眼要銳利有神，連大腦也要跟著提升和擴容。

火的使用，也給人腦演化帶來了機會。在認識和掌握自然火之後，人類不僅能獲取光明、禦寒、抵禦野獸侵襲，還開始慢慢地習慣和喜歡燒烤以及烹飪食物。擺脫茹毛飲血沒多久，人類的牙齒不再那麼鋒利，而人類的大腦在享用熟食過程中獲取了更多的營養，變得更加發達。火給人類大腦容量的提升創造了條件，人類也由此揭開了認識自然和改變自然的新篇章。

大多數科學家認為，東非大裂谷的產生，給人類帶來了營養最豐富的食材 —— 魚。魚油裏含有極其豐富又價值很高的不飽和脂肪酸，在被人類大量攝入後，這些營養物質也為大腦升級做足了強力助攻的準備。

碳水化合物，尤其是澱粉，在腦容量加速增大的過程中也起到了不可忽視的作用。卡倫·哈迪博士及其團隊在綜合各方面的數據後提出，人類大腦的運作需要大量葡萄糖，而只有澱粉這類高碳水化合物才能提供足夠的葡萄糖。澱粉食物的攝入，能夠增進唾液澱粉酶基因的複製，從而更高效地合成人腦發育所需的葡萄糖。顯然，人類祖先也擅長用火對澱粉食物進行烹飪，他們越來越習慣這些更容易被消化的食物。

人類還有一雙可以與大腦媲美的靈巧的手，大腦的發育使人類祖先可以製造和使用工具，學會用更高效的方式捕獵和勞動，這反過來又進一步刺激了大腦的發展。

示意圖：古猿向人類演化過程中的腦容量變化（繪圖：鄭騰騰、李靖）

幸虧沒有“誤入歧途”

不過，就像電子操作系統在更新換代的過程中容易出現漏洞一樣，人類祖先的腦容量在達到 1,400 毫升這個里程碑的過程中，也走過幾次岔路，仔細想想甚至有些令人後怕。

比如，根據在歐洲發現的海德堡人的遺骸推算，海德堡人的腦容量只有 1,100 毫升，演化程度遠遠不夠。然而，一味追求容量大，未必能笑到最後。尼安德特人的腦容量將近 1,700 毫升，比現代人還大不少。但是，尼安德特人的腦容量幾乎被視覺功能和運動功能佔據主要位置，思維功能和溝通功能被放到了次要位置。後來，尼安德特人在跟現代人的競爭中處於弱勢，以至於不幸滅種，究其原因離不開大腦功能的“出色”程度。

在經歷了相當長時間的演化後，人類特有的大腦皮質中樞得以產生，如運動性語言中樞、書寫中樞、聽覺性語言中樞等，還出現了欣賞音樂、舞蹈和繪畫等藝術的中樞，功能越來越複雜、越來越完善。隨著抽象思維的發展，人類大腦額葉也得到了迅速擴張。

人腦作為人體中最複雜的部分，也給人類帶來了許多煩惱。比如中樞神經系統幾乎不能再生，有一種假說認為根源是早期神經元分化條件不可再現，目的是為了維持記憶。比如“9・11”事件發生的時候，很多孕婦目睹了這一刻，她們生出的孩子得抑鬱症的概率要高於其他的孩子。為什麼？DNA 記住了。這在某種程度上說明，意識具有一定的遺傳密碼和物質基礎。

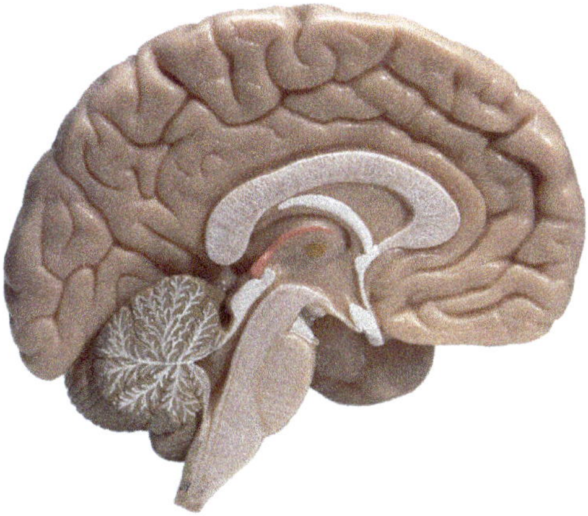

示意圖：現代人類大腦切面構造

探索意識起源，離不開大腦研究。隨著生活方式的改變和人均壽命的提升，人類社會出現了兒童自閉症（childhood autism）、成人抑鬱症（adulthood depression）、老年退行性疾病（neurodegenerative diseases）等腦神經疾病。國際科學界預言，

21 世紀將是腦研究世紀。中國也把腦科學研究列為“事關我國未來發展的重大科技項目”之一，並於 2015 年正式啟動“中國腦計劃”。

“窺天地之奧而達造化之極”。我們期待，腦科學的研究和應用，能夠幫助人類再上一個新台階，從而協助與人類相關的其他生物及環境變得更健康、更美好。

參考文獻

1. 姜樹華，沈永紅，鄧錦波 . 生物進化過程中人類腦容量的演變［J］.*Modern Anthropology*, 2015, 3(3): 32–42.
2. 佚名 . 我國科學家破譯芝麻遺傳密碼［J］. 種業導刊，2014，(4)：34–34.
3. Shultz S., Maslin M. Early human speciation, brain expansion and dispersal influenced by African climate pulses[J]. *PLOS One*, 2013, 8(10), e76750.

《大衛》的睪丸不齊，米開朗基羅的錯？

藏於意大利佛羅倫薩美術學院的《大衛》是米開朗基羅的傑作。那雄健的身姿、深邃的目光、軀體間氤氳的張力，無一不是米開朗基羅的神來之筆。最具衝擊力的，莫不是那象徵男性光芒的“睪丸”。

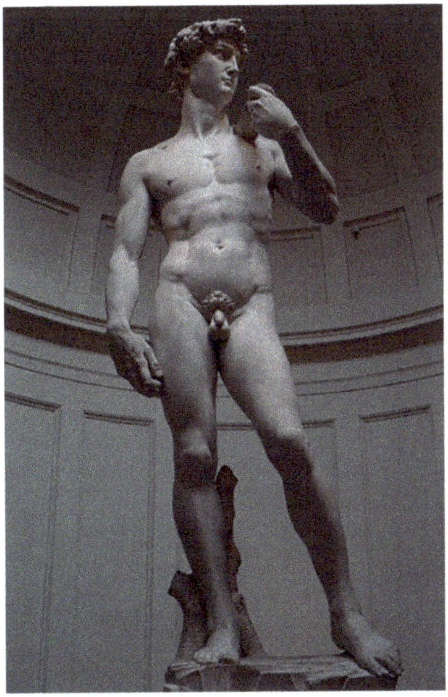

《大衛》被公認為是西方美術史上最優秀的男性人體雕像之一（拍攝：李雯琪）

倘若細心地觀摩，雕像的睪丸明顯左低右高（對於大衛本身來說），而且並非平行垂下，而是略呈“倒八”字。

難道這是大師不經意間的手誤嗎？不，這是米開朗基羅極其細緻的觀察結果。不信的話，男性讀者不妨到衛生間仔細看一下自己的私密部位，大概率會發現：太奇怪了！原來咱的一對睾丸也不對稱！

睾丸高低各不同

其實，睾丸不但形狀不規則，而且一般會出現左低右高的情況。這高低不同因何而來？是不是有某種演化學上的意義？抑或有其他什麼神秘的根源？

為了這對高低不同的睾丸，我們試圖追根溯源，結果發現這還得從娘胎裏說起。

在胚胎發育的絕大部分時間裏，睾丸都靜靜地待在腹腔中。要到 7 個月左右，這哥倆才會慢慢下降，移居到陰囊安家。

本來，要開展大遷移，就該同心協力，齊頭並進，可事實並非如此。如同雙胞胎出生有先有後，右側睾丸出發比左側略晚。如此一來，左側睾丸往往先降入陰囊，搶佔陰囊底部；出發較遲的右側睾丸拚命追趕，卻望塵莫及。無奈之下，只能退而求其次，高懸在陰囊之中。

因此，兩個睾丸並不齊位，這是自然之理。但從演化的角度看，為何會高低不同呢？

有一種假說認為，如果哥倆對稱平行的話，在受到兩腿夾擊或外力撞擊的時候，容易一不小心擠到一起。那場景，可謂天崩地裂……

於是，在長期自然選擇下，兩側睾丸略微錯開，方可相安無事，各自歡喜。

推而廣之，再看看人體其他的成對器官，往往也不對稱。

仔細看看鏡子，會發現兩眼大小不一；去商店買鞋，試鞋時總有一隻腳覺得偏緊；我們的肺，往往是左邊兩片，右邊三片；更不要提心臟、肝臟、脾臟了。這些體內的臟器向來很有立場，常常一邊倒，位置完全偏向一側。當然，也有小概率的人心臟長於鏡像右側，稱為"右位心"。

這也沒什麼好奇怪的，須知生命科學中唯一不例外的就是例外。

不必"囊中羞澀"

睾丸不但位置不一樣，大小也有差別。右側的"蛋弟"雖然到得晚，個頭卻比左邊的"蛋兄"要大一點。一位標準的成年男性，左側睾丸平均重 10.2 克，右側睾丸往往會多 0.5 克[1]。

睾丸最重要的作用是生產精子。那麼，重量較大的睾丸自然具備優勢。我們不妨比較一下人類與靈長目的近親 —— 銀背大猩猩和黑猩猩。

如果按睾丸佔體重的百分比排個座次，那麼銀背大猩猩不及人

[1] 成年男性睾丸正常平均值為：左側長寬厚依次是 3.3 厘米、2.27 厘米、1.71 厘米，容積為 13 毫升；右側依次是 3.38 厘米、2.37 厘米、1.78 厘米，容積為 14 毫升。平均而言，右側睾丸會稍大一些。

類，而人類又不如黑猩猩[1]。情到濃時，銀背大猩猩能交付的精子只有 5,000 萬個，人類的貢獻量則在數千萬到數億之間，最多的則是輸出值竟然將近 6 億的黑猩猩。也就是說，變大了，確實變強了。

不過，若是為此覺得"囊中羞澀"，便完全沒有必要。

性能力的正常與否，取決於睪丸分泌的雄激素夠不夠多。只要一側睪丸有 12~25 毫升的容積，質地硬度正常，就能分泌出足夠的雄激素，也就能帶動相關組織和器官正常運轉。換句話說，另一側的睪丸無關緊要，哪怕是切除一個睪丸，整體的生育能力還是可以得到保證。

有趣的是，睪丸偏小的男性，可能更受青睞。憑藉腦成像技術，人們發現，睪丸較小的男性，會將更多精力放在照顧孩子上，可能更顧家。[2]

這一點，在黑猩猩和銀背大猩猩身上有跡可循，兩種雄性在繁衍後代時選擇了不同的作戰方案。睪丸巨大的黑猩猩是多情公子，傾向於尋歡作樂，只有足夠大的睪丸才能保證自身不斷產生精子；而銀背大猩猩，家庭關係相對穩定，雄性一般專注於將資源投給已有的後代。

從睪丸功能講，銀背大猩猩是袖珍型，不如黑猩猩；但從個頭講，銀背大猩猩比黑猩猩大得多。看來，跟個頭無關，睪丸相對大小會在某種程度上塑造性格呢。

---

[1] 大猩猩睪丸重量只有體重的 0.02%，人類約為 0.04%~0.08%，黑猩猩則為 0.3%。黑猩猩性伴侶較多，需要快速產生大量精子，以在激烈競爭中獲勝，故睪丸相對重量較大。相比之下，大猩猩相對較專一。

[2] 研究者利用腦成像技術監測父親看見自己孩子照片時的大腦活動，同時輔以調查問卷印證。

左側銀背大猩猩的體型比右側黑猩猩大得多，
但前者睾丸功能遠不如後者（拍攝：尹燁）

為啥要外掛？

不過，美玉易碎。睾丸這個至關重要的器官，是男性的最大弱點。各種"防狼術"的絕招都是往男性襠下招呼，就連武俠小說中也有"猴子偷桃"這樣的陰損招式。

既然如此脆弱，為什麼還要孤懸體外，把弱點暴露得明明白白？

一切都是溫度作的祟。

如果在發育之初，睾丸不下沉，而是留在體內，精子會一直處於正常體溫。慢慢地，精子會過於懈怠，失去應有的活力。

但是如果睾丸外掛，精液的溫度比體溫低 2℃~3℃，精子就可保持“冷靜”的狀態蓄勢待發。當它們終於有機會進入卵細胞，就會展開競賽，向前衝刺，爭取拔得頭籌。

在下降至陰囊時，如果睾丸停在半路不走，便會隱在體內不現，成了所謂的“隱睾症”。留在腹腔內的睾丸，往往是跑得慢一些的右側睾丸。在體內高溫的長期“炙烤”下，睾丸的生育能力[1]不免深受重創，癌變的風險也陡然升高。

慶幸的是，在男寶寶出生三個月後，近七成的隱睾症會不治而癒。然而，若是過了半年還沒能成功歸位，就得通過激素或手術進行治療了。

睾丸移居陰囊，相當於在一個與身體分離的“海外基地”休養生息，目的是為了控制精子的生長溫度。精心演化至此，甚至不惜付出被暗算的巨大代價，堪稱基因存續的一著妙棋。

參考文獻

1. Mascaro J. S., Hackett P. D., Rilling J. K. Testicular volume is inversely correlated with nurturing-related brain activity in human fathers[J]. *Proceedings of the National Academy of Sciences*, 2013, 110(39): 15746-15751.
2. 曾毅 . 一大一小，一高一低的睾丸 [J] . 婚育與健康，2003，(3)：27.
3. 黃魯剛 . 隱睾的診斷與治療 [J] . 中國臨床醫生，2003，31 (1)：16-18.
4. 李志軍，馬建新，史夢年 . 隱睾的研究進展 [J] . 洛陽醫專學報，2001，19 (4)：353-354.

[1] 單側隱睾患者不育的發生率約為 10%~20%，雙側隱睾不育發生率則為 40%~80%。

核彈也炸不死的“活化石”

秋來，金黃的銀杏葉颯颯飄落，鋪成那一地金黃，璀璨斑駁，煞是好看。郭沫若深情描繪過銀杏葉翩翩而落之美：“秋天到來，蝴蝶已經死了的時候，你的碧葉要翻成金黃，而且又會飛出滿園的蝴蝶……”

難以想象的是，這飽含詩意的銀杏（*Ginkgo biloba* L.），至少在 2.7 億年前就已經開始裝點世界，存活時間甚至長於恐龍們（累計在世 1.6 億年）。

銀杏原先的名字可不那麼浪漫，叫“鴨腳樹”。《本草綱目》記載，銀杏“原生江南，葉似鴨掌，因名鴨腳”。直到宋朝，受到皇上青睞，才一舉翻身，得了“銀杏”這個美名。

銀杏的名字，也與果實顏色呈白色有關。銀杏果也稱白果。白果含有非常豐富的營養元素，包括維生素、粗纖維、氨基酸、鐵、鋅等，有抑菌殺菌、去痰止咳、促進血液循環和降低血清膽固醇等作用。美中不足的是，白果含有少量的氫氰酸毒素，多食、生食可能會引起中毒。

一棵銀杏樹從栽種到結果，需要長達 20 多年的時間。為此，銀杏也落下了“公孫樹”的昵稱 —— 公公種下了，孫子才能吃得上。這種高大、生長緩慢的喬木是銀杏綱、銀杏目、銀杏科、銀杏屬的唯一現存物種 —— 它的親戚早已湮沒於演化的長河中。唯獨銀杏熬過了無數嚴寒酷暑，成了裸子植物中最老的孑遺植物。

銀杏的葉子和果實

長壽的秘訣：無為而治？

銀杏的壽命極為驚人。目前，已知的世界上最古老的銀杏樹在我國貴州福泉，樹齡約有 5,000 年到 6,000 年。而有“中華銀杏王”和“天下銀杏第一樹”之稱的兩棵古銀杏樹，分別位於我國貴州長順和山東莒縣，樹齡都在 4,000 多年。

歲月流轉，銀杏見證了數不清的物換星移、盛衰興亡。曾經鮮活的巨型蜘蛛和巨型蜻蜓湮滅在石炭紀燃煤之中，曾經威震這顆星球的恐龍消失殆盡，各種哺乳動物在樹下嬉鬧，各色鳥兒在枝葉間翻飛⋯⋯直至人類成為大地的新主宰。

歷盡無數的幻滅和新生，銀杏如同一位緘默的老者，又飽含著澎湃的生命之力，佇立在這億萬年的孤獨與喧囂之中。

銀杏被稱為活化石，是有道理的。在漫長歲月中，銀杏演化速度極慢，也沒有旁系演化。唯有順著一條既定的血脈，延續了萬千世代。今天的銀杏和億萬年前的銀杏相比，基本沒有變化。

可以說，銀杏可以安穩走到今天，靠的是超強的抗逆性 ❶。無論外界環境怎樣變化，銀杏以不變應萬變，這種無為而治的態度可以從銀杏的基因窺見一斑。

銀杏的基因組大小超過 10Gb，是人類的三倍之多。對於一種二倍體植物 ❷ 而言，實在是匪夷所思。這是因為在演化過程中，銀杏發生過兩次全基因組複製事件，並伴有大量 LTR（Long Terminal Repeat，即長末端重複序列，基因組裏常見的一類來自於逆轉錄病毒 ❸ 的重複序列）的複製和插入。

兩次全基因組複製事件，一次發生在所有被子植物中，一次僅僅發生在銀杏中。在全基因組複製過程中，銀杏的防禦機制得到了極大的改善。一方面是具備各種防禦功能的基因家族發生了廣泛的擴張，另一方面是多重防禦機制的加強。比如如何應對昆蟲的攻擊，既可以合成直接對抗昆蟲的化合物，也可以釋放吸引昆蟲天敵的有機揮發物來間接對抗昆蟲。

LTR 是逆轉錄病毒基因組的一部分。這類病毒在植物細胞內搗亂，借用宿主細胞提供的材料進行瘋狂的自我複製。隨後，再靠著自身攜帶的元件，插入宿主細胞的染色體，成為宿主基因的一部分。

銀杏基因組裏的冗餘部分，有四分之三都是 LTR 幹的好事。

---

❶ 指植物具有的抵抗不利環境的某些性狀，如抗寒、抗旱、抗鹽、抗病蟲害等。

❷ 由受精卵發育而來，體細胞中含有兩個染色體組的生物個體。另外，由二倍體體細胞培育而來的植物以及由只含一組染色體組的單倍體經過染色體數目加倍處理而來的植物也叫二倍體。

❸ RNA 病毒的一種，其遺傳信息存錄在 RNA 上，多具有逆轉錄酶。

就像電腦用久了要清掃垃圾，大部分生物也會主動清洗 LTR。然而銀杏奉行“無為而治”的生活態度，對這些冗餘視而不見。

所以，銀杏基因組乍看頗大，但真正跟自身生存發展有關聯的部分並不算多。

銀杏的淡定無為，也有道理。任由那些外來序列隨機插入自己的基因組裏，有可能會形成新的基因，或者帶來相關的基因突變，這對於自身演化較慢的銀杏來說另有一番意義。而且 LTR 的不斷複製和插入，在某種程度上起到了提前佔位的作用，從而避免其他病毒乘虛而入。

廣島幸存者

有人說，銀杏基因組看起來像個“垃圾桶”。到今天為止，科學家尚未研究清楚這麼大的基因組到底起到了什麼作用。但有一點可以肯定，這套基因賦予了銀杏極其強大的適應性。在兩億多年的滄海桑田中，銀杏處之泰然，甚至在遭遇原子彈核爆的超強輻射後，銀杏也未凋亡。

那是 1945 年 8 月 6 日，在一聲巨響中，日本廣島傾覆了。

當時，在距原子彈爆炸中心 500 米左右的輻射範圍內，溫度高達 3,000℃~4,000℃，即便在 10 千米外，也能感受到灼熱的氣流。在廣島市，近 20 萬人瞬間喪命，同樣被摧毀的其他生物則數不勝數。

令人意外的是，有一株樹齡 200 多年的銀杏，在被炸得只剩下麥稈般粗細的根部後，頑強挺到了第二年的春天，抽出了新枝，並且在第三年長出新芽，重煥生機。

這位廣島原子彈事件的歷史見證者，成了珍貴的研究樣本。科學家從劫後重生的銀杏樹上採集了種子，想要細細研究其中奧妙，讓我們拭目以待吧。

如今，銀杏依然在緩緩生長，與億萬年前並無二致。就像陪伴過其他那些生物一樣，銀杏將繼續在靜默中陪伴人類，見證人類的地老天荒。

銀杏小貼士	
中文名	銀杏
拉丁學名	*Ginkgo biloba* L.
英文名稱	Ginkgo
別稱	白果樹、公孫樹、鴨腳樹、蒲扇
物種分類	裸子植物門、銀杏綱、銀杏目、銀杏科、銀杏屬
基因組學研究進展	2016 年 11 月 23 日，華大基因、浙江大學和中國科學院的科學家團隊完成了對現存最古老樹種銀杏的基因組研究，論文結果發表於 *GigaScience* 雜誌。 研究人員從頭組裝並分析了銀杏的超大（>10Gb）的基因組。銀杏向來被視為"活化石"，在自誕生至今 2.7 億年的生存史中，其形式和結構變化都非常小。由於銀杏有極長的存在時間，在生命進化中擁有獨特地位，因此其基因組信息可在植物防禦昆蟲、病原體的研究，以及樹木進化、生命進化等早期事件的研究方面提供廣泛的研究資源。

參考文獻

Guan R., Zhao Y., Zhang H., Fan G., Liu X., Zhou W., ... Fu Y. Draft genome of the living fossil Ginkgo biloba[J]. *GigaScience*, 2016, 5(1): 49.

穿越億萬年的凶神"鱷"煞

入夜時分，萬籟俱寂，吼聲乍起，像沉鬱而悠長的夢囈，漸漸轉為低吼。沼澤中水波翻湧，一群披著鎧甲的爬行生物傾巢而出。鱷魚！成群結隊的鱷魚目標一致地奔向某處。

一支陷入英軍重圍的日軍部隊藏匿在沼澤中休養生息。突然，一陣驚惶之聲響起，而後是撕咬聲、骨碎聲、慘叫聲、槍擊聲在暗夜裏交替響起，聽來格外淒慘。借著朦朧的光線，閃現在眼前的是大批鱷魚和人的較量。士兵們即使全力招架，卻收效甚微，空氣裏瀰漫著血腥味和沼澤特有的腐朽味道，昭示著這場惡戰的結局。

一夜過去，沼澤成了人間煉獄，原本 1,000 多人的部隊，只剩 20 來個活口。

這場發生在二戰時期的緬甸蘭里島"人鱷之戰"，是史上最嚴重的動物襲擊事件。

動物兇猛，鱷魚尤甚。消滅全副武裝的人類軍隊，對鱷魚來說只是尋常。早在白堊紀晚期，無所畏懼的鱷魚就向食物鏈頂端的恐龍發起了挑釁。檢視一些恐龍的骨骼化石，史前巨鱷（*Deinosuchus*，恐鱷）的撕咬痕跡清晰可見。一個合理的推論是，即便恐龍是當時動物界的霸主，也有變為鱷魚腹中之餐的風險。

鱷魚雖然兇殘可怕，卻自古為人尊崇。幾千年前的古埃及人把鱷魚當神靈供奉，並對其敬畏有加。

2015 年，倫敦大不列顛博物館曾展出過一具鱷魚木乃伊，這具木乃伊是由一條巨大的鱷魚和 20 條剛孵化的小鱷魚製成的。考古學家猜測，這條大鱷魚生前可能被古埃及人當作“鱷魚神”索貝克（Sobek）的化身受到崇拜，死後被製作成木乃伊，隆重下葬。

作為古埃及的鱷魚神，索貝克地位尊崇，集太陽神拉（Ra）之火、空氣之神舒（Shu）之氣、大地之神蓋布（Geb）之土、冥王奧西里斯（Osiris）之水四種神之元素於一身，收穫了四倍的神力，能夠呼風喚雨。對古埃及人而言，索貝克是埃及法老的庇護神，地位非常高貴。傳說索貝克能賜予人類財富和豐收，又被視為眾神和人類的保護者。

對鱷魚的崇拜，在古埃及法尤姆地區尤為突出，那裏曾經沼澤叢生，鱷魚出沒。後來古埃及人開鑿運河引來尼羅河水，在法尤姆修建了人工湖來發展農業，把法尤姆變成了繁華之地。為了表達對“鱷魚神”索貝克的崇拜，古埃及人把法尤姆的一座城市命名為鱷魚城，並在城裏修建了許多廟宇供奉索貝克。在每座鱷魚神廟裏，祭司都供養著一條巨大的“聖鱷”，將其視作“鱷魚神”的化身。他們在“聖鱷”身上裝飾黃金珠寶，上供食物，精心侍奉。等“聖鱷”死後，祭司將其做成木乃伊，舉辦隆重的葬禮，並把木乃伊安葬在已故埃及法老的遺體身邊。時至今日，那些華麗宏偉、保存良好的鱷魚神廟仍是埃及的著名旅遊景點。

古埃及神廟中的“鱷魚神”索貝克浮雕

必須要說明的是，從生物學上來看，人們常提到的鱷魚其實涵蓋兩種相差很大的類別。鑒別這兩類鱷魚最方便的方法，是觀察“鱷魚的微笑”。

古埃及人崇拜的鱷屬於鱷科，英文稱 crocodile，嘴唇呈 V 字形，閉合之時，下顎兩側的第四齒露出，緊緊與上唇貼合。鱷科成員還包括灣鱷（*Crocodylus porosus*）、暹羅鱷（*Crocodylus siamensis*）等。

若嘴唇呈 U 字形，宛似一柄短鏟，閉嘴而不露齒，那麼縱使同屬鱷目，卻只能歸入鼉（讀音為 tuó）科，即所謂短吻鱷（*alligator*）。短吻鱷的典型代表之一是中國的揚子鱷（*Alligator sinensis*）。這種體型較小的中國特有短吻鱷在古代被稱為鼉，這個字在甲骨文中出現過。鼉也被稱為“豬婆龍”，相傳龍的原型便是鼉。

觀嘴識鱷：鱷科的鱷魚嘴唇呈 V 字形而且牙齒外露，鼉科的鱷魚嘴唇呈 U 字形

隨著時移世易，即使兇猛如斯的鱷魚，也面臨生存危機。由於棲息地被破壞，我國現存的野生揚子鱷只有 200~700 條，仍未擺脫瀕危狀態，被列為國家一級保護動物。若是加上人工飼養的揚子鱷，皖浙地區的揚子鱷總數也不過 1 萬條上下。

高效殺戮機器

鱷魚的歷史，可追溯到恐龍時代。當昔日稱霸世界的恐龍消失後，在亞熱帶、熱帶地區的河溝中，鱷魚仍然像其祖先那樣蟄伏和捕獵。能將命脈自恐龍時代延續近億年，鱷魚不可能只靠運氣，鱷魚將最神奇的東西都深藏在基因之中。可以說，偉大的基因才是鱷魚種群生存至今的根本原因。

作為一種頂級掠食動物，經過長期的演化，鱷魚基因組中很多與視覺和嗅覺相關的基因都發生了多次複製，為鱷魚帶來了非常發達的感官系統。

鱷魚的瞳孔垂直細長，宛似一道縫隙，適合夜間捕獵，還可遮蔽烈日，以防侵害。縱使潛入深水，一層瞬膜（nictitating membrane）總能覆住雙眼，如同人類的泳鏡，使鱷魚對水下情況一覽無餘。因此，“鱷魚的眼淚”並非假作慈悲，其實是養護瞬膜，相當於鱷魚的“眼藥水”。嗅覺基因表達的上調，足以讓鱷魚在能見度極低的渾水中準確鎖定獵物，只要有一點兒血腥味，鱷魚就有可能聞味兒而來。

鱷魚的瞳孔垂直細長

僅僅擁有優秀的視覺和嗅覺，還不足以令鱷魚成為頂級獵手。鱷魚喉嚨背側有次生腭，可充當食管、氣管的閥門，能自由掌控水流進入。耳蓋和眼瞼能保護內耳和角膜，增厚的肺壁則避免了潛水時的高壓強環境對肺的破壞。鱷魚的心臟在危急情況下能中止對肌肉供血，以確保大腦供氧充足。

更稀奇的是，鱷魚有一件終極武器 —— 比一般生物更高效的氧氣輸送系統。

鱷魚的祖先本是陸生生物，早已適應陸地生活。那麼，當習慣用肺呼吸的動物重新下到水裏時，首先要解決的便是如何獲得充足氧氣的問題。顯然，重新演化出鰓部已然不可能。鱷魚另闢蹊徑，通過提高血液輸送氧氣的能力，減少出水換氣的頻率。

以揚子鱷為例，輸氧相關的基因在血液中格外豐富，氧氣運輸能力可按需擴增。揚子鱷對血紅蛋白和碳酸氫鹽的結合能力比其他動物強，可有效避免缺氧狀態下由血液變酸引發的酸中毒[1]。再加上能量代謝相關基因的優勢[2]，揚子鱷憋起氣來更加綿長，潛水可長達 2 小時之久。

他山之石可以攻玉，如果可以通過基因編輯修改人類基因，是不是就能提高潛水能力？是不是人人都能像《水滸傳》中的“浪裏白條”張順一樣，“水底下伏得七日七夜[3]，水裏行似一根白條”，成為潛水冠軍呢？

上述情景，想想就令人興奮不已。但從目前的技術手段看，單靠修改基因來複製揚子鱷經過數億年演化而來的超強潛水能力，還不太現實。比如被稱作“海上吉卜賽人”的東南亞巴瑤族人，是最善於潛水的人類種群，但他們潛水的極限時長也不過十幾分鐘而已。

獨門血液，百毒不侵

科學家更關注的是鱷魚強大的免疫能力。

鱷魚的生活中充斥著無盡的搏殺，捕食、爭奪配偶和巢穴隨時都可能發生，受傷是尋常之事。

沙石密佈的沼澤、江流，是大多數鱷魚的棲息之地。按理

---

[1] 比如碳酸氫鹽結合血紅蛋白的相關基因、普通磷酸鹽結合氧運輸與特殊的碳酸氫鹽結合氧運輸的相關基因等。

[2] 如碳酸氫銨排泄和心肌收縮等的相關基因。

[3] 小說中人物的水性是被誇大的，目前經吉尼斯世界紀錄認證的水下憋氣最長時間，是由西班牙人艾利克斯·塞古拉（Aleix Segura）在 2016 年 2 月 28 日創造的 24 分 3 秒。

說，生活在這些不潔的環境中，一旦受傷，傷口極易發生感染，繼而會導致嚴重的敗血症，結局多半是死亡。

但不可思議的是，無論傷口多麼慘不忍睹，鱷魚往往能迅速復原。而這其中的奧秘，便是鱷魚的獨門血液。

鱷魚血含有強效的殺菌肽，能令病原體束手無策。特別是某些蛋白質，比人造的抗生素更為高效。耐甲氧西林金黃色葡萄球菌（*Staphylococcus aureus*）能令一眾抗生素鎩羽而歸，卻也會被鱷魚血立刻殲滅。

鱷魚超強免疫力的根源，也是基因。比如，在揚子鱷身上，有 43 個與免疫相關的基因家族都發生了擴張[1]，令其他爬行動物望塵莫及。曾有一份研究證明，鱷魚血清"清剿"HIV 病毒的能力，遠遠超過人類血清。

我們期待，對鱷魚免疫能力的進一步研究，可以幫助人類更好地對抗疾病和傷痛。有人展望，在不傷害鱷魚的前提下，也許可以將鱷魚血中的殺菌肽製成修復難癒傷口、治癒傷口感染的藥膏。特別是當科學家對鱷魚免疫基因有了更深入的了解之後，甚至有望人工合成鱷魚抗體，讓包括艾滋病在內的多種疾病有更好的治療方法。此外，鱷魚強大的輸氧基因，也為治療某些血液病帶來了新的可能。

生物基因是一座寶庫。億年"老壽星"鱷魚家族，有凶神惡煞的一面，也有救死扶傷的潛能，值得我們去保護、探索和挖掘。

---

[1] 最顯著的是上調包含 TRIM 的 C 型凝集素及嗜乳脂蛋白基因和抗菌肽基因的表達。

鱷魚小貼士	
中文名	鱷魚
拉丁學名	*Crocodylus siamensis*
英文名稱	Crocodile
別稱	鱷
物種分類	屬於脊索動物門、爬行綱、雙孔亞綱、鱷目
基因組學研究進展	2014 年 12 月 12 日，美國得克薩斯理工大學和華大基因聯合測定了三種鱷魚 —— 美洲鱷、鹹水鱷和印度鱷的基因組序列。研究發現，與鳥類相比，鱷魚的整體進化速率非常慢。由於鱷魚和鳥類、龜鱉類位於同一個姊妹群，因此可以説明它們的祖先進化的速率也很慢，而鳥的快速進化事件是鳥類獨立演化而來。基於個體雜合度的種群歷史規模分析顯示這三種鱷魚在更新世經歷了種群衰退事件。三隻鱷魚基因組數據的公佈，為我們研究它的祖先古蜥提供了數據基礎。該成果發表於《自然》雜誌上。

揚子鱷小貼士	
中文名	揚子鱷
拉丁學名	*Alligator sinensis*
英文名稱	Chinese Alligator
別稱	中華鼉、中華鱷、土龍、豬婆龍
物種分類	屬於動物界、脊索動物門、脊椎動物亞門、爬行綱、鱷目、短吻鱷科、短吻鱷屬、揚子鱷種

揚子鱷小貼士	
基因組學研究進展	2013 年 8 月 6 日，深圳華大基因研究院、浙江大學等單位的研究人員，在《細胞研究》雜誌上發表了瀕危物種揚子鱷的全基因組測序及分析。揚子鱷基因組大小為 2.3Gb，基因數約為 2.22 萬個。揚子鱷基因組也成為全球首個公開並發表的鱷魚基因組。研究中，科研人員對揚子鱷長時間潛水行為的遺傳學機制、進化及性別發生等進行了全面解讀。這項研究不僅給爬行動物和鳥類的進化研究提供了依據，同時也填補了性染色體消失現象研究的空白。同時，作為瀕危動物，揚子鱷基因圖譜的繪製完成無疑為其保護和復壯工作奠定了重要的遺傳學基礎。

參考文獻

1. 埃里希・馮・丹尼肯．斯芬克斯的眼睛：尼羅河未解之謎［M］．黃銳，譯．北京：金城出版社，2011.
2. 方黎明，方盛國．揚子鱷性別定向的全自動孵化［J］．野生動物學報，2015，36（1）: 103–107.
3. Wan Q.H., Pan S.K., Hu L., Zhu Y., Xu P.W., Xia J.Q., Chen H., He G.Y., He J., Ni X.W., Hou H.L., Liao S.G.,Yang H.Q., Chen Y., Gao S.K., Ge Y.F., Cao C.C., Li P.F., Fang L.M., Liao L., Zhang S., Wang M.Z., Dong W., Fang S.G. Genome analysis and signature discovery for diving and sensory properties of the endangered Chinese alligator[J]. *Cell Res*. 2013 Sep, 23(9): 1091-105. doi: 10.1038/cr.2013.104.
4. Kozlowski H.N., Lai E.T., Havugimana P.C., White C., Emili A., Sakac D., Binnington B., Neschadim A., McCarthy S.D., Branch D.R. Extracellular histones identified in crocodile blood inhibit in-vitro HIV-1 infection[J]. *AIDS*. 2016 Aug 24, 30(13): 2043-52. doi: 10.1097/QAD.0000000000001159.
5. Green R.E., Braun E.L., Armstrong J., et al. Three crocodilian genomes reveal ancestral patterns of evolution among archosaurs[J]. *Science*, 2014, 346(6215): 1254449.

一匹被招安的“狼”

冷空氣席捲了大地，風聲在夜空裏呼嘯。地平線那端，一個孤獨的身影正機械地蹣跚著。看樣子，它已經走了很久很久。

它是一匹狼。

許是與同伴不和，許是跟丟了團隊，獨狼無聲地逡巡在荒原上。一連十天，它都沒有捕到獵物，煢煢獨立，飢腸轆轆。

在肉食類動物中，狼的耐力、速度和個體戰鬥力遠遠算不上拔尖。然而群體作戰的優勢讓狼成為高效的殺手。

狼群習慣的捕獵方式是先從外圍包抄，把獵物團團圍住，步步緊逼。然而獨狼並不能完成這樣的狩獵，甚至可能鬥不過大型食草動物。絕望的獨狼，動起了投奔人類的念頭。

人類自從掌握了種植技術，就慢慢步入農耕文明，建立起部族村落。在人類聚居地，總會有堆積如山的垃圾：破爛菜葉、殘羹剩飯，甚至糞便。這些都是狼難得的食物來源。

只要跟著人類，總能苟活下去。

漸漸地，狼磨掉了鋒利的棱角，開始依附人類生活。天長日久的定期投餵，狼跟人的關係越拉越近，成了看家護院的忠實門徒。而且，越溫順，越得寵，食物越豐盛，便能繁殖更多的後代。

從此，曾經特立獨行的獨狼，正式被招安為“狗”，“與人為善”的基因代代相傳。

想象圖：從原始社會開始，人類便有意識地把野狼馴養為家犬（繪圖：柳葉刀）

十年蹤跡十年心

除了狗，貓也是人類家庭最常見的寵物之一，但貓和狗有很大不同。

幾乎所有的貓都有類似的長相。雖然大小不同，毛色各異，但是貓咪們都有著長長的尾巴，圓圓的臉，尖尖的耳朵。

相比而言，狗就顯得變化多端，西班牙鬥牛犬、貴婦犬、藏獒、牧羊犬、北京犬、拉布拉多犬、吉娃娃……不同的狗，長相千差萬別。光看外形，甚至難以將其歸為同一物種。

這當然是有原因的。全世界所有家貓都是當年波斯、埃及一帶單次馴化的大型貓科動物的後代，可簡單稱之為“單中心或寡中心起源”。而狗的馴化就複雜多了，是“多中心起源”，即各地獨立馴化的結果。

狗雖然不能講述歷史，但狗的骸骨可以。科學家從狗化石中提取出 DNA，將其跟 700 隻現代狗的基因比對，發現了狗譜系中的兩大分支：一支來自東歐亞大陸，像沙皮和藏獒，約在 1.4 萬年前被人類馴化；另一支則來自西歐亞大陸，約在 1.1 萬 ~1.6 萬年前被人類馴化。

家犬的起源和馴化，是一個爭議不斷的科學問題。直到 2016 年，來自中科院昆明動物研究所的張亞平院士課題組與雲南大學、瑞典皇家理工學院等機構的研究人員才找到答案。他們通過對 58 隻犬科動物（12 隻灰狼、27 隻來自亞洲和非洲的原始狗及來自世界各地 19 隻不同品種的現代狗）進行全基因組重測序分析，發現來自東南亞的狗明顯比其他種群的狗具有更高的遺傳多樣性。群體系統進化樹分析顯示，東南亞的狗是與灰狼有親緣關係的最基礎的種群，而位點頻譜數據分析表明，最早被馴化的狗出現在約 3.3 萬年前的東南亞。

研究人員由此推測，在約 1.5 萬年前，東南亞的馴化犬類開始往世界各地遷移，在中東、非洲和歐洲等地繁衍生息，協助人類狩獵和放牧。後來一支走出亞洲的犬類又遷回東方，在中國北部與當地品種進行基因交流。

兇悍、勇毅的狼變成了乖巧、可愛的狗，是一個在世界各地普遍發生的故事內核。基於現代狗和狼的基因比對結果，科學家推測，人類馴狼為狗的行為可能發生了不止一次。被馴化後，不同起源的狗又反覆配對雜交，和狼再次混血，甚至通過彼時未被淹沒的白令海峽和美洲的同族進行基因交流。最終，來自東歐亞的犬種略佔上風，對現代犬種的基因貢獻更大，西歐亞馴化的犬種則對現代犬種的基因貢獻較少。

不同的生長環境，各異的飲食習慣，多個品種的反覆配對，造就了狗的高矮胖瘦、美醜妍媸。在全世界，狗的品種有近 178 個，既有威武雄壯的大丹和牧羊犬，也有小巧玲瓏的博美和吉娃娃。此時，相信你已經了解，懷中那隻撒嬌賣萌的泰迪，竟和兇猛的藏獒是近親。

各個品種的狗，體形、性情各不相同

然而，不管什麼品種的狗，都有著和狼截然不同的性情。

野狼對人要麼躲避、要麼攻擊，而狗在見到人時格外親熱。特別是聽到主人回家的腳步聲，被馴化的狗就會立刻奔到門口，搖尾示好。狗失去了桀驁的野性，把人類視為主人。

究其原因，源自狗的某些基因突變。普林斯頓大學生物學家布里奇特·沃霍爾特和其他遺傳學家研究發現，在狗的馴化過程中，6 號染色體上有一段 5Mb 的基因區域在演化中被選擇，而這一基因片段也存在於人類基因組中。如果人類缺失這段基因，便會引發 Williams-Beuren 綜合徵，出現發育延遲和行為刻板等症狀。而行為刻板也是狗有別於狼的核心馴化要素。研究結果表明，正是該區段內兩個基因 *GTF2I* 和 *GTF2IRD1* 的結構變異，促進了狗的社交能力。在科幻電影《侏羅紀世界 2》中，迅猛龍對人類的親昵和忠心，與狗的馴化機理類似。

這兩個基因突變的擴張，將狗的注意力分散到人類身上，正是人類選擇的結果。投之以木桃，報之以瓊瑤，狗對人類越親熱，人類對狗也越發體貼。擁有與人親善的基因的狗會獲得更多的關愛和繁殖機會。而馴化過程中對人不親近，乃至會傷人的狗，則難以留下後代。

久而久之，與人為善的狗越來越多，狗的社會地位得到提升。在許多家庭，狗已是重要一員，衣食住行和生老病死都得到了精心照顧。城市工薪族養了狗，在外漂泊不再那麼孤獨；空巢老人養了狗，減少了兒女不在眼前的寂寞；一些手頭寬裕的人，也會在家裏養些純種狗，當作經濟實力及身份地位的象徵。

狗在長期和人類共處的日子裏，也演化得越發適應人類社會。大約 1 萬年前起，人類進入農業時代，食物中澱粉比例增加。相比以食肉為主的狼，狗的澱粉酶基因拷貝增加，更加適應消化吸收澱粉。

艾格尼絲曾言："狗的壽命太短，這真的是它們唯一的缺點。"時至今日，狗已經成為人類的助手和最親密的夥伴。在村莊裏，狗或為人們看家護院，拒生人於門外；或看管羊群；或拉雪橇；或刨地翻土，尋找失物；甚至可以在樹林中尋找埋在地下的珍貴食材。

在城市裏，狗則提供各種各樣的專業服務，拉布拉多、黃金獵犬負責導盲，幫助盲人出行；德國牧羊犬探案如神，幫助警察懲兇除惡；嗅覺靈敏的德國黑背，則在海關負責緝毒。

嘉貝麗．文生講過這樣一句話："洪荒時代，人類從大自然中選擇了狗，而它也終究沒教人失望，成了自然界中最善解'人'意的動物。"是啊，人提供食物，狗提供服務，互惠互利，甚至日久生情，在情感上互相依賴，人類和狗之間的甜蜜故事，可望不斷地續寫下去。

狗小貼士	
中文名	狗
拉丁學名	*Canis lupus familiaris*
英文名稱	Dog
別稱	犬

狗小貼士	
物種分類	脊索動物門、哺乳綱、食肉目、犬科、犬屬、灰狼種
基因組學研究進展	狗是馴化最為徹底，同時也是和人類關係最親密的動物。2005 年，一隻名叫“塔莎”、品種為“拳擊手”的德國母狗的基因組由美國國家人類基因組研究所測序，發表於《自然》雜誌，其基因組大小是 2.5Gb。文章預測出狗的基因 19,300 個，其中的絕大部分與已知的人類基因同源，且狗的多種遺傳疾病與人類相同，狗基因組圖譜的繪製意義重大。

參考文獻

1. Cohn J. How wild wolves became domestic dogs[J]. *BioScience*, 1997, 47(11), 725.
2. Vilà C., Savolainen P., Maldonado J.E., Amorim I.R., Rice J.E., Honeycutt R.L., ... Wayne R.K. Multiple and ancient origins of the domestic dog[J]. *Science*, 1997, 276(5319), 1687-1689.
3. Wang G.D., Zhai W., Yang H.C., Wang L., Zhong L., Liu Y.H., ... Irwin D.M. Out of southern East Asia: the natural history of domestic dogs across the world[J]. *Cell Research*, 2016, 26(1), 21.
4. Shuldiner E., Koch I.J., Kartzinel R.Y., Hogan A., Brubaker L., Wanser S., ...Udell M.A. Structural variants in genes associated with human Williams-Beuren syndrome underlie stereotypical hypersociability in domestic dogs[J]. *Science Advances*, 2017, 3(7), e1700398.
5. Lindblad-Toh K., Wade C.M., Mikkelsen T.S., Karlsson E.K., Jaffe D.B., Kamal M., ... Mauceli E. Genome sequence, comparative analysis and haplotype structure of the domestic dog[J]. *Nature*, 2005, 438(7069), 803.

天下誰人不識“喵”

愛貓的陸游曾寫過這麼一首詩《鼠屢敗吾書偶得狸奴捕殺無虛日群鼠幾空為賦》，不用引用詩句，光看題目就知道陸游得了一隻好貓。但大部分養貓人怕是沒有這個待遇了。

貓咪，被尊為主子、喵星人。貓奴們常常不解，貓咪為什麼總是若即若離，一不高興就離家出走？又為什麼總是喜歡在自己全神貫注投入工作的時候，突然撲到書桌上昂首闊步，“臨幸”一番？

江湖傳言，貓是“養不熟”的動物。上一秒還百依百順，下一秒就高貴冷艷，眨眼之間，態度就會發生 180 度的大轉變。這樣的喵主子會不會讓人不斷地懷疑人生？難道對喵主子再怎麼呵護付出，都只是一廂情願？

桀驁不馴的“野貓心”

達爾文早有預言：一旦回到野外獨自謀生，原本靠人供養的家貓會瞬間恢復祖先的野性。實際上，即便待在家裏的貓也不安生。在美國，流浪貓和被允許出門的家貓平均每天會殺死 360 萬隻鳥，平均每年至少會殺死 13 億隻鳥。在英國，研究者估計每年有 5,500 萬隻鳥被家貓捕食。2011 年的一項研究發現，在全世界的島嶼上，家貓對 22 種鳥類的滅絕有“直接貢獻”，並繼續威脅著另外幾十種鳥類的安全。

如今，登記在冊的家貓已有 60 多種。僅從名字看，土耳其梵貓和英國短毛貓好像來自不同國家，但實際上它們的祖上是一家人。

研究人員找來了非洲南部、中亞、中東等多個地區的野貓和家貓，仔細比對了它們的 DNA，特別是重點研究了區分哺乳動物的兩類 DNA。一類是來自貓媽媽的線粒體 DNA，另一類是細胞核 DNA 中的短串聯重複序列。結果顯示，無論是家貓還是野貓，這兩類 DNA 序列都是高度聚合的。

也就是說，即便是養了很多隻不同的貓，但這些貓也只是在毛髮和體型上有差異，DNA 裏的“野貓心”一點兒沒變。

食物的誘惑

既然貓如此高冷獨立、野性十足，為什麼還要屈身在人類的陋室之中呢？這一切的根源，要歸結為食物。

大約在 1 萬年前的新石器時代，人類經歷了第一次農業革命，開始大量耕田種地，並把富餘的糧食儲存在一座座糧倉裏。等到老鼠發現這些食物充足的“新大陸”，便安營紮寨，令人不勝其擾。好在人類很快發現了老鼠的天敵——那些抓老鼠相當在行的流浪貓，於是就順理成章地把野貓養在了家裏。

對於野貓來說，喜歡不喜歡人類並不重要，重要的是待在民宅裏就有了守株待“鼠”的大把機會。而人類為了犒勞使勁兒抓老鼠的貓，也會時不時地賞點兒魚肉為貓改善一下伙食。就這樣，人類和貓實現了真正的互惠互利。

在同一屋簷下生活久了，貓也會影響人類的宗教信仰。古埃及人發現，貓的瞳孔會隨著光線而變化，便將貓視作月亮陰晴圓缺的象徵。所以，在古埃及神話中，月亮女神的化身就是一隻貓。貓在古埃及的地位極高，有些主人會在家貓死後為其製作木乃伊，甚至還會舉辦一場風風光光的葬禮。

但是，到了中世紀的歐洲，貓就沒那麼好命了。中世紀的歐洲人認定貓由女巫化身而來，專為禍害人間。為了消滅女巫，歐洲人大肆虐殺貓。有一種說法是，貓大幅減少，老鼠繁衍猖獗，以至於中世紀的歐洲鼠患氾濫、鼠疫成災。

無獨有偶。在澳大利亞，由於單純考慮到一些瀕危動物所面臨的安全威脅，政府官員也曾經發佈過對 200 萬隻野貓實施安樂死的計劃。

到底是誰馴化了誰？

儘管貓和人類的關係陰晴不定，但時至今日，貓寄人籬下也有 1 萬年左右了。那麼，貓到底被馴化了嗎？可惜，未必。

一般來講，被馴養的動物大多會形成群居的習慣，哪怕僅僅是擠在破茅房裏，也要親親熱熱。而貓熱衷於自立山頭、劃分領地，始終保持著獨來獨往的個性。

另外，要接受馴養，就得改改口味，學會多吃鮮草和雜糧。可內心高傲的貓一直忠實於肉食動物的初始設定，無肉不歡。這可能是因為貓體內無法合成必要的氨基酸，不太消化得了碳水化合物。所以，養貓就得提前做好伺候主子的心理準備，更得提前準備好合口味的精緻貓糧，正所謂“貓主虐我千百遍，我待主子如初戀”。

在貓眼中，人類不過是湊合著能過的同居者。日本科學家發現，貓在聽錄音時，能辨別出主人的聲音，特別是當聽見主人喊自己的名字時，貓的耳朵也會有反應，但貓就是不屑於挪動半步。

即便如此，貓奴們還是覺得貓咪呆萌可愛。

海明威說：“一個人不會被打敗，但是可以被貓毀滅。”這裏的毀滅，是說像海明威一樣的硬漢，也會被貓馴服。

貓咪大多小巧玲瓏，渾身上下毛茸茸的，看起來悅目，摸起來舒心。此外，大眼睛、小鼻子的標配，就像剛出生的嬰兒一樣，讓人看一眼就被戳中柔軟的內心。

多數人都是“可愛回應”機制的奴隸，一看到嬰兒、貓，大腦便會釋放多巴胺，進而變得友好、體貼、無微不至。貓就是靠著引發人腦的化學反應，來誘導人類對它有求必應。

現代家貓

更何況，貓還會用聲音進行誘惑。如果想要食物，它們會在叫聲裏加入一種“哀求”的音調，高頻部分就像嬰兒哭叫一樣，聽起來像是一個小孩子可憐兮兮地在懇求。聽了這樣的聲音，你還忍心拒絕它嗎？

看來，貓奴們對貓癡心一片，不過是中了貓主兒的套路罷了。貓馴化人的程度，可能高過人馴化貓的程度。

純種貓的痛

《2017 年中國寵物行業白皮書》（下稱《白皮書》）顯示，截至 2017 年，全國寵物貓狗數量達到 8,746 萬隻，市場規模達到 1,340 億元，這個數字在未來三年還將增加 40%。這意味著，幾乎每 10 個人中，就有一個人在養貓或養狗。

貓如此可愛，引無數人爭先恐後地加入“貓奴”行列。一些精明人士嗅到了商機，培育出了許多美麗可愛的純種貓，吸引了大批愛貓人士。

但是，正如近親結婚容易影響後代智商，越是純種的貓，越容易出現基因缺陷。雖然外形足夠動人，但它們常常因為基因缺陷患上罕見怪病，終其一生痛苦不堪。

比如折耳貓。它們的耳朵總是整齊地扣在腦袋上，看起來乖巧可愛。其實，這是常染色體編碼的半顯性基因 *Fd* 所致，這個基因會影響骨的生長和關節軟骨的形成，是一種遺傳性疾病，會導致折耳貓軟骨發育不全。一旦病症發作，折耳貓全身上下都會劇痛，甚至再也不能走路。

藍眼睛的波斯貓當然好看，可藍色虹膜基因和耳聾基因有著莫大的聯繫。藍色眼睛是一種色素缺乏的先天缺陷，這樣的缺陷常伴隨內耳的缺損，導致一些聽覺器官 —— 柯替氏器、蝸螺旋神經節等發育不全，甚至完全不發育而造成耳聾。近八成的藍眼貓生下來就什麼都聽不到，或者會早早失去聽力。

加菲貓，又名異國短毛貓，是由美國短毛貓和波斯貓進行交配繁育得到的。加菲貓鼻子有明顯的凹陷 —— 鼻眼一線，甜美可愛，靠血統、面相、顏色等來定價。但很多人不知道，這種鼻眼一線實際上是鼻骨發育不全導致的鼻腔較短或鼻腔塌陷，很容易引起呼吸不暢甚至哮喘。

折耳貓的折耳其實是軟骨發育不全的表現

不少藍眼睛波斯貓都存在聽力問題

加菲貓鼻眼一線其實是鼻骨發育不全

因為基因原因，曼島貓沒有尾巴，
而且脊柱容易裂開

沒有尾巴的曼島貓也有不少粉絲。實際上，它們是脊柱發育不良的受害者。一個顯性的尾部抑制基因與許多導致畸形的基因連鎖，這種基因缺陷使得曼島貓在繁殖過程中面臨非常大的健康風險，品種越純，患病的概率越大。它們少了尾椎，脊柱會裂開，泌尿系統也會頻頻崩潰。病入膏肓時，它們的整個脊柱都會失靈，最後陷入癱瘓，早早離開世界。

由於這些純種貓的樣貌足夠稀奇古怪，不少人熱衷於讓它們將罕見病基因一代代地傳遞下去。由於純種貓體弱多病，幼貓的夭折率很高，一些不良商販為了牟利，昧著良心給病得奄奄一息的小貓注射血清或者興奮劑，好讓它們在顧客面前顯得活潑健康，但小貓被領回家幾天後便會病重身亡。於是，這類貓又得名“星期貓”，因為它們只能活一個星期左右。

雖然人類從未真正地馴化貓，但人類可以對貓進行育種。不幸的是，有些人對貓外形奇異的追求，超過了對貓健康的關注，就像現今被培養成各種畸形金魚的鯽魚一樣，不少貓也成了滿足人類審美的犧牲品。

愛貓之心，常人皆有。我們呼籲，更科學、更理性地對待喵星人。

貓小貼士	
中文名	貓
拉丁學名	*Felis catus*
英文名稱	Cat

貓小貼士	
物種分類	脊索動物門、哺乳綱、食肉目、貓科、貓屬、貓種
基因組學研究進展	2007 年 11 月，美國國家人類基因組研究中心和 SAIC-Frederick 公司聯合在《基因組研究》（*Genome Research*）發表了首個家貓的基因組。貓的基因組預計是 2.7Gb，但是因為此次測序深度只有 1.9X，限制了其完整性和精確性。2014 年，華盛頓大學醫學院基因組中心與得州農工大學聯合組裝了更完整的貓基因組並發表於《美國科學院院報》（*PNAS*）。通過和其他哺乳動物比較發現，貓適應高肉食飲食習慣、感覺靈敏度相關的基因受到了選擇。比較不同品種家貓與野貓發現，一些與家貓記憶形成、恐懼調節和刺激—獎勵學習相關的基因發生了改變，尤其是與食物獎勵相關的基因，這些可能與家貓的馴化有關係。

參考文獻

1. Vigne J.-D., Guilaine J., Debue K., Haye L., Gérard P. Early taming of the cat in Cyprus[J]. *Science,* 304, 259（2004）.
2. Montague M.J., Li G., Gandolfi B., Khan R., Aken B.L., Searle S. M., ... Warren W.C. Comparative analysis of the domestic cat genome reveals genetic signatures underlying feline biology and domestication[J]. *Proceedings of the National Academy of Sciences*, 2014, 111(48): 17230-17235.

國寶熊貓“基因墮落”史

有這樣一種動物，“咬合力僅次於北極熊，和棕熊齊平；在海拔 2,000 米的山地裏，奔跑速度能超過劉翔平地最高速度；能把 20 多米的樹當杆子爬；能把三四頭狼當墊子坐……”

如果依照常理推斷，這種動物多半會是令人望而生畏的食肉猛獸，再憑藉奔跑、攀爬及咬合能力，足以使它成為頂級獵手。

然而真相卻出人意料，這種動物實際上僅靠竹子為生，是世界上最珍貴的動物之一，也是我們的國家一級保護動物。

熊貓主要以幾乎沒有營養的竹子為生（拍攝：尹燁）

是的，這種動物正是惹人喜愛的國寶熊貓。很難想象這些身體胖軟、頭圓頸粗、耳小尾短的萌物，屬於食肉目，擁有作為獵手的一切裝備。

祿豐始熊貓：懶惰的開始

800 多萬年前，熊貓之祖祿豐始熊貓住在潮濕的雨林裏。那時的地球更加暖和，降水也更加豐沛，特別是食物來源非常豐富，基本上能夠保證祿豐始熊貓餐餐有肉，算得上是熊貓整個演化史中過得最滋潤的一段時期。

祿豐始熊貓萬萬不會想到，對自己威脅最大的敵人竟會是捉摸不定的氣候。

冰河世紀的來臨，導致全球氣溫驟降。由於生活環境偏南，溫度相對較高，氣候變化並未直接波及祿豐始熊貓。但沒過多久，一系列自北向南的連鎖反應開始了。不少動物迫於嚴寒，紛紛大舉南遷，致使祿豐始熊貓不得不面臨極大的生存挑戰：環境驟變、食物被奪、病菌入侵⋯⋯看起來，祿豐始熊貓幾乎被推入了絕境。

既然自身難保，又沒有跟彪悍的北方食肉動物競爭的勝算，祿豐始熊貓為了求得一絲生機，只能無奈地把原先視作零食的素食當作主食。但即便是素食，也被北來的食草動物瓜分殆盡，祿豐始熊貓只能在夾縫中求生存。

歷盡嘗試，祿豐始熊貓終於找到了一種小眾食物 —— 竹子。那時的竹子廣泛分佈在今秦嶺地區及四川地區，存活率高、儲藏量豐富且穩定，是祿豐始熊貓極易找到的食物。更為重要的是，竹子營養價值極低，連食草動物都不屑於採摘，所以根本用不著搶。

於是，祿豐始熊貓就這樣硬著頭皮開始啃起了竹子，也開始了素食的漫漫之路。而與之相關的演化途徑及其後果，更是令人瞠目結舌。

小種大熊貓：吃素的代價

幾百萬年的素食生涯[1]，讓熊貓付出了高昂的代價。由於營養匱乏的竹子無法提供足夠的熱量，祿豐始熊貓經過演化，變成了一種叫作"小種大熊貓"（*Ailuropoda microta*）的動物，體型只有藏獒那麼大。為了保持能量平衡，小種大熊貓必須多吃少動。終日飽食，再加上缺乏運動，熊貓的這位祖先也變得越來越胖。

到了 100 萬年前，秦嶺和雲貴高原因地質運動拔地而起，擋住了寒風，氣候開始變暖，森林逐步向北延伸，那些南遷的食肉動物也紛紛北歸。於是，熊貓的生存空間得到了極大的擴充。

然而，陷在上百萬年積習中的熊貓，已經無力逃出命運的牢籠。好吃懶做，讓它胖成了一種叫"巴氏大熊貓"（*Akluropoda melanole uca baconi*）的動物，體型比現在的熊貓更大。當它又開始過起沒人搶肉的生活時，卻已經"墮落"成了一個圓滾滾的、基本不怎麼愛動的素食動物。

今天，成年熊貓把每天的一半時間用來進食，有時進食長達

[1] 化石研究表明，大熊貓祖先在約 700 萬年前開始吃竹子，200 萬年前完成了食性轉換。

18 個小時。它們深陷在代代相傳、毫無變化的生活模式中，也習慣了自身笨拙寬厚之體型。

不過，大熊貓難以逃出吃竹子的宿命，並不光是體型的作用。在熊貓喪失對肉食的渴求中，基因起到了決定性作用。

國寶檔案：基因的奧秘

因為食素太久，熊貓體內的一個重要基因 *T1R1* 開始失效[1]。*T1R1* 基因極為關鍵，決定了食肉動物能否嚐出肉的鮮味。對基因失效的大熊貓來說，既然肉食味道和竹子無異，何必再去辛苦捕食？

遺憾的是，雖然大熊貓以竹為食幾百萬年，但基因上仍然是食肉動物，也保留了很多食肉目的特徵，仍有肉食動物的牙齒、消化道，偶爾也會掏竹鼠、捅鳥窩，還會吃爛肉、腐肉。

幾百萬年間，熊貓並沒能演化出消化竹子的基因。熊貓消化竹子所仰賴的是寄生之客 —— 纖毛蟲（*ciliate*）。纖毛蟲類似於人類的腸道菌群，協助熊貓消化食物，跟熊貓有良好的"共生關係"。這種特殊的單細胞生物，會努力地在熊貓的消化道中尋找竹纖維，將之降解成糖分，給熊貓提供一些貧瘠的養分。因此，熊貓需要不停進食，才能維持自身所需能量。

為了讓自己能更好地活下去，熊貓使盡怪招，其中一招便是無情無義的生育模式。

---

[1] 今天成年的大熊貓，一般每天至少有 12 個小時在進食，最長的能吃 18 個小時。

熊貓的孕期，一般只有 3~7 個月，初生幼崽瘦小而脆弱，宛似一隻無助的老鼠。

這是因為 *DUOX2* 基因發生了突變，導致甲狀腺素的合成減少，體內新陳代謝速率降低。就像人若患上甲狀腺功能減退症[1]，也是終日萎靡。所以，體重 90 千克的成年大熊貓，代謝水平竟不到同等體重的人的一半。

從表面看，充滿著基因缺陷的熊貓似乎是演化失敗的代表作，然而，那些跟熊貓祖先同時代生活的古生物多已不在，唯有熊貓橫穿 800 萬年光陰，避過嚴酷競爭，幸運地存活於世，也是一個奇蹟。

看似懶惰和缺乏進取心的熊貓，巧妙地將古生物時代的印記藏於自身基因組之中。唯有如此，遠古的基因才躲過了歲月的銷蝕，來到我們面前。

大熊貓小貼士	
中文名	大熊貓
拉丁學名	*Ailuropoda melanoleuca*
英文名稱	Giant panda
別稱	貓熊、竹熊、貔（貔貅）、騶吾（騶虞）、貊、猛豹、食鐵獸等，在《史記．五帝本紀》黃帝篇中提到"教熊羆貔貅貙虎，以與炎帝戰於阪泉之野"，這裏的"貔貅"即指熊貓
物種分類	脊索動物門、哺乳綱、食肉目、熊科、貓熊屬、大熊貓種

[1] 甲狀腺功能減退的主要症狀有嗜睡、表情癡呆、反應遲鈍等。

大熊貓小貼士	
基因組學研究進展	2008 年 10 月 11 日，華大基因宣佈，世界首張大熊貓基因組圖譜繪製完成。經研究發現，大熊貓共有 21 對染色體，基因組大小與人類相似，約為 30 億個鹼基對，包含 2 萬 ~3 萬個基因。該研究成果作為封面文章發表在《自然》雜誌上。文章推測，*T1R1* 基因失活使得熊貓以竹子為生，缺乏消化竹纖維的基因使得熊貓依賴其腸道菌群降解竹子的纖維素和半纖維素。該研究還證明大熊貓基因組仍然具備很高的雜合率，從而推斷具有較高的遺傳多態性，這對熊貓的保護來說是一個好消息。

參考文獻

1. 胡錦矗 . 大熊貓的分類地位與演化［J］. 四川師範學院學報：自然科學版，1992：152–153.
2. Jin, Changzhu, Russell L. Ciochon, Wei Dong, Robert M. Hunt Jr., Jinyi Liu, Marc Jaeger and Qizhi Zhu. The first skull of the earliest giant panda[J]. *Proceedings of the National Academy of Sciences*. June 19, 2007, 104 (26): 10932-10937.
3. 桂東北灕江流域的石器時代洞穴遺址及其分期［J］. 農業考古：2000（1）.
4. Li R., Fan W., Tian G., Zhu H., He L., Cai J., et al. The sequence and de novo assembly of the giant panda genome[J]. *Nature*, 2010, 463(7279): 311-7.
5. 房渴 . 熊貓是個“花和尚”［J］. 科學大眾 : 中學版，2003（9）：22.
6. 何禮，魏輔文，王祖望，馮祚建，周昂，唐平，胡錦矗 . 相嶺山系大熊貓的營養和能量對策［J］. 生態學報，2000，20（2）：177–183.
7. Zhao H., Yang J.R., Xu, H., Zhang J. Pseudogenization of the umami taste receptor gene Tas1r1 in the giant panda coincided with its dietary switch to bamboo[J]. *Molecular Biology and Evolution*, 2010, 27(12): 2669-2673.
8. Nie Y., Speakman J.R., Wu Q., Zhang C., Hu Y., Xia M., ... Zhang J. Exceptionally low daily energy expenditure in the bamboo-eating giant panda[J]. *Science*, 2015, 349(6244): 171-174.

小白兔：失控的生殖狂

“新秋白兔大於拳，紅耳霜毛趁草眠”。某年某月，一對小白兔相遇了。此時此刻，金風玉露，愛意滿盈，天底下怕是沒有比這更清新怡人的圖景了。它們的毛柔軟順滑，人畜無害，溫順乖巧，楚楚動人。

示意圖：一對兔子能生育的後代，遠超你的想象（繪圖：柳葉刀）

然而，兔兔雖然可愛，但這次良緣的締結對生態環境而言卻可能是一個重大悲劇。僅一年後，柔軟的愛意就將化為密集恐懼，233對小白兔將在代代繁衍之下佈滿整片草原。

面對這麼多可愛的小白兔，恐怕再博愛的人也會倒吸一口涼氣，收斂起自己的愛心，長久陷入沉吟：怎麼才能應付這個數量依然在無節制增長的龐大家族呢？

多生還是優生？

233 這個數字並非憑空而來，兔子驚人的繁殖能力早就被人盯上了。為了研究兔子的繁殖問題，數學家斐波那契專門總結出了斐波那契數列（Fibonacci sequence）。根據數列，可以推得：又一年過去，一對小白兔將變成 75,025 對小白兔；再過一年，小白兔的數量就會增長到 24,157,817 對！

無可否認，繁殖是一切生命的主題，但兔子在繁殖方面的特異能力，還是讓古往今來的人們感到驚訝。因種群多產，在許多早期文明的文化中，兔子都被視作豐饒的象徵。

在東方，人們甚至相信：兔子無須交配即可生育。西晉張華在筆記小說《博物志》[1] 中說兔子“望月而孕，口中吐子”；而在希臘神話和日耳曼神話中，兔子也都與愛、繁育、作物有關 [2]。在

[1] 《博物志》是中國古代神話志怪小說集，也是最早有關“牛郎織女”這一神話故事的記載出處。

[2] 兔子是希臘神話中愛與美的女神阿佛洛狄忒的寵物，也是日耳曼土地女神霍爾塔的持燭引路者。

基督教世界中，兔子則兼任復活節大使，將那承載勃勃生機的彩蛋、玩具，送往坊間閭里、萬戶千門。

饒是如此，和整個生物界比起來，兔子的繁殖能力卻算不得特別突出——翻車魚產卵可達 3 億枚，果蠅一年可以繁衍出 900 隻以上的後代。在生物學上，這種繁殖策略被稱為 r 選擇——死亡率極高的動物要想延續命脈，可不得靠快生、多生來代償嘛。

反觀人類、鯨、大象等生物，則會做出 K 選擇——哪怕生長期長、後代也少，但死亡率也低啊。

也許，兔子對生育的執迷，恰恰是存活能力脆弱的印證。乖巧軟萌，肉質可口，幾乎沒有抵禦天敵的武器，兔子自然成了眾獸眼中極佳的蛋白質來源，時刻面臨族滅的命運。身處如此兇險境地，要想保持物種延續潛力，避免滅頂之災，兔子唯有另闢蹊徑，開發出其他動物所不能及的複製技術。

在哺乳動物層面，這種技術開發幾乎達到了想象的極限。

為了生育無所不能

令人難以置信的是，兔子格外早熟，3 個月大時就開始有發情的行為。自此，兔子情火常盛，一觸即發，基本終年可進入發情期。雌兔發情的周期一般是 1~2 周，每次發情時間從 3 天到 30 天不等，偶有發情長達半年。而雄兔更是“急火燎心”，幾乎隨時隨地都在蓄勢待“發”，一有良機就和雌兔瘋狂地交配繁衍。一旦雌兔資源緊張，情欲高漲的雄兔甚至會對同性下手。

交配只是繁殖的第一步，要做到多生、快生，還得拉高受孕的概率。事實上，人也是一年四季發情的動物，然而人類女性平均每個月只排卵一次，大部分情況下會“無果而終”。兔子則截然不同，雌兔排卵根本沒有規律，可以在交配現場隨時排卵。得益於這種靈活機動的方式，兔子懷孕的概率極高。

只發揮主觀能動性還不夠，兔子還開發出近乎鬼神之術的技能，無限提升著自己的生育能力。

眾所周知，人類和絕大多數哺乳動物如果已經懷孕，是不可能“孕上加孕”的。然而，這種規律被兔子打破了，一種名為“異期復孕”[1]（superfetation）的神秘技術令它們可以為所欲為。科學家發現，兔子能讓子宮產生不同的胎盤，從而在已經懷孕的情況下再懷一胎。

於是，兔子能同時懷多窩寶寶，最後再分別按時出生。數據證明，異期復孕可以讓兔子在繁殖期多產生 35% 的後代，這是其他哺乳動物無法企及的數字。

一些觀察者還指出，胎兒吸收也是兔子的獨門絕技。孕中的兔媽媽一旦遇到食物不足、疾病等不利情況，就會直接把肚裏正孕育的胎兒逆轉吸收掉，變成自己的生存營養。聽來暗黑殘忍，但這卻是兔子自我保護的重要方法，保證了成年雌兔的生存，也就保證了當條件好轉時，兔子可以快速投入下一輪繁殖。總之，環境好就生，環境不好就吸收。毫無疑問，這種繁殖策略是高效而靈活的。

除了進可攻退可守，兔子隨時隨地都在演練繁殖。雄兔無時

---

[1] 在極罕見的情況下，人類也有“異期復孕”的現象，英國、美國和我國的新聞報道和醫學文獻中都有相關記載。

無刻不在發情，雌兔甚至在沒有交配的情況下也可“懷孕”，俗稱“妄想懷孕”。這時，雌兔會假裝受孕，開始乳腺發育，肚子變大，四處找窩，有時真的連兔子自己也被自己騙到了。

隨時增減的疑雲，假象叢生的迷局，凡此種種，無不是戲精兔子主導的生育大戲。

失控的選擇

值得慶幸的是，在現實生活中，地球並沒有被高速繁殖的兔子鋪滿。歐亞大陸上的各種天敵始終盡職盡責，有效地控制著兔子的數量，儘管兔子仍靠著極高的繁殖率對抗著這些時刻存在的死亡風險。

但是，如果兔子到了一個沒有天敵的地方呢？

平靜祥和的澳大利亞大陸原本是沒有兔子的。有時候，人類會搬起石頭砸自己的腳。那是 19 世紀中葉，一些英國紳士從歐洲帶來了幾隻兔子，為的是享受打獵的樂趣。本想“少年獵得平原兔，馬後橫捎意氣歸”，沒想到在這個水草豐茂、沒有敵人的天堂，兔子們開始了一場幾乎不受任何限制的繁殖大擴張。

擴張的速度達到了平均每年 130 千米，到 1907 年，這些兔子的後代已遍佈整個澳大利亞大陸。與此同時，種群數量也呈指數級暴增。1926 年，全澳大利亞的兔子數量達到了創紀錄的 100 億隻。這些瘋狂繁殖的兔子啃食植被，擠佔其他動物生存空間，帶來了巨大的生態災難，小袋鼠、袋狸等多種動物幾近滅亡。

100 億隻兔子吃下的牧草相當於 10 億隻羊的食量，這令以農業、畜牧業為基業，向來“騎在羊背上”為生的澳大利亞遭遇重創，蒙受的經濟損失更是不可估量。

羊毛歉收、農產品無法出口，只是經濟悲劇的最初徵兆；植被荒蕪、水土流失、土壤退化，才是深層憂慮的真正開端。即使波德萊爾[1]的詩行有著絕佳的表現力，恐怕也譜不盡這來自生物世界的“原始惡意”。

不能再這樣下去了！忍無可忍的澳大利亞人掀起了大規模的剿兔運動。三條籬笆立了起來，總長度超過 3,000 千米，用以攔住兔子的去路。空軍也出動飛機，展開大規模投毒行動，對兔子來個斬盡殺絕。這些招數的確凌厲、決絕，但遺憾的是收效甚微。

無奈之下，澳大利亞幾乎是人為製造了一場“生化危機”。

他們從南美引進了一種黏液瘤病毒，將其從一個地方傳至另一個地方，直到這種病毒從 1950 年開始遍佈澳大利亞全境。這種黏液瘤病毒不會對其他人畜及野生動物造成什麼影響，卻是澳大利亞兔子的致命剋星！僅僅兩年，就有八成左右的兔子被消滅。

在肆虐澳大利亞半個多世紀後，這群“生殖狂”終於被控制住了。

然而不久之後，幸存的兔子們對該病毒產生了抗體，病毒自身也發生突變，毒性減弱。兔子的問題又死灰復燃了。

[1] 波德萊爾（1821-1867），法國 19 世紀著名的現代派詩人，主要作品有詩集《惡之花》和散文詩集《巴黎的憂鬱》《人為的天堂》等。——編者注

兔子小貼士	
中文名	兔
拉丁學名	*Oryctolagus cuniculus*
英文名稱	Rabbit
別稱	兔子
物種分類	動物界、脊索動物門、脊椎動物亞門、哺乳綱、真獸亞綱、兔形目、兔科、兔屬
基因組大小	2.5Gb~3.5Gb
基因組學研究進展	歐洲兔起源於伊比利亞半島，是所有家兔的先驅。兔子是免疫學研究中的寶貴模型，包括免疫遺傳學和傳染病研究，同時也是物種形成和馴化過程的重要模型。2005 年由麻省理工學院和哈佛大學完成了兔基因組序列框架圖，並於 2009 年更新了基因組版本，基因組大小約 2.7Gb。兔基因組計劃的完成推動了免疫學和生物醫學研究的發展和應用。

參考文獻

Roellig K., Goeritz F., Fickel J., Hermes R., Hofer H., Hildebrandt T. B. Superconception in mammalian pregnancy can be detected and increases reproductive output per breeding season[J]. *Nature Communications*, 2010, 1(6): 1.

單就地理學意義考察，安第斯山區並不是什麼豐饒之地。

這座南美洲西岸山脈，多處海拔在 6,000 米以上，常年覆蓋著冰雪。在這裏，地質環境動盪，火山噴發、地震、山體滑坡幾無間斷；氣候條件多變，只需短短幾個小時，氣溫便可從 20℃降至零下。

當大航海時代的冒險家們踏足這片新大陸時，橫看豎看，這裏都不像是有著高產糧食作物的沃土。

但是在接下來的幾個世紀裏，有一位從此地走出的“原住民”，將震動半個歐洲，乃至重塑整個世界。

天外來物

這位安第斯山“原住民”四海為家，在漢語中擁有 70 多種名字。

有些人說，這是土豆、洋芋；還有些人說，這叫山藥蛋、馬鈴薯……遠在明代，徐光啟便在《農政全書》裏記載：“土芋，一名土豆，一名黃獨。”

不過，徐閣老好像對土豆有些誤解。據他描述，土豆“蔓生葉如豆，根圓如雞卵，肉白皮黃”。事實上，如果他有機會踏足南美大陸，便會發現土豆數不勝數的不只是名字，還有品種。據說，光是那裏野生的品種就已上千，有緋紅、姹紫、墨黑、圓球狀、條帶狀、泡沫狀……實是千奇百怪，各異其趣。

不過繁多的名稱並非由於土豆原產地品種多。作為美洲“原住民”，土豆直到明末才被引進中國，而且引進路線多樣。比如當時的閩粵地區，從海路引入的土豆就有“番人薯”“番鬼薯”“紅毛薯”“荷蘭薯”等等。從 19 世紀開始，西南地區、西北地區也多次獨立引入馬鈴薯。如此看來，土豆在中國能有 70 多種名字，也就不奇怪了。

一種源自安第斯山的作物，能被全世界人民引種到地球的各個角落，為什麼呢？

土豆極易成活。就算環境再複雜、氣候再惡劣，只要把帶芽眼的土豆塊埋在地下，就能在幾十天後獲得大豐收。產量高，成熟又快，還不需要精心照料，的確是非常理想的農作物。況且，吃土豆乃是吃長埋地下的塊莖，不管地面上鬧了什麼火災蟲災，待到事後挖出，土豆依然可以果腹。

不僅如此，土豆的營養還極其豐富。提供澱粉、蛋白質等能量物質只是其基本屬性，豐富的維生素、無機鹽才是它更勝其他作物一籌的特質。土豆營養如此全面，以至引發了人們的無限遐想：“只消土豆加上全脂牛奶，即是人體所需的全部營養。”在這種普遍心態的熏陶之下，影視工作者也自然將土豆視為絕境之中的最後希望。在雷德利·斯科特執導的科幻電影《火星救援》裏，土豆如救世主的聖餐一般降臨，支撐主人公等到了救援的那一天。

在世界各地，土豆都是極受歡迎的主食，和它的同科作物茄子、辣椒一起，成為東北名菜“地三鮮”，也被文藝地稱為“茄科三傑”

今天，土豆已經成為西方人的重要主食。在英國，老百姓離了土豆似乎就不會做飯，可惜他們糟糕的廚藝反而連累了土豆，令其成了“黑暗料理”的象徵。可是，放在幾百年前，這般“嗜薯如命”的景象卻難以想象。在第一批接觸土豆的歐洲人眼中，它們非但不是不可或缺的吃食，反而是必須斷然棄絕的令人恐懼的東西。

魔鬼食物

16 世紀，歐洲的航船探險家們將土豆帶回到了故鄉。在一片拆箱卸貨的喧囂聲中，土豆完成了遠渡重洋的旅行，開始了異國冒險。

按理說，土豆來得正是時候。當時的歐洲中世紀蕭索陰冷，平均氣溫處在 10 世紀以來的最低谷，極其不利於作物生長。再加上大饑荒一次次爆發，歐洲各國餓殍遍野，疫病橫行。

若是沒有適應力超強的糧食作物，如何能熬過這艱難時勢？

按理說，土豆營養豐富，易於種植，契合了各種需求，正是歐洲各國人民翹首以盼的救星。然而，令人錯愕的是，在種植土豆的問題上，歐洲人民非但不情不願，還不遺餘力地“抹黑”土豆。

有人認為，土豆是“魔鬼食物”，因為翻遍《聖經》，沒有隻字半語關於土豆的描述。更有人相信，“小麥向上指，指向太陽與文明；土豆卻向下指，是指向地府的”。也許，將它放進嘴裏，就注定要墮入地獄中。

不只是普通百姓，意見領袖們也很不喜歡土豆，比如狄德羅。這位法國百科全書派的代表人物公開宣稱：“土豆是一種糟糕的食物，吃了叫人腹脹，只有窮人和礦工才需要。”

於是，擅長“技術扶貧”的土豆，吃了一頓閉門羹。聽起來雖然滑稽，卻又屬人之常情。畢竟，最令人恐懼的事物，往往是那些人們最不熟悉的東西。同樣屬於美洲作物的番茄，命運也好不到哪裏去，甚至被認為有劇毒。

如果新事物降臨舊大陸，卻不遭受一番詆毀，經歷一些抵制，反倒不太尋常了呢。

況且，人們對土豆的恐懼並非完全憑空想象。土豆推廣面臨一個重要障礙：龍葵素。

發芽的土豆含有大量的龍葵素，不宜食用

作為一種典型的茄科植物，未成熟或者表皮發綠、已發芽的土豆含有大量龍葵素。這是一種相當厲害的毒素，往肚裏塞含有龍葵素的土豆，輕則上吐下瀉，重則中毒身亡。有了這些不愉快的經歷，歐洲百姓對土豆充滿了厭惡，也似乎可以理解。

幸而，雲開霧散終有時，守得清心待月明。土豆“臥薪嘗膽”一番後，終於等到了被正名的契機。

最強代言

儘管百姓對土豆興趣不高，君王卻對其價值頗為讚賞。農業社會要快速發展，離不開充足的人口；如果能靠土豆解決饑荒問題，那麼無論是發展國內經濟，還是發動對外戰爭，就都有了堅實的人力基礎。

於是，在王命的驅動下，不少國家開始大範圍推廣土豆種植，時間節點恰恰在“七年戰爭”（1756–1763 年）前後。

普魯士氣候寒冷，農作物產量低，但國家間戰爭又需要大量兵員，因此，腓特烈大帝對於土豆的種植推廣格外積極。相傳，大帝為了推廣土豆，還玩了一把“此地無銀三百兩”的小計謀。

他先派人在地裏種下土豆，隨後派士兵把菜園守起來。百姓們見了，不免疑惑重重：這地下種的東西，是什麼奇珍異果？到了夜裏，守衛們又故意露出破綻，引一些膽大的人連夜趕來偷挖土豆，種到了自家園子裏。一番苦心下，土豆在普魯士終於開枝散葉。

普魯士能在“七年戰爭”中取勝，土豆功勳卓著。據說，遭敵軍圍困之後，餓得最厲害的士兵們都發了瘋般挖土豆，而且往往驚喜不斷。哪怕敵軍堅壁清野，把地上的莊稼燒個精光，地裏的土豆依舊安然無恙，足以餵飽守城的將士。

靠著土豆的支援，普魯士硬撼歐洲諸強，神奇地撐到了勝利之日，德意志興起也就此開始。也許，這可以解釋，為什麼腓特烈大帝墓地上最多的不是鮮花，而是土豆 —— 正是德國人民對他偉大功績的最好紀念。

與此同時，法國藥劑師帕蒙蒂耶，開始跟土豆結緣。在“七年戰爭”中，這位仁兄先後五次被俘，在普魯士的牢獄中度過了一段漫長時光。幸而，囹圄生活雖然清苦，卻始終有土豆陪伴，而且土豆牢飯的美味給他帶去了不少歡欣。

回國之後，這位土豆愛好者的赤誠不但未減，反而與日俱增，他費盡心思宣傳土豆的種種好處。這次，帕蒙蒂耶找到了最大牌的代言人 —— 國王和王后。

路易十六的王后名叫瑪麗·安托瓦內特，華容婀娜，生活奢靡。據知名導演索菲亞·科波拉介紹，瑪麗生性活潑，素愛湖光山色、落英繽紛，所以開闢了一處極大的花園，時時和友人遊玩其間。

1785 年，在國王路易十六的生日晚宴上，帕蒙蒂耶躬逢其盛，為王后獻上了一束別致的土豆花，映襯得王后明媚生姿。愛花如命的瑪麗成為當晚最耀眼的明星，土豆也憑花富貴，成為熱門。為了響應王后的號召，國王在接待外賓時把土豆花別在外衣紐扣上，就連那些貴族太太和小姐也不甘落後，爭相佩戴這突然被奉為高貴的、時髦的裝飾品。

淡紫色的土豆花

八年後，被稱為土豆最強代言人的王后在法國大革命中被處決。不過，由她掀起的土豆風潮卻持續了很久。

福禍難料

有趣的是，成也土豆，敗也土豆。

與普魯士和法國相似，土豆也在 18 世紀末席捲愛爾蘭。彼時，愛爾蘭土地貧瘠，愛爾蘭人只能靠種土豆維持生計。誰料想，在土豆傳入愛爾蘭的 180 年間，大大養活了老百姓，使得愛爾蘭人口增加了 17 倍。嚐到妙處後，愛爾蘭人從此不再種植其他糧食作物，一門心思種土豆、吃土豆，幾乎到了三餐不離土豆的境地。無怪時人諺云：“愛爾蘭人只有兩種餐點：大土豆和小土豆。”

然而，就在一切向好之時，悲劇也在悄然降臨。

如果能夠從頭再來，愛爾蘭人絕不會讓那艘載著晚疫病菌的航船駛入港灣。或者，他們還會千方百計保證糧食的多樣性。恰如雞蛋不可放在一個籃子裏，也萬萬不可將所有糧食作物替換為一種作物，否則後果不堪設想。

但愛爾蘭人哪裏會想到這些，在連綿陰雨之中，晚疫病不可阻擋地暴發了。成片的土豆葉開始發黑、乾裂，紫褐的病斑侵染了土裏大大小小的塊莖。單是第一年，愛爾蘭全島的土豆就減產了三成。到了第二年，情況變本加厲，收成只剩下四分之一。

得了晚疫病的土豆葉子，葉片枯萎發黑

這一悲劇的重要根源，是愛爾蘭單一的土豆品種。在安第斯山區，晚疫病從未得到根治，但印第安人渡過了難關，他們主動豐富了土豆品種，確保了糧食多樣。

所謂“東方不亮西方亮”，哪怕品種 A、B、C、D 的土豆統統病倒絕收，但只要品種 E 的土豆不受侵染，就能滿足人類生存的最低需求。

相比之下，愛爾蘭人為了提高產量，只引進了最高產的品種；而在晚疫病面前，最高產的也是最脆弱的。

即使在今天，這種錯誤還在上演。在美國的密西西比州，大豆胞囊線蟲病曾瘋狂肆虐，造成本土大豆幾乎顆粒無收。若不是來自中國的北京小黑豆能對抗這種怪病，當地的大豆產業早已被摧毀殆盡。

回到愛爾蘭，當晚疫病到處蔓延時，土豆絕收，整個國家陷入了饑荒。一時間，愛爾蘭島瘡痍滿目，哀鴻遍野，特別是沒了主食的愛爾蘭人變得“骨瘦嶙峋、形同鬼魅，躺在小屋角落的一堆髒稻草上”。

被晚疫病肆虐七年後，這場驚世大饑荒終於結束，而愛爾蘭人口也減少了將近四分之一。實際上，並非沒有人前來救災，比如統治愛爾蘭的英國政府就送來了玉米和麥片。但當得知這些食物每磅定價一便士時，愛爾蘭人震怒了，因為讓絕收的飢民出錢買糧，就像開了一個充滿惡意的玩笑。

留在原地，是死；跨大西洋，另闢家園，或許也難免一死，但也可能逃出生天。懷著莫大的勇氣，以百萬計的愛爾蘭人登上了遠洋的航船，前往新天地尋找一線生機。就這樣，土豆把愛爾蘭人送往美洲，送往正在蓬勃發展的美國。

今天，愛爾蘭人的後裔已經是美國的堅實力量。在 4,000 多萬美國愛爾蘭後裔中，有美國總統約翰・肯尼迪、里根、克林頓；也有知名企業家，如亨利・福特；更有人所熟知的娛樂明星，如喬治・克魯尼、西爾莎・羅南。在美國拳界和棒球界，早期的霸主也是愛爾蘭人的後裔。

受益於一場由土豆絕收引發的 19 世紀最大規模之一的人口流動，美利堅收穫了一支重要群體，有了睥睨全球的精英和資本，也開始向世界一極邁進。

無獨有偶，另一種來自安第斯山的美洲作物——甘薯，也曾使中國山區人口迅速膨脹。不過，土地終究無法承載過量人口，在某種程度上迫使人們背井離鄉，前往山區以外的其他地方，甚至遠到南洋、美洲、大洋洲等地尋找新天地。

作為一種糧食作物，土豆從安第斯山走向了世界，對人類社會的演化產生了巨大影響。高產作物雖然能在短期內解決食物供給問題，但長期看，單一品種隱患頗大，糧食多樣性始終是安全前提。

在特定的歷史場景下，土豆可能會養活一方百姓，甚至幫助成就這方天地的霸業；但土豆也可能會斷人活路，驅逐曾經種植土豆、依賴土豆的種植者。那麼，土豆到底是饋贈，還是詛咒？這並非由作物本身決定，說到底還是要看人類是否有足夠的智慧善加利用。

土豆小貼士	
中文名	土豆
拉丁學名	*Solanum tuberosum* L.
英文名稱	Potato
別稱	馬鈴薯、洋芋、荷蘭薯、地蛋、薯仔、番仔薯
物種分類	被子植物門、雙子葉植物綱、合瓣花亞綱、管狀花目、茄科、茄屬

土豆小貼士	
基因組學研究進展	2011 年 7 月 10 日，以華大基因為首的 29 家中外科研機構聯合在國際著名雜誌《自然》上在線發表了論文《塊莖作物馬鈴薯的基因組測序及分析》，為馬鈴薯的遺傳學研究及分子育種提供了非常有價值的資料。土豆的基因組大小約 800 Mb，研究發現了至少兩次基因組重複事件的證據。科學家同時對雜合二倍體土豆（表型接近正常的栽培土豆）進行了測序，結果表明基因缺失等變異和其他潛在有害突變頻繁發生，可能是土豆近交衰退的原因。

參考文獻

1. 肖利民 . 土豆傳奇［J］. 食品與健康，2008（11）: 38–39.
2. 王超群，陳思 . 明末馬鈴薯傳入中國，當時僅達官顯貴可享用［N］. 中國紀檢監察報，2016–06–20.
3. 潘茜 . 主糧曾幾度改變人類歷史［N］. 長江日報，2015–01–09.
4. The Potato Genome Sequencing Consortium. Genome sequence and analysis of the tuber crop potato[J]. *Nature*, 475, 2011, July, 189-195.

來自星星的我們？

我們都在陰溝裏，但仍有人仰望星空。

—— 奧斯卡・王爾德

從 2,000 多年前那個只顧仰望星空而一腳踩空掉進坑裏的哲學家泰勒斯[1]，到不知從什麼時候起便佇立在復活節島上的那一排排仰頭望天的摩艾石像[2]，"抬頭看看天"，似乎一直以來就是人類的習性。

很少有動物像人類一樣，對仰望星空如此迷戀。星空那渺茫中的自由與寧靜，撫慰了一代代人的心靈；而那永恆中的寥廓與深邃，更是激發了古往今來的人們無限的想象 —— 駕著日輦當空馳騁的"太陽神"，偷食仙藥升上月宮的嫦娥……

隨著現代科學的發展，上九天攬月而不見廣寒，下五洋捉鱉而不見龍宮。許多古時的傳說與幻想紛紛被打破了，沉寂的太空與冰冷的海洋沉默無言。

[1] 泰勒斯，古希臘思想家、科學家、哲學家，希臘七賢之一，創建了古希臘最早的哲學學派 —— 米利都學派，西方思想史上第一個有記載並留下名字的思想家，被稱為"科學和哲學之祖"。

[2] 摩艾石像，是位於復活節島的一群巨型人像，遍佈全島。關於這些石像的來歷，連島上的居民也說不清，考古學家們有多種說法，但至今沒有定論。

復活節島上的摩艾石像

可是，仰望星空的人類，從來不會停止遐想。畢竟，生命如此玄妙，宇宙如此廣袤，我們會不會來自天上那些星星呢？

外星人的後代？

這一想法古已有之，畢竟那些難以解釋的現象暗有所指。

在人類演化的初期，腦容量突然急速提升，從 400 毫升猛漲到 1,400 毫升，大大超過之前的演化速度，從此之後，再無這樣的神速加持。這是為什麼呢？

放眼遠古，生命起源神秘萬分，生命的出現首先要從無機物變成有機物。地球上第一批有機物，可能來自原始大氣中的甲烷、氨、氫受到閃電充能而發生的化學反應，是為“原始湯”理論[1]。但是，從簡單的有機物再到複雜的生命體，異常艱難。打個比方，這種概率就好像被丟進海中的一堆原始材料，在海水裏晃盪了億萬年後，竟晃出了一艘航空母艦！

像這種小概率事件，怎麼可能發生呢？人類百思不得其解。這些躍升，真的是靠自然演化獲得的嗎？會不會人類本身就是外星物種的後代？

如果在網上搜索，就會發現此類說法比比皆是，諸如“NASA 泄密，人類祖先是外星人”“人類是外星人與猿猴雜交後代”“人類是外星人的試驗品”……

倘若人類果真來自浩渺宇宙，那麼仰望星空的習慣，會不會是思鄉之情的自然流露？

腦容量躍升背後

關於腦容量躍升的猜想，眾說紛紜，也是外星殖民假說的常見論據，但科學家認為這很可能只是自然演化的正常結果。

人腦容量從 400 毫升到 1,400 毫升的躍升，可以解釋為表型上的變化。舉一個簡單例子，現在世界上最矮的人只有 54.6 厘米，

---

[1] 20 世紀 20 年代，科學家提出一種理論，認為在 45 億年前，地球的海洋中就產生了存在有機分子的“原始湯”，這些有機分子是由於閃電等能源對原始大氣中的甲烷、氨和氫等的化學作用而形成的。50 年代初，有人通過模擬放電實驗，使無機物形成了水溶性有機小分子，其中包括 4 種氨基酸和氰化氫、甲醛等。

最高的人有 2.51 米，相差近 4 倍。[1] 在同一時代，人類的表型就可以差這麼多，更何況在物種漫長的演化過程中呢？要知道，有些生物在對抗惡劣環境時，會通過基因組加倍的方式做出應對。表型差距本身並不複雜，也完全在我們的理解範圍內。

此外，許多化石證據表明，雖然腦容量在一個時段內迅速增加，但仍是一個連貫過程：南方古猿為 404~530 毫升，能人為 510~752 毫升，直立人為 600~1,251 毫升，到了智人則為 880~1,750 毫升。

更何況，這個增加的過程實際上持續了數百萬年，所謂的腦容量“迅速”增加，是說這數百萬年相對於 6 億年的神經系統演化不過是一瞬之間。而這 6 億年早期著名的寒武紀大爆發，名字聽起來短暫而猛烈，但其實持續了 2,000 萬年之久。畢竟系統發生樹（Phylogenetic tree，又稱演化樹）是以百萬年為單位描述的。在這麼長的時間段，實現從器質到功能的連續增強也似可解釋。

宇宙胚種說

回到生命的起源，到底會不會跟外星人有關呢？

在地球上，所有以 DNA 為基礎的生物之間都是有關聯的，也就是說，所有的生命有一個共同的祖先。而這個祖先，到底是地

---

[1] 來自土耳其的 Sultan 身高 2.51 米，2009 年被吉尼斯世界紀錄認證為“世界上最高的男性”。來自尼泊爾的 Chandra 身高僅為 54.6 厘米，2012 年 2 月被吉尼斯世界紀錄認證為“世界上最矮的男性”。2015 年，Chandra 因病去世，享年 76 歲。——編者注

球的原住民還是天外客，至今尚無定論。

目前的研究證實，無機物和有機物的界限是可以被打破的——在原始大氣和海洋的模擬環境中，經過放電處理，的確會出現氨基酸類的物質。但是，令人疑惑的是，那些簡單的有機物如何演化為如此繁盛的生命？迄今為止，科學家始終無法驗證多分子體系（如氨基酸）如何演變為原始生命，而這恰恰是探索生命起源過程中最複雜、最有決定意義的階段。

即便歷經數億年，“原始湯”也不能把一堆機械零器件“晃”成航空母艦。很快，另一種假說——“宇宙胚種說”登場。

1993 年 7 月，有人在第 10 屆“生命起源國際會議”上提出，造成化學反應並導致生命產生的有機物可能來自跟地球發生碰撞的彗星。還有人推斷，是穿過茫茫宇宙而墜入地球的某個隕石帶來了“生命胚胎”，使得剛剛誕生的地球擁有了生命。

1969 年 9 月 28 日，著名的碳質隕石“默奇森隕石”，在澳大利亞被發現。在這塊隕石中，科學家發現了許多有機物，包括百餘種氨基酸，特別是有些氨基酸是構成生物的蛋白質分子所必需的。而碳同位素含量分析表明，這些化合物並非來自地球。

我們是完全在地球上自力更生演化而來，還是來自外太空又步上了幾十億年的演化之路？至今很難給出定論。我們無法回到幾十億年前的現場，只能期待出現更多的證據並藉助實驗，來證實某個假說。

假設在未來的某一天，人類移植了一些微生物等生命體到火星。後來，地球不幸發生災難，在幾十億年後變得面目全非，完全沒有了生命和文化的痕跡。那麼，從火星上演化出的高等生物——火星人，也許會琢磨同樣的問題，我們是誰？我們從哪裏來？我們是火星自己演化出來的生命嗎？難道是外星人把我們的祖先帶到了火星嗎？……

在澳大利亞發現的"默奇森隕石"

整個宇宙，由約 90 種天然存在的元素（不含人工元素）構成。連地球上組成所有生命形式的碳也來源於恆星。[1] 因此，無論是來自地球還是來自外星球，我們在元素上是一致的，而從這個角度來說，我們的確都是星星的孩子。

參考文獻

1. 吳秀傑，劉武，吳永勝，董為．中國化石人類腦量演化特點及其意義［A］．第十屆中國古脊椎動物學學術年會論文集［C］．北京：海洋出版社，2006：109-120.
2. 吳秀傑．化石人類腦演化研究概況［J］．人類學學報，2003，22（3）：249-255.

[1] 恆星中的核反應會生成碳元素和其他元素，當恆星爆炸，這些元素被灑向宇宙。

莫以基因組大小論英雄

什麼叫基因組？

當我們遇到一個新的物種，隨著知識背景的不同而愈發專業，大概會從“這是什麼動物”“這動物是肉食還是植食”，一直問到“這動物是哪個科的”。至於“這貨能吃麼”，不在本次討論之列。

當我們從基因角度去研究一個物種的時候，一定會問一個問題：“這個物種基因組有多大？”第一次看到這個名詞一定會有些奇怪，基因就是基因，基因組又是個什麼東西呢？這東西還能用大小描述麼？

為了便於理解，我們用撲克牌舉例。一副牌不算大小王是 52 張，花色是黑、紅、梅、方；一個人的基因組有 30 億個碱基對（3Gb），花色是 A、G、T、C（A 腺嘌呤、G 鳥嘌呤、T 胸腺嘧啶、C 胞嘧啶），都是 DNA 的基本組成部分。如果咱們玩鬥地主，78910JQK，這個序列是有意義的，在撲克牌裏叫順子，在基因組裏可類比於一個基因。但如果這個順子裏面的 10 變成了 9，那麼這個本來可以一次出去的牌，就變成了只有一對 9，其他都是單牌，這副牌玩下去可能就輸了。這樣的變化就屬於基因突變，如果發生在重要的基因上，可能就會引起遺傳疾病或者腫瘤。

這個地球上相當比例的生物都是二倍體，即由受精卵發育而來，且每一個體細胞內都有兩套染色體，分別來自父母。人類也是如此。但我們講基因組的時候通常說的是其中的一半，即單倍體。我們可以把一個人的基因組想象成一副有 30 億張牌的撲克，分成了 23 摞，每一摞就是一條染色體，所以一個人是有 23 對染色體的（22 對常染色體和 1 對性染色體），又因為性染色體有 X、Y 兩種，所以人類總共有 24 種染色體。我們人類大約有 22,000 個基因（準確的數字今天依然有爭議），但也只佔到了全部序列的 1.5%，其他清楚功能的算在一起也不過 3%。也就是說，我們基因組當中至少還有 97% 是“暗物質”，越來越多的證據表明這些之前認為的“垃圾序列”是有用的，只是我們還沒有研究得很明白。

現在你明白了吧，說一個物種基因組有多大，就是問這個物種有多少張“撲克牌”，也即多少個鹼基對。比如乙型肝炎病毒基因組有多大啊？3.2Kb，也就是 3,200 對；大腸桿菌基因組有多大啊？4.6Mb，也就是 400 多萬對；果蠅（一種蒼蠅）的基因組有多大啊？137Mb，也就是 1.37 億對；水稻的基因組有多大啊？460Mb，也就是 4.6 億對；大豆的基因組有多大啊？1Gb，大約是 10 億對；那小麥的基因組呢？16Gb，也就是 160 億對。至於人類，剛才已經講過了，大約是 3Gb，也就是 30 億個鹼基對。不光是人類，大部分哺乳動物也都是在 3Gb 左右，而鳥類的基因組大部分是 1Gb 左右，至於魚類、兩爬類還有昆蟲們，它們的基因組大小範圍就非常廣闊了，從幾百 Mb 到幾十 Gb 都有，還真不容易一概而論。

你可能有點兒混亂了，難道不是物種越高等，基因組就越大麼？當然不是，正如不能說鯨魚、大象比人體型大，它們就比人類更高等一樣。物種的基因組大小和它的複雜性之間沒有嚴格的對應關係，這個現象被稱為“C 值悖論”。

C 值悖論

我們終於可以正經地講講基因組了。基因組是生命的源代碼，是細胞內所有的遺傳信息的總和，是指導物種生長、發育和繁衍的基本程序。

30 多億年前，生命的第一個完整基因組誕生，它具有了複製、變異和遺傳的特性，從誕生之日起便在這個星球上以不可阻擋的力量擴散和傳承，形成了今天眾多已知和未知的豐富多彩的生命形式。這些棲息於不同生命載體的基因組在時間和空間中有著無窮的多樣性，基因組大小的變異就是其中之一。這個大小，我們用 C 值表示。

C 值，即每一種生物的單倍體基因組 DNA 總量，或者通俗一點理解，也就是這個物種的所有撲克牌，即所有碱基對加在一起有多重。我們一般用皮克（pg，10^{-12} 克）表示，1pg 的重量約等於 1Gb（10 億個）的碱基對。雖然生命大致還是遵循了從簡單到複雜、從低等到高等的演化模式，但正如剛才列舉的例子，基因組大的物種並不一定更高等。

目前研究結果顯示，對於每個生命大分支（細菌、真菌、動物、植物、藻類和原蟲等），基因組大小與生命複雜度之間並沒有絕對的相關性，“低等”生命可能擁有極大基因組，而“高等”生命的基因組可能小巧而精緻，這就是物種之間基因組大小變異的 C 值悖論。這似乎與我們的感性認識不相符合。

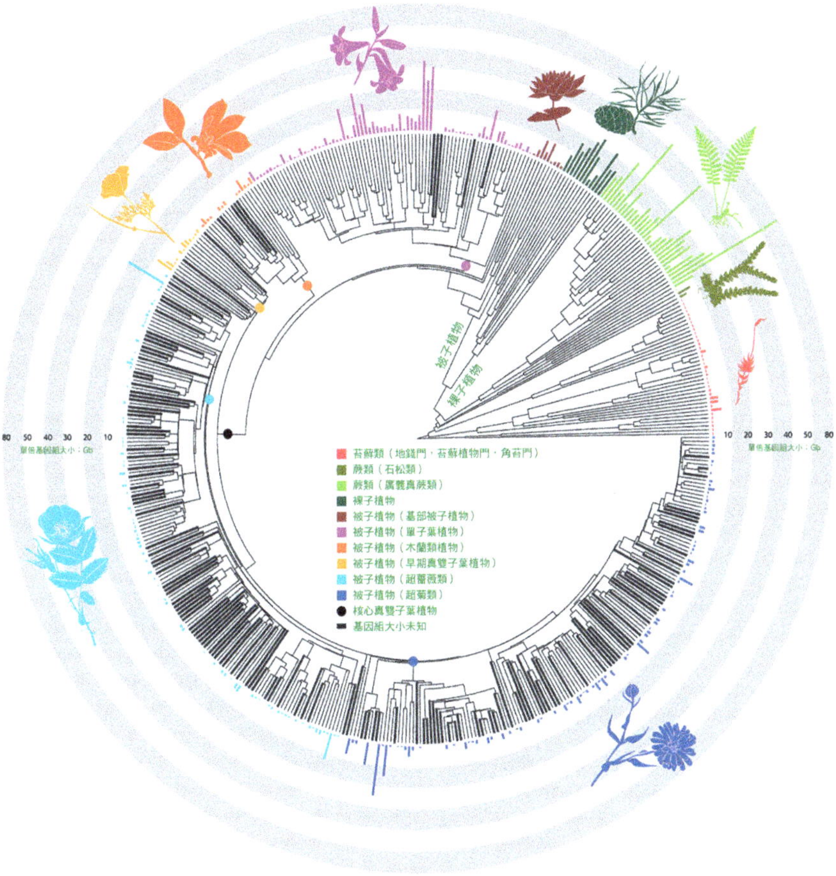

示意圖：陸生植物的基因組大小分佈

（內圈是以苔蘚植物為起點構建的陸生植物系統發育樹，最小分支單元為科，各科按演化出現的時間先後順序在圖中逆時針排佈；外圈有色條柱，高度代表該科平均基因組大小，單位 Gb；內圈加粗的灰色分支對應的外圈基因組大小數值暫缺。數據引自：Jaume Pellicer, et al., Genome Size Diversity and Its Impact on the Evolution of Land Plants）

表面上看，我們會認為基因組越大的物種，越可能擁有更複雜、更高等的生命形式。然而，這就如同單看國土面積並不能和 GDP（國內生產總值）成正比一樣，GDP 與該國的科技水平、人口組成、經濟構成甚至宗教文化都有關係，誰也不知道國土面積數字背後是否為不宜居住和種植的沙漠或極寒地帶。

另外，C 值悖論與達爾文的演化論和自然選擇理論也是不吻合的。人類基因組大小約是水稻基因組大小的七倍，卻只有小麥基因組的約五分之一，在自然界的生命體中處於一個中間值位置，但人類卻擁有無可比擬的語言溝通、勞動創造及建立社區和國家的能力。這就常常引起人們的思考：如果不是因為擁有超大或超複雜的基因組，又是什麼讓人類不同於其他生命脫穎而出，進而站在生命金字塔的頂端而主宰地球的？這是一個人類相關領域學家都關心的有趣問題。

而物種內部不同亞種之間，基因組大小各個層面的變異，卻往往與很多重要表型性狀相關聯。而這些變異絕大多數來源於功能未知的異質染色質和非編碼區域，也就是我們剛才提到的基因組中“暗物質”的部分。

最大的基因組有多大？

到目前為止，已發現的最小生命基因組（不包括病毒）只有 0.0005pg（0.5Mb），來自布氏菌屬；已報道的最小真核生命基因組來自寄生在一些哺乳動物的微孢子蟲，約為 2.25Mb；而最大的基因組來自植物界的日本重樓，也叫衣笠草，約為 148.8Gb（前紀錄保持者石花肺魚的基因組大小約為 132.8Gb）[1]，最大的真核基因組與最小的真核基因組之間的差距約為 64,000 倍。這些紀錄基本達到了一個能行使正常生存繁殖功能的生命極限。

過去幾十年，合成生物學致力於能夠合成最小的功能基因組，這一直以來是人類試圖證明“上帝扮演者”身份的重要嘗試。同時，在基因組測序和組裝領域，挑戰解碼最大的基因組序列也是人們孜孜不倦地解讀大自然生命傑作的重要關注點。在這裏，我們更多地探討一下“巨型基因組”的問題，且主要關注基因組大小多樣性最豐富的植物類群。

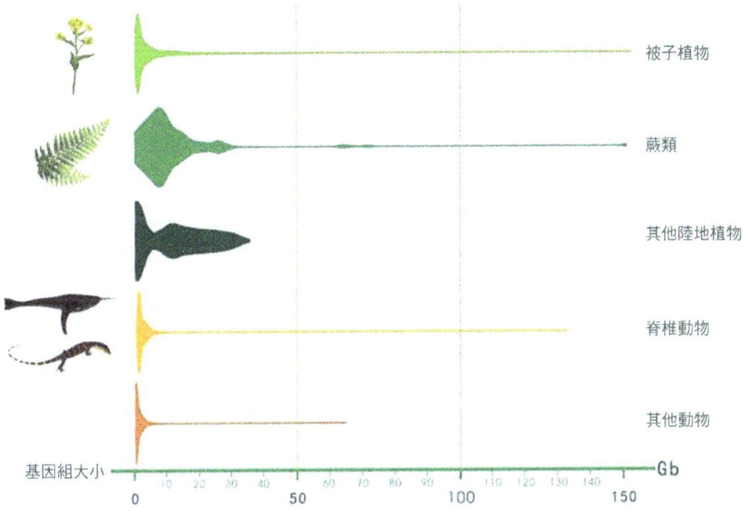

巨型基因五大門類
（橫軸為各門類中基因大小的數值範圍；橫向排佈的軸線寬度代表各門類物種基因組不同數值大小出現的相對頻率。數據引自 Hidalgo et al., Is There an Upper Limit to Genome Size?）

---

[1] 2024 年新發現披針葉梅溪蕨基因組大小約為 160.45Gb。——編者注

事實上，巨型基因組並不多見，大多數真核基因組都比較小（真核生物多樣性極高，動植物僅僅是真核生命中極小的兩個分支）。縱觀所有真核生物，確有十多個物種基因組大小超過了100Gb（約佔已知基因組大小物種的 0.09%），來源於 5 個真核門類：一個來源於蕨類（*Psilotales*），兩個來源於開花植物（*Liliales* 和 *Santalales*），兩個來源於脊椎動物（*Lepidosireniformes/lungfish* 和 *Urodela/salamanders*）。受當前檢測技術限制，目前關於這些巨型基因組的結構和功能遠未深入研究。

以迄今為止報道的最大的基因組日本重樓為例，其基因組大小接近 150Gb，約為人類基因組的 50 倍。而實際上，日本重樓是個異源雜合的 8 倍體，這也暗示其細胞核中包含了將近 1,200Gb（150Gb×8）的碱基大小。一個碱基的長度約為 0.34 納米，人類基因組單倍體的所有碱基連在一起約為 1 米（整個二倍體細胞的碱基連接起來是 2 米），而日本重樓單倍體的所有碱基連在一起長達 50 米，單個細胞核所有 DNA 碱基連在一起長達 400 米。很難想象這麼巨量的遺傳物質如何有效地組裝在一個只有幾微米級別的細胞核裏。日本重樓生長速度極慢，這與其巨量遺傳物質在每次 DNA 複製和細胞分裂中完成一次周期需要消耗的能量之大有關係。與此同時，這也引發我們進行相應的思考：150Gb 的基因組大小是否是生命能承受的極限？單條染色體大小的極限會是多少？

生命承重的機制是什麼？

究竟是什麼樣的生命機制和動力造就如此之大的巨型基因組？其中一個不容忽視的事實是，我們發現“重複”在生命的演化過程中是極其普遍和頻繁的。毫不誇張地說，整個生命，甚至整個宇宙，都是由基本的信息單位或物質單位由不同形式的重複和排列形成的。

對於基因組來說，單碱基的串聯複製，外顯子的複製，基因的複製，大片段的複製，整條染色體的複製，甚至全基因組的複製，都是可以發生的。還用撲克牌類比的話，那就是從一張牌到一摞牌甚至一整副牌，都是可以根據需要（選擇壓力）不斷複製的。在複製中變異，在複製中試錯，在複製中創造，複製為整個生命演化提供了至關重要的力量。這個過程中，全基因組複製事件（一整副牌的複製）是基因組演化中最大的變異，其深刻地影響著物種基因組的結構、功能和適應性，影響著每一個基因、基因家族、遺傳代謝通路和性狀。

很多基因組在演化過程中都頻繁經歷全基因組複製事件。比如脊椎動物的祖先就曾經歷過至少兩次古老的全基因組複製事件，這兩次事件對動物從無脊椎到脊椎的過渡起到了關鍵的作用，尤其是對其形態長成方面的塑造。而對於植物，90% 以上的陸地植物均經歷過一次或多次全基因組複製事件。另一方面，雖然現存的很多物種均以二倍形式存在，但也同時存在多倍體的物種形式，如六倍體小麥、四倍體土豆等；還有為了某種特定目的而人工培育的，如三倍體無子西瓜。

與此同時，還有一類很淘氣的撲克牌，可以在一摞牌甚至整副牌中跳來跳去，我們稱之為“跳躍的基因”，即轉座子[1]，這類活動對巨型基因組大小的塑造也功不可沒。由於佔據了基因組的大部分比例（如玉米基因組 80% 以上是轉座子，此項發現於 1983 年獲得諾貝爾獎），故轉座子被視為“暗物質”中非常重要的一類，是研究基因組大小變異與功能的熱門課題。

無盡的謎題

所有的真核生命的遺傳物質均是以染色體為載體進行信息儲存、複製和傳遞的。有趣的是，人們發現染色體數目多少與物種分化、新性狀的產生沒有必然聯繫，這與最近人們通過合成生物學方法將 16 條酵母染色體連成一條染色體但酵母細胞生命狀態卻相似的發現是相一致的。另一方面，相似的基因組大小，由於編排方式和重組規律不同，又會形成完全不同的生命存在形式。比如人類基因組約為 3Gb，23 對染色體，而擁有 7 對染色體的植物茴香，其基因組大小也在 3Gb 左右，但人類與植物茴香是兩種完全不同的生命形式，其關鍵在於基因內容及其排列組合的不同。

在高等植物染色體數目中，12 是一個出現頻率最高的數字。在數學上，12 同時是 2、3、4、6 的公約數；在生活中人類也較為偏愛 12 這個數字，一個生肖輪迴 12 年，一年有 12 個月，星座有 12 個，時針轉一圈是 12 個小時，一英尺等於 12 英寸，12 個稱

[1] 一類可以移動的 DNA 序列，通過切割、重新整合等一系列過程，轉座子可以從基因組一個位置轉移到另一個位置。

為一打，甚至人有 12 對腦神經，等等。而在演化上，為什麼很多物種最終選擇 12 套染色體編排它們的遺傳物質，同樣是個有趣的問題。

科學研究還發現，很多大基因組擁有較少的染色體數目，而一些擁有成百上千條染色體的物種的基因組大小卻並不大（意思是撲克牌多少和分幾摞關係也不確定）。另一個較明顯的現象是，一個細胞中的 DNA 遺傳物質並不是平均分佈於每條染色體上的，而是同一個物種不同染色體大小之間存在多樣性（意思是一副牌總是分成不均勻的若干摞）。而在染色體複製和細胞分裂中起到重要作用的著絲粒也並不位於每條染色體的中間，同樣存在多樣性，如長臂 / 短臂比例分佈不均勻（也就是說每摞牌一分為二的時候，切牌的位置也是不均勻的）。對於形成這種多樣性的機制，究竟是隨機的還是有某種選擇上的適應性，又或僅僅是演化過程中的一種暫時性安置或試錯，都是值得尋味的問題。

2

篇二

原理：感受生命科學的美麗

花叢中的《甄嬛傳》

繽紛多彩的花卉，始終是地球上引人注目的風景線。無論是人還是動物，對美麗的花兒都有著天生的熱愛，古人用“桃之夭夭，灼灼其華”，“朝飲木蘭之墜露兮，夕餐秋菊之落英”這樣唯美的句子描述花兒，這正是開花植物想要達到的效果——吸引更多的注意力，有更多的機會傳宗接代。

然而，美麗的外表往往隱藏著複雜的內心世界。越是好看、好聞的花兒，恐怕越是藏著一言難盡的玄機。在百媚千嬌的背後，花兒也上演著一出出“後宮”大戲，其手段恐怕連最狠毒的嬪妃也自歎不如。

有些花兒很佛系

後宮裏，總有幾個與世無爭、笑看春風秋月的淡泊之人。同樣，有些花兒，也對爭奇鬥艷沒什麼興趣。

本質上，花兒和哺乳動物的生育原理相近，雄蕊的花粉得落在雌蕊之上，才能“金風玉露一相逢，便勝卻人間無數”。不過，在授粉方式上，花兒的選擇可就多了。假如授粉不需要藉助外力，那麼花兒就不需要耗費精力使出渾身解數，以求博得他者青睞了。

有些花兒決定自力更生，繁衍問題不勞別人操心。於是，雄蕊和雌蕊長在了一起。等雄蕊一成熟，花粉自然落在了雌蕊上，就這樣輕鬆地結合了。

這樣的“近親繁殖”，後代質量總要打個問號。為了解決這個問題，一些花兒演化出了“自交不親和性”。這麼一來，就算自家花粉找上了自己的柱頭，也不會發生“意外之孕”；而雄蕊雌蕊若要喜結良緣，先決條件便是“兩地親家，基因不同”。

這種奇妙的特性，令發現者達爾文歎服不已。達爾文在自傳中寫道：“從來沒有哪項研究比這更令我開心。”這可能是因為達爾文的家庭本身遭受了近親結合帶來的痛苦。

雖說杜絕了近親繁殖，但雄蕊和雌蕊之間的距離就成了繁衍的障礙，必須依靠一些能夠牽線搭橋的外力。

對輕盈的花粉來說，無處不在的風就成了最好的“紅娘”。

玉米雌、雄蕊同株

玉米就是這麼做的。雄花處在植株頂端，雌花則在下方苞葉頂端。風來時，便把雄花花粉帶向四方，灑落在那些從苞葉頂端探出的細長花柱上。和玉米一樣，許多作物的花兒也以風為媒，實現代代延續。

自花授粉者，緣分天注定，不愁未來；風媒授粉者，紅線隨風牽。所以，它們連著裝打扮也毫不上心，大多素面朝天，既無艷麗的顏色，也無馥郁的香味，隨遇而安，過著無欲無爭的日子。

有些花兒心機多

女為悅己者容。後宮大戲裏，各方佳麗往往打扮得花枝招展，盡態極妍，讓君王目不暇接，終極目的是獲得珍貴的生育機會。同理，那些要引誘蟲兒幫忙傳後的花兒，往往格外妖嬈多姿、繽紛燦爛。

花瓣中的色素是花兒色彩的來源，其中尤以花青素最負盛名。花青素的最大特點是顏色可隨環境改變。如果環境偏酸性，花青素會讓花兒顯得紅光滿面；若是在偏鹼性的環境中，花兒便變得藍幽幽的。假如鹼性太強，就是一副藍黑色的模樣，墨菊、黑牡丹就是典型的例子。

單是一個花青素，還不足以染出花兒的百般姿色。類胡蘿蔔素、類黃酮、醌類色素、甜菜色素等齊齊出動，才造就出這世間的萬紫千紅。

在綠葉的映襯下，哪怕白花也格外惹眼。見了這些嬌艷欲滴的花兒，視覺系動物們怎能不心旌搖動、一親芳澤？不過，各花入各眼，蟲兒們對花兒也有獨特的偏愛。

蝶和蛾對紅色花兒情有獨鍾，蜜蜂則比較博愛，只要是藍色、白色、黃色，照單全收。當然，如果花色不顯，還可以打個時間差，選擇在夜間盛放，也能兼顧到熬通宵的蟲兒，比如曇花，特別喜歡月下得寵的滋味。

正在紅花上採蜜的蝴蝶

光靠美色還不夠，花兒的氣味也很重要。每一朵帶香味的花兒都是一座小型的生化工廠。在這座工廠中，花兒將多種化學物質調和在一起，如單萜、倍半萜、酚、醇、酮、酯等，形成了各自的獨特氣味，讓蟲兒們即便在夜間也可以聞風而至。

殘酷的競爭下，有些花兒在香味競賽中敗下陣來，只得另闢蹊徑。既然不能“流芳百世”，乾脆選擇“遺臭萬年”，畢竟想要“勾引”蝴蝶、蛾子、蜜蜂的花兒太多，不如吸引不受歡迎的蒼蠅、甲蟲這些“逐臭之徒”。於是巨魔芋、大王花乾脆散發腐肉的氣味。反正終極目的是為了能引來蟲兒授粉，至於是什麼蟲，並不重要。

大王花和巨魔芋都靠腐臭氣味吸引昆蟲，這兩種花都生活在熱帶，體形巨大

色誘、香薰，只是前戲；要想被“翻牌子”，還得給蟲兒們一點甜頭。於是，不少花兒演化出了蜜腺，能分泌鮮甜的花蜜。就在蟲兒飽食蜜液之時，花粉已經不知不覺地沾滿了它們的體表。

等到蟲兒在花叢間起舞和停留時，一朵花兒的花粉也就悄悄地落到了另一朵花兒的花蕊上。由此，一場精心炮製的授粉計劃終於圓滿結束。

花兒們苦心孤詣，機關算盡，總算守得雲開見月明了。

花蜜是最好的貢品

當然，看人臉色繁衍後代，風險總是不小。難怪大多數妃嬪緊張兮兮，生怕失去皇上的寵幸，而落得一個深鎖後宮的結局。

花兒也擔心，如果有朝一日，蟲兒不幸遭遇集體滅絕，花兒豈不是也要面臨絕後的窘境？

說到授粉這個活計，最在行的蟲兒是工蜂。在和花兒長期打交道的過程中，工蜂早已演化出一副裝備齊全的樣子，甚至在後腿上配備了專門盛裝花粉的“花粉籃”。

很難想象，若是沒有大規模作業的蜜蜂，將有多少花兒喪失繁育後代的機會。曾經有人預測，如果沒有蜜蜂，人類最多只能再活 4 年。

可怕的是，上述疑慮正在變成現實。2006 年，美國科學家發現，有些蜂巢裏的成熟工蜂突然人間蒸發，剩下的全是幼蟲、剛成熟的工蜂及蜂后，使得整個蜂巢陷入癱瘓。

雖然蜜蜂“連吃帶拿”，但花兒仍要靠它授粉

危機並非偶然。專門從事蜜蜂研究的學者斯皮瓦克便指出：“自第二次世界大戰以來，美國的蜜蜂已經減少了一半。”同樣，在亞洲和歐洲的許多地方，蜜蜂也在大面積地消失。有資料顯示，中國的蜂群少了 10%，瑞士的蜜蜂甚至銳減了 40%。

這種現象被稱為“蜂群崩潰綜合徵”，是今天農業科學家關注的焦點。蜂群崩潰綜合徵可能是農藥濫用引發的惡果，可能是寄生蟲橫行帶來的災難，也可能是蜜蜂們營養不良所致……時至今日，答案始終撲朔迷離。

好在，花兒還有授粉的“備胎”，而且不止一位。

在眾多候選者中，蜂鳥是一位優秀的選手。作為世界上最小的鳥，蜂鳥跟一隻大蛾子的身材差不多，能在花間自如地騰挪閃移。跟蜜蜂一樣，蜂鳥也是在吸食花蜜時捎帶著完成了授粉。有人觀察，蜂鳥會伸出細長的喙，輕巧地探進花心，美滋滋地吸食花蜜，毫不在意自己沾上了多少花粉。

安氏蜂鳥是太平洋沿岸最常見的蜂鳥

食蜜蝙蝠（*Glossophaga soricina*）也是不錯的選擇。眾所周知，在飛行中，蝙蝠依賴超聲波進行導航。為了讓食蜜蝙蝠上鈎，古巴熱帶雨林裏的夜蜜囊花（*Marcgravia evenia*），格外狡詐地演化出了勺子狀的葉子，能夠強烈地反射回聲。這對蝙蝠來說簡直就像遇到了霓虹燈大招牌。

美洲藜豆（*Mucuna holtonii*）、仙人掌科的老樂柱（*Espostoa frutescens*）、炮彈果（*Crescentia cujete*）等花兒的獨門秘籍，是反射人眼看不到的紫外線，而這些紫外線恰恰能被食蜜蝙蝠的小眼睛偵測到。由於新陳代謝率極高，食蜜蝙蝠需要頻繁進食，才能維持身體所需的能量供給。在食蜜蝙蝠頻頻訪花之時，花兒們也完成了授粉。

一些品種的蝙蝠以花蜜、水果為食

假設有一天，傳粉動物都滅絕了，那怎麼辦？哈佛大學的研究者提供了一個可能的替代方案——重量不到 0.1 克的機器蜂。在電腦控制下，機器蜂可以飛行、潛水、游泳、著陸，人工授粉更是不在話下。遺憾的是，受限於電池續航等問題，機器蜂仍在研製中。

在真正的後宮裏，君王看似艷福盡享，但有時也會成為宮廷鬥爭的受害者。有些花兒也會對授粉者下手，壓根兒不遵守“投之以花粉，報之以蜜液”這種等價交換的遊戲規則。

少花蝦脊蘭，花色金黃，還長著紅色的假蜜腺，而熊蜂向來對這種蘭花沒有絲毫的抵抗能力。儘管少花蝦脊蘭根本不分泌花蜜，但熊蜂總是一而再再而三地“上當”，每次的一探究竟，最終都變成了赤裸裸的無償勞動。

更有趣的是，熊蜂蜂王在每年築巢時都會主動進入褐花杓蘭（*Cypripedium smithii*）的唇瓣，而褐花杓蘭會利用花瓣短暫困住熊蜂蜂王。等到熊蜂蜂王掙脫懷抱的時候，花粉團已經附著在它的背部，卻令它無法觸及，最終保全了這些寶貴的花粉。

還有一種叫蜜蜂蘭（*Cymbidium floribundum* Lindl.）的蘭花，更是坑壞了熊蜂。這種花兒，花形酷似雌熊蜂，花瓣上長著許多短毛，像極了雌熊蜂腹部的絨毛。而且它還能散發出類似雌蜂性信息素的氣味，讓雄熊蜂聞香而至。等到雄熊蜂自作多情地跟蜜蜂蘭一番纏綿後，才發現不過是一場春夢，徒留一身花粉。待雄熊峰再次落入另一朵蜜蜂蘭的溫柔鄉時，便為蜜蜂蘭完成了傳宗接代的任務。

在蘭科大家族中，大彗星鳳蘭（*Angraecum sesquipedale*）極具個性。1862 年，達爾文發現了這種原產於馬達加斯加的奇異物種——細細的花距竟長達 20 厘米。由此，達爾文大膽推測，應該有一種口器也是 20 厘米的昆蟲為這種蘭花傳粉，但無人相信。直到 1903 年，非洲長喙天蛾（*Xanthopan morganii praedicta*）才進入人們的視野，果然它的喙長 20~30 厘米，完全夠得著大彗星鳳蘭底部的花蜜，從而印證了達爾文的推測。

有趣的是，在彗星蘭屬盛開的地方，一定有長喙天蛾出沒。大彗星鳳蘭的花距很長，也只有非洲長喙天蛾能夠為其傳粉，它們是互惠互利的永久合作夥伴。這種傳粉機制，類似於一把鎖對應一把鑰匙，比廣撒網更加穩定、更加長久。

最毒辣的花兒，當屬大名鼎鼎的豬籠草（*Nepenthes* sp.）。這些花兒散發著清甜的香氣，分泌著濃郁的花蜜，難道是為了授粉嗎？各路英雄紛至沓來，原本想著饕餮花兒的芳香美好，沒想到中了“美人計”。原來是一場甜蜜陷阱！誰能料到，授粉隊員不過是自投羅網，竟多少有些像牡丹花下的風流鬼了。

大彗星鳳蘭

“請君入甕”的豬籠草

巨魔芋小貼士	
中文名	巨魔芋
拉丁學名	*Amorphophallus titanum*
英文名稱	Titan arum
別稱	屍臭花、屍臭魔芋、巨花魔芋、泰坦魔芋、腐屍花、萊佛士亞花、大花草
物種分類	被子植物門、單子葉植物綱、棕櫚亞綱、天南星目、天南星科、魔芋屬

蜜蜂蘭小貼士	
中文名	多花蘭
拉丁學名	*Cymbidium floribundum* Lindl.
英文名稱	Ophrys Apifera
別稱	台蘭、蜜蜂蘭
物種分類	被子植物門、單子葉植物綱、微子目、蘭科、蘭亞科、樹蘭族、蘭屬、蘭亞屬

大王花小貼士	
中文名	大王花
拉丁學名	*Rafflesia keithii*
英文名稱	Corpse flower
別稱	大花草、屍臭花、腐屍花、食人花
物種分類	木賊門、木蘭綱、薔薇亞綱、金虎尾目、大花草科、大王花屬

大王花小貼士	
基因組研究進展	2007 年 3 月，美國科學家對大王花進行基因分析，發現大王花所在的大花草科大約在 4,600 萬年前從大戟科家族分離出來，這一發現被發表在《科學》上。

參考文獻

1. 馬煒梁．植物學［M］．北京：高等教育出版社，2009.
2. 官昭瑛，吳艷光，袁海濱等．昆蟲訪花機制研究概述［J］．吉林農業大學學報，2005，27（6）：608–613.
3. 牛夏，趙世偉，郭翎．珍稀植物巨魔芋開花生物學研究進展［A］．中國植物園（第十四期）［C］．2011.
4. 阿碧．奇異的植物——大王花［J］．綠化與生活，2007（1）：40.
5. 徐仁修．馬來西亞最獨特的植物：大王花與豬籠草［J］．中國國家地理，2009（2）：98–105.
6. Jones G. Sensory Biology: Acoustic Reflectors Attract Bats to Roost in Pitcher Plants[J]. *Curr Biol*. 2015 Jul 20; 25(14): R609-10.

讓福島新生的向日葵

在凡・高的短暫人生中，有兩三年算得上是“向日葵之年”。1887 年 8~9 月，他在巴黎畫被剪下的向日葵，單支獨朵，用色偏暗；1888 年 8 月，到了法國南部阿爾勒，他開始創作迥異於巴黎時期的向日葵，變幻莫測，明媚活潑；後來，他又陸陸續續完成了其餘的向日葵作品。

向日葵的法文是 tournesol，意為“旋轉的太陽”。在阿爾勒，凡・高飽含激情地去畫這些面朝太陽而生的花朵。花蕊火紅，像一團熾熱的火球；花瓣金黃，像太陽放射出耀眼的光芒…… 這一組油畫，細緻地呈現了向日葵由盛放到凋零的全過程。

後來，凡・高深刻意識到自己創作出了與眾不同的東西。當別人還在畫牡丹或蜀葵之類的花兒時，他欣喜地告訴弟弟西奧“向日葵是我的”。向日葵已成為凡・高的標誌。

研究者說，凡・高在阿爾勒尋求的是太陽，這是一種光輝和光芒，能夠消除細節並簡化形式，將他周圍的世界減少到他在日本木版畫中所欣賞的那種模式。凡・高一度沉迷於日本版畫及藝術，甚至將阿爾勒稱作“南方的日本”。

在某種意義上，向日葵是凡・高與日本之間的一座橋。1919 年，《花瓶裏的五朵向日葵》被日本商人山本買下。兩年後，畫作曾短暫展出，引起民眾熱烈追捧。遺憾的是，在二戰的隆隆炮火

以凡・高油畫《向日葵》為原型製作的拼貼畫

中，這幅畫作不幸湮滅，已無法再現人間。

世事難料，90 年後，向日葵又一次成為日本民眾追捧的對象。只是這次，受寵的是真正的向日葵。

追太陽靠的是“歪脖子”

中國人對向日葵並不陌生，幾乎每個中國人身邊都有幾個狂熱的嗑瓜子愛好者。然而向日葵並非東亞本土物種。向日葵原產於美洲，因其遠可觀賞、近可取食，在 1493 年哥倫布開啟全球物種大交換之後，迅速傳遍了整個世界。

在英語中，這種植物因為形似太陽，被稱為“sunflower”，就是“太陽花”之意。它們向日而生，晨朝東，暮向西，因而得了一個恰如其分的中文名：“向日葵”。在著名遊戲《植物大戰殭屍》中，向日葵也因能隨音樂起舞和持續產生陽光而備受玩家喜愛。

向日葵為何會隨著太陽轉向？

相傳，太陽神阿波羅玉樹臨風，瀟灑倜儻，他每天的職責就是駕駛著一輛黃金戰馬拉動的金車，在天空巡遊。太陽神的金車光芒萬丈，只要阿波羅駕著它在天上巡行一圈，日出與日落便呈現在世人眼前，蔚為壯觀。

海仙女克呂提厄深深為阿波羅所傾倒，是他最忠誠的追星族。每天她都癡癡地站在大地上，注視著阿波羅駕著金車從天際劃過。從旭日東升到暮靄沉沉，她的視線從沒有離開半點。

這是一場沒有回應的相思，這是一幕只有一個人的愛情故事。漸漸地，克呂提厄融入了泥土中，幻化成了一株向日葵，始終不改她對太陽神的嚮往。

但是淒美的神話卻經不起推敲 —— 作為美洲特產，古希臘人根本就沒有見過向日葵。

現代科學對向日葵擺頭機制的解釋是由植物生物鐘調節生長激素導致的。

當太陽升起時，生長素就向莖的背光一側集中，導致莖的兩側生長速度不同，一側長得快，一側長得慢，從外觀上看就成了“歪脖子”。白天，莖的東側比西側長得快，向日葵就追著太陽跑；到了夜間，西側的增長更快，向日葵便擺動回來了。

如果沒有太陽，向日葵還會擺頭嗎？

為了回答這個問題，生物學家將一些向日葵放到室內培育，在它們的上方放置了固定的光源。結果是，這些花兒彷彿能感應到太陽的移動，依然會繼續來回地擺動幾天。由此揭示出，向日葵的擺頭並不是單純地向光，而是內部的生物鐘在“操控”著它的一舉一動。

那麼，如果人工設定一個晝夜時長，讓光源模擬太陽移動，向日葵能不能實現準確“追蹤”呢？

在一定範圍內，向日葵確實可以做到追蹤光源，當人工晝夜節律接近 24 小時的時候，向日葵仍舊追著人造太陽擺頭。但是，當人工晝夜接近 30 小時，追上“太陽”就是奢談了。

向日葵之所以逐日，是因為兩種生長機制的作用。一是根據可獲得的光，可以設置基本的生長率；二是靠著生物鐘的控制及光的方向影響，莖在一個方向會比另一方向長得更多。

但這種節律並不會持續一輩子。等到向日葵成熟，生長減

未成熟的向日葵，花盤始終朝向太陽

緩，它就變成始終面朝東方的“面癱”了。

這是為了迎合採花的蜜蜂。如果早上面向東，向日葵的升溫會更迅速，因而朝東的花盤更能吸引喜歡暖花的蜜蜂。當擺頭不能再帶來好處時，向日葵也就懶得繼續奉獻每日的表演了。

扎根福島的“除毒衛士”

不過，能搖晃腦袋並不是向日葵唯一的特點，向日葵的基因組在植物中也是獨樹一幟。

研究發現，向日葵的基因組中有大量重複的片段，導致對向日葵基因組測序過程中序列組裝困難，因此之前對向日葵的基因測序都未能收到滿意效果。直到 2017 年，用上了三代測序方法，科學家才一步步揭開向日葵基因的奧秘。

結果顯示，向日葵演化過程中比大多數生物多發生了兩次全基因組加倍事件。全基因組加倍又稱全基因組複製，向日葵的全基因組在經過兩次複製後，染色體又發生了至少 17 次斷裂以及 126 次融合，最終形成目前的 17 條染色體。因此，這 17 條染色體上承載著大量的重複片段。

我們尚且不清楚這一系列的演化事件對向日葵造成了什麼樣的影響。不過有一點可以肯定，向日葵確實有非同凡響的能力：比起一般植物，它對輻射的抗性要強得多。

大部分動物都不可長時間暴露在紫外線下，而更高能量的放射性污染則是所有生物的噩夢。放射性物質散發的 α、β、γ 三種射線能夠破壞 DNA 分子。如果輻射劑量過大，DNA 修復機能跟不上的話，就會產生嚴重後果，如白細胞減少、內出血，甚至死亡。

更可怕的是，核輻射的影響不會很快消散。如果長期生活在受污染地區附近，健康會深受影響。吸入的放射性物質會在人體內慢慢積聚，令癌症產生的概率大幅提升。

對核污染的治理是世界性的難題，人類很多時候只能等待放射性污染物經過漫長的半衰期衰減。對背井離鄉的民眾來說，這樣的等待時間實在太過漫長了。

1986 年，切爾諾貝利核事故發生後，核電站附近出現了嚴重核污染。但科學家意外發現：在一個池邊生長著向日葵的池塘中，放射性污染物被清除殆盡。

向日葵能迅速富集土壤中的養分，而在土壤遭遇污染時，向日葵的這一特性並不會改變。通過根部，向日葵可以吸收土壤中的污染物，將毒素富集在體內。因此，先讓向日葵把放射性物質吸收入體內，就有可能減輕處理核污染的難度。

2011 年 3 月 11 日，日本福島發生了極為嚴重的核災難。在一次地震引起的海嘯中，福島第一核電站嚴重毀壞。

更可怕的是，三座反應堆的供電和冷卻系統也停止了運作。這意味著大量放射性物質進入了大氣和海洋中。為了不受核輻射影響，福島居民被迫從家中撤離。對他們來說，這次撤離後何時才能返回故里是個未知數。

往日不過是茶餘飯後零食的葵花籽成了福島重獲新生的希望。在福島的周圍，800 萬株向日葵綻開了笑臉。其他一些有富集能力的植物，如芥菜和莧菜也被大量種植。日本政府希望通過植物的力量，讓核污染能得到快速有效的控制。令現代科技應對乏力的核污染，卻能用貌不驚人的向日葵進行有效處理，讓我們向漫長演化造就的平凡物種致敬。

除了固定核污染，向日葵還有更重要的象徵意義。那充滿活力的黃色花朵在核污染地區爛漫地開放，無疑代表著一種新的力量和希望。福島的向日葵，如同一條精神紐帶，連接起凡・高百年前的畫作與通往未來的希望，再次給日本的民眾鼓舞與振奮，支撐著他們戰勝災難，為更好的明天繼續奮鬥。

福島的向日葵花海

向日葵小貼士	
中文名	向日葵
拉丁學名	*Helianthus annuus* L.
英文名稱	Sunflower

向日葵小貼士	
別稱	朝陽花、轉日蓮、向陽花、望日蓮、太陽花等
物種分類	植物界、被子植物門、雙子葉植物綱、菊目、菊科、向日葵屬、向日葵種
基因組學研究進展	2017 年，法國科學家尼古拉斯．朗拉德及其同事完成了馴化向日葵的全基因組測序，並發表在《自然》雜誌上。向日葵基因組大小約為 3.6Gb。本次研究中，科學家找到了新的候選基因，重構了花期和油脂代謝這兩大育種性狀的遺傳網絡，並發現花期的遺傳網絡是由最近的全基因組倍增塑造的。對向日葵進行的比較和全基因組分析，為菊類植物的演化史帶來了新啟示。同時，向日葵基因組序列能夠為了解整個“家族”提供一個非常有用的模板。這一研究強化了向日葵作為生物、演化和氣候變化適應研究模型的地位，且有助於加快向日葵育種。

參考文獻

1. Badouin H., Gouzy J., Grassa C. J., Murat F., Staton S. E., Cottret L., ... Legrand L.The sunflower genome provides insights into oil metabolism, flowering and Asterid evolution[J]. *Nature*, 2017, 546(7656): 148-152.
2. Blackman B. K., Scascitelli M., Kane N. C., Luton H. H., Rasmussen D. A., Bye R. A., ... Rieseberg L. H.Sunflower domestication alleles support single domestication center in eastern North America[J]. *Proceedings of the National Academy of Sciences*, 2011, 108(34): 14360-14365.
3. Atamian H. S., Creux N. M., Brown E. A., Garner A. G., Blackman B. K., Harmer S. L. Circadian regulation of sunflower heliotropism, floral orientation, and pollinator visits[J]. *Science*, 2016, 353(6299): 587-590.
4. Adler T. I. N. A. Using plants to tackle polluted water and soil[J]. *Science News*, 1996, 150: 42-43.

救活許仙的，只是個普通蘑菇？

傳說中的千年神草

《白蛇傳》中流傳千年的愛情故事，始於蛇妖白素貞遊湖偶遇許仙，兩人心生愛慕，結為夫婦，頗為恩愛。直到端午時節，白素貞被迫喝了一杯雄黃酒，現出了原形，竟嚇死了凡人許仙。白素貞醒來以後，見許仙已死，十分悲痛，歷經艱辛，前去崑崙山盜靈芝仙草。結果因為這棵千年靈芝，許仙起死回生。

也是這枚千年的神草，救活了《三生三世十里桃花》中的墨淵和白淺。

在神話傳說中，不管是提升道行還是起死回生，靈芝都是不二之選。《神農本草經》曾提到："赤芝，味苦平。主胸中結，益心氣，補中，增慧智，不忘。久食，輕身不老，延年神仙。一名丹芝。" 還提到："紫芝，味甘溫。主耳聾，利關節，保神，益精氣，堅筋骨，好顏色。久服，輕身不老。一名木芝。"

神草竟是蘑菇？

靈芝神乎其神、包治百病的名頭，從古至今，從未衰落。這靈芝真的有如此神奇的功效嗎？

據說，靈芝可以調節中樞神經系統，減緩失眠及神經衰弱；可降低甘油三酯，擴張冠狀動脈，治療冠心病；更可改善支氣管炎、支氣管哮喘等病狀。

但是，對靈芝功效心存疑惑的醫家也不在少數。譬如明代藥聖李時珍就在《本草綱目》中提出：“芝乃腐朽餘氣所生，正如人生瘤贅。而古今皆以為瑞草，又云服食可仙，誠為迂謬。近讀成式之言，始知先得我所欲言，其揆一也。”總之就是，大家對靈芝是過於崇拜了。

近來，有生物學家提出，神乎其神的靈芝實際上不過是一種蘑菇。換言之，香菇、雞腿菇、杏鮑菇、金針菇等著名火鍋食材都是靈芝在傘菌綱的近親。

既然都是食用菌，憑什麼千年靈芝就被稱為“神草”？是因為它生長千年，功效大大增加了嗎？

解密神草之謎

靈芝傳說中的“神奇功效”引起了科學家的興趣，一場去偽存真的解密之旅開始了。

和持續生長的動植物不同，作為大型真菌的靈芝大多數只能生長 1 年左右。從菌絲 [1] 到子實體成熟，大概需要三四個月。緊

[1] 野生靈芝通過擔孢子來繁殖，2 個雄性和 1 個雌性結合，方能繁殖成另一個小的野生靈芝。通過大自然的優勝劣汰，保證了優質靈芝菌種的繁衍。而人工栽培靈芝大多採用無性繁殖，即通過菌絲體的分裂來培植菌種，再將菌絲體分割，以培育更多的菌種。

接著，已經長成的靈芝需要趕快繁衍下一代，因為生長期只有 1 年，如果不儘快釋放孢子就來不及了。完成了繁衍的“歷史使命”後，靈芝就停止生長了。

所以，“千年”的說法，是最大的謊言。

之後，靈芝的命運與菜市場裏的蘑菇近親們沒有二致，只能等待腐爛、蟲蛀、木質化。木質化的靈芝大家都很熟悉，旅遊景區小攤販兜售的類似木頭疙瘩的蘑菇形物體一般就是木質靈芝，而這就是傳說中的百年甚至千年靈芝。必須強調的是，木質化的靈芝的藥用價值已經損失殆盡，跟吃木屑的效果是一樣的。

所謂“神草”“百年靈芝”或“千年靈芝”，不過是商家為了牟利，利用人們在靈芝身上寄託的延年益壽的美好願望製造的噱頭罷了。但遺憾的是，許多人還是會相信這種“神草”，願意為其高昂的價格買單。

靈芝生長時間太長便會木質化，此時的靈芝已經沒有藥用價值

甚至有些商家乾脆用樹舌（*Ganoderma applanatum* Pat.）來冒充靈芝。樹舌是靈芝的一個近親，一兩年時間就可以長得非常大，菌蓋直徑能超過 1 米，於是經常被偽稱為“千年靈芝”出售，價格動輒數萬元。

還神草一個真相

儘管被誇大了功效，但公允地評價，靈芝依然是一種藥用真菌。一些藥理研究表明，它對個別疾病有一定的調節活性，可以起一定的輔助作用，比如真菌當中的多糖會刺激人產生免疫反應，進而增強免疫力。靈芝裏有非常多的生物活性次生代謝產物，大概有超過 400 多種化合物都可以在藥用靈芝中被鑒別出來，使得這種真菌變成了一個“細胞工廠”。

台灣長庚大學的研究還發現，靈芝菌絲水提取物不但能讓高脂飲食的小鼠體重下降、減輕體內炎症、緩解胰島素拮抗症狀，還可以改善它們的腸道菌群，保持腸道屏障的完整性，減少內毒素產生。深入研究中藥與腸道菌群、代謝組學的相互作用，開發以腸道菌群為靶點的個性化中藥製劑並指導臨床合理用藥，對促進人體健康極有意義。

不過，有人認為，作為一種大型真菌，如果靈芝生在野外仙氣氤氳之地，吸收了天地靈氣、日月光華，就會有一些養殖靈芝望塵莫及的神秘效果。可惜的是，野生靈芝和養殖靈芝的差別主要體現在價格上。從已檢測的有效成分上來說，野生靈芝和養殖靈芝沒有實質性差別。

需要注意的是，一般人對真菌的辨別能力不強，很多打著“野生靈芝”招牌的未知菌類，不僅沒有保健功效，反而可能有毒有害。

所以，面對天價的所謂“千年神草”或“野生靈芝”時，需要保持平和的心態，客觀地認知中藥材的價值。諸如此類的“百年首烏”“千年人參”，也是一樣的道理。救活許仙的，不是千年的靈芝，不過是古代人民寄託於神話傳說中的美好願望而已。

野生靈芝和種植靈芝的成分其實差不多

靈芝小貼士	
中文名	靈芝
拉丁學名	*Ganoderma lucidum*
英文名稱	Lingzhi Mushroom
別稱	紫靈芝、赤芝、芝草、紅芝、丹芝、瑞草、木靈芝、菌靈芝、萬年蕈、靈芝草

靈芝小貼士	
物種分類	真菌界、擔子菌門、擔子菌亞門、擔子菌綱、同擔子菌亞綱、多孔菌目、靈芝科、靈芝屬
基因組學研究進展	2012 年 6 月，來自中國醫學科學院藥用植物研究所、美國田納西州大學健康科學中心和威斯康星大學等機構的研究人員聯合完成了靈芝的基因組測序，其成果發佈在《自然·通訊》雜誌上。根據全基因組測序結果，靈芝基因組大小約 43.3 Mb，由 13 條染色體組成，編碼 16,113 個預測基因，其中包括細胞色素 P450、轉運蛋白和調控因子等與次生代謝產物合成、運輸和調控相關的基因，因此靈芝是研究真菌次生代謝的理想模式物種。

參考文獻

1. 唐慶九，張勁松，潘迎捷，樊華．靈芝活性多糖 GLIS 對正常和荷瘤小鼠骨髓巨噬細胞的激活作用［J］．現代免疫學，2005，25（1）：49-52.
2. Chen S., Xu J., Liu C., Zhu Y., Nelson D. R., Zhou S., ...Luo, H. Genome sequence of the model medicinal mushroom Ganoderma lucidum[J]. *Nature Communications*, 2012, 3: 913.
3. 李時珍．本草綱目（Vol. 2）[M]．上海：上海古籍出版社，1991.
4. 李曉冰，趙宏艷，郭棟．靈芝多糖藥理學研究進展［J］．中成藥，2012，34（2）：332-335.
5. Chang, Chih Jung, et al. Ganoderma lucidum reduces obesity in mice by modulating the composition of the gut microbiota[J]. *Nature Communications*, 2015, 6:7489.

這長脖子生靈竟然是“麒麟”？

《明史·外國傳》裏提到了一個叫作“榜葛剌”的神奇國度。

榜葛剌國在哪？它就是現在印度西孟加拉邦和孟加拉國的前身。地處恆河三角洲，地勢低窪，水源豐富，人口眾多，堪稱真正的魚米之鄉。明朝時期，榜葛剌國還曾派出使者，向永樂皇帝朱棣進貢過一隻外形奇特的生靈，以示永世交好。

據記載，該生靈“前足高九尺，後六尺，頸長丈六尺有二，短角，牛尾，鹿身”。在此之前，中國人從未見過這樣的生物。大臣們紛紛進言：聖上啊，這不是別的，正是麒麟的化身！古書中的瑞獸給了他們想象空間。既是天降祥瑞，翰林院修撰沈度寫成了《瑞應麒麟頌》：“臣聞聖人有仁德，通乎幽明，則麒麟出。”麒麟出現了，證明陛下英明神武。一番頌詞，捧得朱棣龍顏大悅，於是傳來畫師，作畫一幅得名《明人畫麒麟沈度頌》，這幅畫流傳到了今天，畫工精細，寫實程度極高。

這“麒麟”之真容竟是一頭長頸鹿！

長著豹紋的駱駝

照拉丁文名字直譯，長頸鹿的名字居然是“長著豹紋的駱駝”。從外表看來，它們和駱駝著實沒有太多的相似之處。之所以

《明人畫麒麟沈度頌》

得了這個八竿子打不著的名字，還是命名者卡爾・馮・林奈的失誤。雖貴為生物學新分類系統的開山祖師，但據說林奈本人從未見過長頸鹿，完全是翻書翻得興起，隨手就把名字給定了。

按今天的生物門類來分，長頸鹿屬於哺乳綱、偶蹄目，和鹿確實有遠親關係。長頸鹿的祖先是一種名叫薩摩麟（*Samotherium*）的古代哺乳動物，在上新世，薩摩麟分化為霍加狓（*Okapia johnstoni*）和現代長頸鹿兩個分支。霍加狓的外形跟短脖子的長頸鹿差不多，腿上又長著黑白斑紋，所以曾經有人以為霍加狓是長頸鹿與斑馬交配產生的，但實際上霍加狓是長頸鹿的近親，和斑馬並不是親戚。

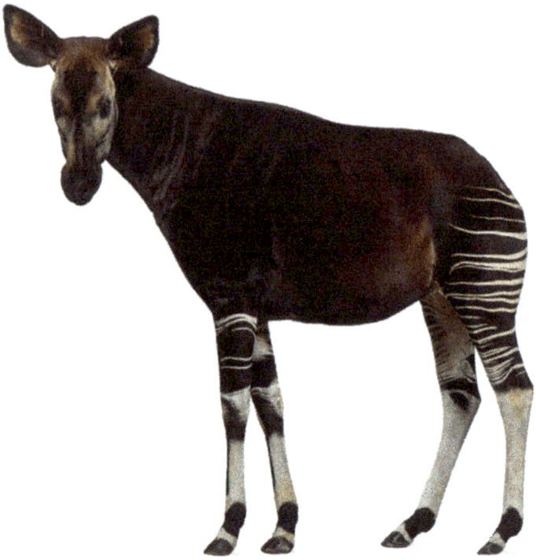

霍加狓和斑馬沒關係

最高的陸生生物

作為現存最高的陸生動物，成年長頸鹿體長 4~5 米，平均高達 5~6 米，與兩層樓大致等高，雄性高於雌性。相應地，成年雄性平均重達 1,192 千克，而成年雌性則平均重達 830 千克，算得上是龐然大物。

長頸鹿和人類同為哺乳動物，並有著諸多共同點。一般來說，哺乳動物的基因組大小大約為 3Gb，長頸鹿為 2.9Gb，就數字而言已算匹配；另外，儘管它脖子奇長，但和其他哺乳動物一樣，頸部也是由 7 塊頸椎骨構成。

大家想過這麼高的動物是怎麼生產的嗎？由於長頸鹿媽媽身材過於修長，小長頸鹿出生時要從兩米高的位置空降於地。除去疼痛難忍的出生過程，小長頸鹿還要和非洲草原上其他草食動物一樣急速成長，幾小時內就要和母親一同狂奔，畢竟，食肉天敵的威脅就是快速成長的最大動力。

然而，只有大約 25%~50% 的幼鹿能存活至成年。悲劇的成因便是睡覺問題。若是成年長頸鹿，一天兩小時已算上佳睡眠，站著瞇一會兒也能精神抖擻。小長頸鹿則不然，臥睡是必需的，長時間的睡眠也是必需的，睡醒爬起來得花上好幾十秒，這也是必需的。食肉動物此時不來覓食，更待何時？

熬過這個苦行練級的階段，長頸鹿的天敵就所剩無幾了。長腿一邁，時速便能趨近 60 千米，跑起來輕鬆愉快；一蹬即可擊殺強敵於瞬息之間。哪怕是林中之王獅子，也只敢群起而攻之，不然也有性命之虞。

廣州動物園剛睡醒的小長頸鹿，睡醒爬起來要花一段時間（拍攝：譚志明）

長頸鹿是啞巴嗎？

和其他哺乳動物相比，長頸鹿的特別之處多藏在肉眼看不見的地方。

去動物園的時候，我們時常能聽到獅子、老虎、猩猩等哺乳動物的叫喊聲，但我們似乎從未聽到過長頸鹿的聲音。再加上受某些媒體及科普讀物的誤導，有人認為長頸鹿是啞巴，不懂得叫，也有人認為它沒有聲帶，不能叫。

其實長頸鹿不僅有聲帶，而且會叫。2013 年，美國科學家在研究中發現，長頸鹿之間可以通過人耳聽不到的次聲波來進行非常複雜的交流，而且有些叫聲人耳是能聽到的，比如小長頸鹿在找不到媽媽或者受到攻擊的時候，會發出如牛一樣的“哞～哞～”聲進行呼救。而成年長頸鹿身材高、看得遠、跑得快、腿力強，能夠輕鬆應對各種情況，自然用不著呼叫夥伴了。

人類歌唱展示美與情感，老虎吼叫彰顯森林之王的霸主地位。那麼，作為世界上現存最高的陸生動物，長頸鹿經常不叫為哪般？生物聽覺研究專家米塞塔勒博士指出，長頸鹿的聲帶中間有個淺溝，發聲不是很容易。而且，發聲是個立體工程，要靠肺部、胸腔和膈肌的共同幫助。但是長頸鹿這個脖子實在太長了，所以叫起來頗費力氣，不常發聲也是情有可原的。

獨特生理構造背後

正如一台性能卓絕的超級跑車最重要的是不同尋常的內核引

擊，要維持長脖、長腿的個性造型，長頸鹿也有一套獨特的心腦血管系統。

頸椎這麼長，腦袋高懸在半空，要把血液沿著脖子向上輸送 2.4 米，最終抵達腦袋，心臟這個“泵”的壓力必須足夠大。為了適應這種壓力，長頸鹿的左心室相應變大，原本普通的“泵”也換上了高耐受力的材料。同樣，作為輸送渠道，靜脈和動脈系統也相應加厚，所以長頸鹿才不會在低頭喝水的瞬間，被腦中躥升的巨大血壓引發腦出血。

我們已經知道，長頸鹿的椎骨不多不少，與人一樣也是 7 塊，只是椎骨的長度相對驚人。與此類似，長頸鹿極長的四肢也不是因為骨骼多，而是單根骨頭長度之功。細長的腿和頸讓長頸鹿行走奔跑時必須有節律地調整身體姿態以保持平衡，就如模特 T 台走秀一般優雅。

其實，這獨特的生理構造背後，還有基因的功勞。

對長頸鹿而言，至關重要的是 *FGFRL1*[1] 基因。這個基因能對特定的編碼進行重排，令蛋白質結構發生置換。*FGFRL1* 就像一個混曲音響師，通過混寫編排老歌曲，給原有專輯添上新的靈魂。那麼，*FGFRL1* 需要跟誰合作，才能最終達到“骨骼清奇”的效果呢？

原來，在長頸鹿的基因組裏，有大約 70 個基因有演化的跡象，其中 4 個分管脊椎和腿部的生長。在 *FGFRL1* 的刺激下，這些基因開始發揮作用，刺激骨骼生長，長脖子和大長腿應運而

[1] 一種蛋白質編碼基因，編碼出的蛋白質是成纖維細胞生長因子受體家族的成員。

生。在這 70 個基因裏，還有另外 8 個與血壓調節和心腦血管功能有關。長頸鹿獨特的心臟和循環系統構造，也許就來源於此。

脖子長為哪般？

但是，*FGFRL1* 基因為什麼會在長頸鹿身上出現，長頸鹿又為什麼要把脖子和腿長得這麼長，仍然眾說紛紜。

按照讓·巴蒂斯特·拉馬克的說法，長頸鹿之所以脖子變長，是為了啃食高樹上的葉子。伸脖子次數越多，脖子的長度也越長，這就是所謂的“用進廢退”。

達爾文則不這麼看。根據他的“適者生存”理論，長脖子和短脖子的長頸鹿都曾經存在過，只不過，到了大旱時期，能吃到高樹葉子的長脖子長頸鹿活下來的機會大得多，留存量便逐漸佔了上風。“適者生存”的論斷後來成為主流。

達爾文的論斷也得到了後續的發展，一些科學家認為，對食物的競爭令不同物種發生了分化。既然低級食草動物把地面的食物搶光了，長頸鹿就轉換賽道，以空中的食物為食吧！照這個說法，長脖子是避免競爭的結果。

還有一些科學家不服氣：要適應的環境條件，怎麼可能只是食物？他們發現，長頸鹿在旱季裏居然主要吃低樹上的食物。而且，長頸鹿彎著脖子吃樹葉的攝入量比挺直脖子吃高處的樹葉其實要多一些。脖子太長的個體在乾旱時的死亡率甚至還要高於脖子短的個體。

那麼，為什麼長脖子長頸鹿成了主流？原因很可能是為了獲得與異性交往的權利。雄性長頸鹿為了爭奪生育資源，會用脖子互相擊打對方進行纏鬥，長脖子和大腦袋在與情敵一爭高下時具備優勢。脖子越長，腦袋越大，獲勝概率越大，傳宗接代的機會就更大，優勢性狀也因此一代一代地延續了下來。

一對在繁殖季節相互打鬥的雄性長頸鹿

長長的脖子要麼為了吃樹葉，要麼為了生小鹿。生存和繁衍欲望在保證個體和種族延續的同時，也影響著物種的進化之路。

然而，自然的篩選機制無論多麼嚴苛，都不如人類的傷害來得殘酷。

在非洲，長頸鹿成為戰亂年代的口糧，它們是盜獵者的美餐，甚至是獵捕者取樂的對象。

最近十幾年，由於非法偷獵以及濫砍濫伐造成的棲息地銳減，長頸鹿的數量已經下降了 40%。在非洲大陸上，長頸鹿只剩下 8 萬隻左右。如果這個趨勢維持不變，長頸鹿有可能在 21 世紀末瀕臨滅絕。

有朝一日，當長頸鹿只能在歷史資料中一覓真容時，它們也許真的會再次淪為看不見、摸不著的麒麟一般的祥瑞神獸了。

長頸鹿小貼士	
中文名	長頸鹿
拉丁學名	*Giraffidae*
英文名稱	Giraffe
別稱	麒麟、麒麟鹿、長脖鹿
物種分類	脊索動物門、脊索動物亞門、哺乳綱、真獸亞綱、偶蹄目、反芻亞目長、長頸鹿科、長頸鹿屬、長頸鹿種
基因組學研究進展	2016 年 5 月 17 日，美國和坦桑尼亞的科學家發現了長頸鹿進化出長脖子和長腿的可能原因，研究結果發表在《自然．通訊》雜誌上。 研究發現，長頸鹿基因組大小約 2.9Gb，其基因組中有 70 個基因出現了進化跡象，當中三分之二的基因編碼和蛋白質產物都與骨骼、心血管系統的演化相關，4 種同源盒基因直接影響脊柱和腿的發育。

參考文獻

1. 明史［M］. 北京：中華書局，2013.
2. Prothero D. R., Schoch R. M. Horns, Tusks, and Flippers: *The Evolutionof Hoofed Mammals*[M]. Johns Hopkins University Press. 2003, 67-72.
3. Simmons, Robert, E., Scheepers, Lue. Winning by a neck: Sexual selection in the evolution of giraffe[J]. *American Naturalist*, 1996, Nov.
4. Cameron E. Z., du Toit J. T. Winning by a neck: tall giraffes avoid competing with shorter browsers[J]. *American Naturalist*, 2007, 169, 130-135. Campbell R.

牡蠣：潮起潮落間的王者

相信許多人對牡蠣的第一印象來自於莫泊桑的著名小說《我的叔叔于勒》，文中那段對漂亮太太文雅地吃牡蠣的描寫，讓不少人喉頭一動，不自覺地吞嚥口水。如今牡蠣也是許多人的心頭好。人們對牡蠣的喜愛，源自蠣肉觸及舌尖的那一刻所激發的味覺反應，不僅有酸甜苦鹹，還有已經被證實為第五種味覺的鮮（辣是痛覺）。

幾千年來，牡蠣憑藉獨特的口感和功效讓世人對其欲罷不能。在法國，民眾最擔心的是"牡蠣離我們而去"。這倒也不意外——牡蠣中含有豐富的鋅，是精子發育所需要的，還含有豐富的氨基酸，能促進神經遞質的活性，因此成為許多男性的最愛。

早期，人們吃的牡蠣都是野生的，產量有限。19 世紀中期，拿破崙三世鼓勵人們在阿卡雄港灣區養殖牡蠣。不久，牡蠣年產量飆升至 1 萬噸以上，普通民眾也能夠盡情享受牡蠣的鮮美。

不過，最熱愛牡蠣的，大概還是中國人民。2015 年，全國牡蠣消費量達到 457.43 萬噸，佔到全世界產量的 3/4。

但是，吃貨們大概不會想到的是，要長成一枚可以入口的牡蠣，是一件多麼艱難的事。

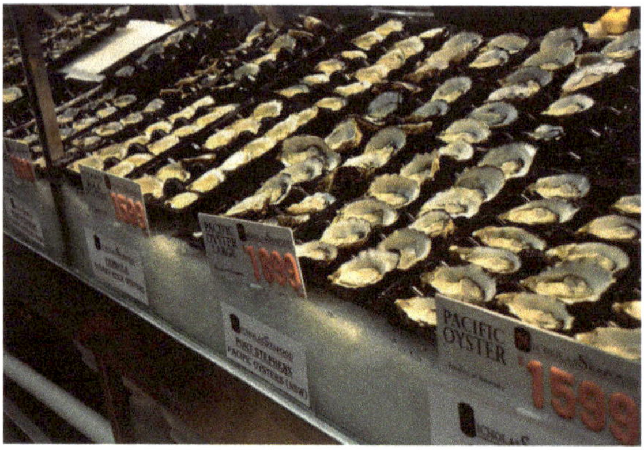

悉尼魚市場新鮮的牡蠣，普通民眾也可以享受到（拍攝：尹燁）

強大的抗逆性

作為一種軟件動物，牡蠣總是藏在兩片鈣化殼裏，常年定居在海中的礁石上，靠濾食水中微生物過日子。大江大河的入海口，往往是鹹、淡水交融匯聚的潮間帶，也是牡蠣最常見的生長環境。這裏溫度、濕度、鹽度隨季節變化，但也常常存在重金屬污染、海區病原侵襲等問題。

幼蟲時期的牡蠣能夠在水中游動，以尋找合適的附著物，一旦定居下來，便不會見異思遷。面對環境的改變，其他動物可以趨利避害遠走高飛，但是缺乏行動能力的牡蠣只能像植物一樣，依靠自身強大的抗逆能力來適應多變的環境。

牡蠣的抗逆能力非常強大，潮間帶溫度、濕度、露空情況的變化牡蠣都能輕鬆適應，甚至重金屬和病原體這樣的生物殺手也往往對牡蠣無計可施。

生活在潮間帶的牡蠣

於是，不能移動的牡蠣成了分佈最廣的海洋生物之一。無論是乾涸的低潮線區域，還是水深 7 米的江河入海口，甚至在淤泥裏、沙灘上，都能看到一片片粗糙的牡蠣殼構成的黑白波浪，無數牡蠣以逸待勞，等待著水中的浮游生物自投羅網。

那麼，牡蠣到底是如何獲得如此強大的抗逆性能的呢？

複雜的基因

牡蠣極強的環境適應能力得歸功於基因。雖然是一種小型動物，但牡蠣基因組的複雜程度遠超我們的想象。

科學家們測序了牡蠣的基因組序列，發現其雖然只有約 500Mb 大小，但雜合程度特別高，不同品種之間的基因組差異都大得宛如兩個物種的基因組差異。這讓全部測序分析工作花了整整 4 年才完成，差不多從北京奧運會時開始，到倫敦奧運會時才結束。研究結果發現，牡蠣基因組的變異頻率比一般物種高得多，更是人類等哺乳動物的 10 倍以上。

基因組複雜化能帶來更多的基因可能性，適應環境的嚴酷篩選。與適應力相關的基因就是牡蠣基因組重要的組成部分。牡蠣的熱休克蛋白 70 基因（*Hsp70*）的數目高達 88 個，是海葵等其他物種的近 5 倍。有了這個蛋白，即使潮間帶溫度高達 49℃，牡蠣依然可以巋然不動，氣定神閒。

不僅如此，牡蠣體內還有數目高達 48 個的凋亡抑制因子[1]，約是海葵等其他物種的 9 倍。哪怕離開了水，或者長時間暴露在空氣中，牡蠣也不懼怕細胞凋亡，這就確保了它在海水時漲時落的潮間帶也能蓬勃生長。

事實上，牡蠣擁有數以千計用來抵抗逆境的基因。在 60 多種不同的逆境應激下，牡蠣有 5,800 多個基因會發生明顯的表達變化。此外，這些抗性基因還在基因組中存在多個拷貝，讓牡蠣在應對複雜多變的潮間帶時遊刃有餘，甚至有學者譽之"潮起潮落中的海礁之王"。

如此非凡的基因組，也是通過非常手段得來的。

多數物種的性別較為固定，但牡蠣的性別卻具備極高的可塑性。定義一隻牡蠣的性別並不容易 —— 牡蠣不僅有雌雄異體，更有雌雄同體，甚至氣候和水溫變化時，牡蠣還可以改變基因表達，轉換自己的性別。

複雜的性別狀態讓牡蠣擁有多種多樣的繁殖方式。如果是雌雄同體，牡蠣就在自己體內完成受精，一次產卵不用多，10 粒

---

[1] 凋亡抑制因子具有保護細胞免受應激脅迫、抑制細胞凋亡的作用。

左右便足夠，幼體在母體內發育成熟後就自動脫離，開始獨立生活。而如果是雌雄異體的話，雌、雄牡蠣就得把卵子和精子分別釋放到海水中進行體外受精，每次就得產生幾千萬甚至上億個卵子，如此才能應付天敵的圍追堵截，保證一定數量的幼體存活。

生殖方式梅花間竹，代代交錯，難以索解的基因組應運而生。如果要讓牡蠣基因變純合，辦法是讓它們自交幾代，降低雜合的程度。然而，即便雜合程度已經降到很低，牡蠣體內不少位置還是能拼裝出兩套基因組，就像一副軀體裏住了兩隻牡蠣。

多能的身體

除了是餐桌上的珍饈美味外，牡蠣憑藉極強大的基因組，在多個領域發揮著功用。

牡蠣對不良環境的極高抗性讓它能夠在污染嚴重的水體裏生存，因此，牡蠣可以用於海水淨化。牡蠣進食靠鰓濾，一進一出之間，海水便在牡蠣體內過濾了一遍，完成了一次淨化。一隻牡蠣一天能過濾 200 升左右的海水，若在礁群上養 6 畝牡蠣，每天過濾 1 億升海水不在話下。當然，過濾了髒水的牡蠣，髒物往往富集在體內，已經不適於食用，畢竟，重金屬口味的牡蠣可是誰都不想品嚐的。

不僅如此，在中國橋樑建築史中，牡蠣也曾留下光輝的印記。

福建泉州，人所共知的著名港口。泉州洛陽江水面寬，水流急，風潮不斷，過河之人多墜水失蹤。為了解決交通難題，古代泉州人有了在洛陽江上架起橋樑以方便兩岸交通的想法。

橋樑要在如此險惡之境屹立不倒，橋墩須格外堅固。然而在湍流中施工並非易事。面對激流，古人獨闢蹊徑，在橋墩上養起了牡蠣。其他生物難以生存的激流難不倒具有超強固定能力的牡蠣，它們牢牢地附著在橋墩上，成為橋墩的加固劑，讓洛陽橋屹立千年。

牡蠣能附著在海邊的一切固定物體上

新的研究顯示，牡蠣殼中存在至少 259 種蛋白質，成分比之前預想的要複雜得多，這些蛋白質參與了貝殼基質框架的構建和修飾。牡蠣殼的形成不光靠外套膜分泌的絲蛋白，血淋巴細胞和外來體蛋白也很可能參與了框架構建。有了堅硬外殼的保護，牡蠣繁殖迅速，無數牡蠣殼組成的保護層的厚度與密度也與日俱增，洛陽橋橋墩結實厚重，還具備自我修復能力，不懼洪水侵蝕。直到今日，洛陽橋依然溝通著兩岸，被譽為中國四大名橋之一。

牡蠣的意義似乎已經超越了食物屬性本身。它的內在功能和含義也像自己的基因組一樣，變得越來越複雜了。管他潮起潮落，我自巋然不動，這何嘗不是征服了全世界的王者風範呢？

牡蠣小貼士	
中文名	長牡蠣
拉丁學名	*Magallana gigas, Crassostrea gigas*
英文名稱	Pacific oyster, Japanese oyster, Miyagi oyster
別稱	太平洋牡蠣、真牡蠣、蠔、蠣黃、海蠣子、蚵
物種分類	軟件動物門、雙殼綱、牡蠣目、牡蠣科、巨牡蠣屬
基因組學研究進展	2012 年 9 月 20 日，中國科學院海洋研究所、華大基因研究院等單位合作完成了長牡蠣對潮間帶逆境適應的組學基礎研究，成果在線發表於《自然》上。 藉助新一代測序技術和全新的組裝策略，科學家構建了長牡蠣全基因組序列圖譜，證實了長牡蠣基因組序列具有極高的多態性、較高比例的重複序列和活躍的轉座子。 結合轉錄組、蛋白質譜等最新組學技術，科學家發現了一系列與牡蠣抗逆能力相關的基因，並推測熱休克蛋白 70 基因和凋亡抑制因子的擴張很可能是牡蠣適應潮間帶極端環境的關鍵。此外，還揭示了在逆境適應中發揮重要作用的牡蠣貝殼的形成過程，比以前認知的要複雜得多。

參考文獻

1. 吳建民，施燕華 . 在法國的外交生涯［M］. 上海：上海三聯書店，2006.
2. 2017–2022 年中國牡蠣行業分析及市場深度調查報告 . 智研諮詢集團，2016.
3. Zhang G., Fang X., Guo X., Li L., Luo R., Xu F., ... Xiong Z. The oyster genome reveals stress adaptation and complexity of shell formation[J]. *Nature*, 2012, 490(7418), 49.

小龍蝦是生物武器？

一到夏季，各地大小飯館、燒烤攤、大排檔往往甚是忙碌。食物界的"網紅"——小龍蝦每年都會在這個時候閃亮登場，填滿每一個推杯換盞的夜晚。

如今，在以江蘇盱眙為代表的諸多縣市，小龍蝦已經成為當地重要的經濟支柱。得益於此，我國成為最大的小龍蝦生產國，創造了一個經濟總產值破千億的產業。有一個段子，說雲計算產業還幹不過小龍蝦產業。儘管是段子，卻生動地展示了小龍蝦產業的龐大。2016 年，全中國出產的小龍蝦有 87.93 萬噸落入國人的口中，除此之外，還有很大一部分衝出亞洲，遠銷歐美，蜚聲國際。

耐人尋味的是，美國朋友們大費周章引入的"Made in China"（中國製造）版小龍蝦，其實是"Born in America"（生於美國）。

小龍蝦的來歷

事實上，小龍蝦究竟從何而來，絕大多數中國人也說不太清楚。

許多人和小龍蝦的第一次照面，往往發生在餐桌上，只是聽說這一生物曾生活在田間溝渠、沼澤、濕地、池塘濁水中。這些紅褐色的小生物適應能力很強，即使在重金屬超標的水體中也能

生活在污水裏的小龍蝦

生存。而且，無論是死魚、爛蝦、朽木、枯葉，它都來者不拒，統統笑納。

小龍蝦的繁殖能力也相當驚人。只要水中出現幾隻小龍蝦，整片水域就會很快被小龍蝦徹底攻佔。瘋狂繁殖的小龍蝦不僅擠壓了其他水生動物的生存空間，還會破壞莊稼，影響收成。除了專門養殖小龍蝦的農戶，大多數農民都恨不得除之而後快。

中國人所熟知的小龍蝦，其實是一種舶來品 —— 那些能限制它的剋星已被甩在了故鄉。第二批《中國外來入侵物種名單》中，小龍蝦位列其中，它的大名為“克氏原螯蝦”，原產地是北美洲。密西西比河的河口才是小龍蝦的故鄉。

20 世紀 20 年代，20 餘隻小龍蝦在一群日本人的運作下橫跨太平洋，來到了此前從未踏足的亞洲。

日本人為什麼引進美洲小龍蝦？常見的說法包括帶回國當水族箱裏的觀賞物種或餵食牛蛙。不幸的是，美洲小龍蝦逃到了野外，侵佔日本小龍蝦的生存空間並取而代之。

1930 年，日本人將小龍蝦帶到了南京，東渡成功的小龍蝦成了華夏大地水域中的一位小祖宗。

關於日本將小龍蝦引入中國的原因有幾種常見的說法。其中一種是：小龍蝦是侵華日軍對美國螯蝦進行基因改造的產物，專門用來清理中國人的屍體。不過，小龍蝦引入中國是在 1930 年，日軍大規模屠殺中國人的罪惡行徑尚未開始，而基因改造技術更是遠未出現。至於日本人當時為何把小龍蝦引入中國已不可考，比較合理的推測是用作牛蛙的飼料。

在中國，本來只有東北生存著三種螯蝦，關內水域則沒有小龍蝦的同類。引進到南京後，北美小龍蝦如魚得水，迅速從南京擴張到全國各地。作為入侵物種，這種抗污能力和繁殖能力極強、又缺乏天敵的小龍蝦很快氾濫成災。

不過，在中華大地耀武揚威 30 年後，小龍蝦的天敵終於出現了。那就是，吃貨們！

為網紅闢謠

無論在日本還是在中國，小龍蝦一開始都是以飼料的面目出場。後來的歷史證明，用小龍蝦來飼養牛蛙的如意算盤落空。然而，儘管牛蛙對小龍蝦興趣不大，一種靈長目“動物”卻發現了它的美味之處。

小龍蝦的故鄉美國路易斯安那州每年都會舉辦小龍蝦節。自 19 世紀開始，和大蒜、土豆配合醬料燉煮的小龍蝦就成為路易斯安那州居民最愛的消夏食品。當然，比起中國人料理小龍蝦的方

小龍蝦是非常受歡迎的消夜食品（拍攝：吳媛媛）

法，路易斯安那州居民的做法只能算入門級別。

20 世紀 60 年代，第一隻小龍蝦進入了中國人的消化系統，光榮地成為首位被剿滅的入侵者。

此後的半個世紀裏，中國人發明了無數種烹飪小龍蝦的方法。在盱眙，最受歡迎的是加入十三香；在湖北，潛江油燜大蝦遠近馳名；而到了湖南，麻辣小龍蝦成為當地一絕。此外，還有白灼、鹽水、蒜蓉、椒鹽……無論哪種吃法，都有不少忠實擁護者，小龍蝦也真正地在中國“紅”了起來。

然而，蝦紅是非多。

“小龍蝦生活在污水中，重金屬含量超標！”這種報道隨著小龍蝦走紅也漸漸多了起來。

事實上，吃小龍蝦很難讓人體重金屬超標。

重金屬污染物一旦進入生物體內就很難排出，但小龍蝦卻有解決方法，它能將重金屬富集於外殼之中 —— 作為一種不斷蛻殼的動物，小龍蝦可通過甩掉外殼有效地將攝入的重金屬排出。

何況，小龍蝦並非真心喜歡受污染的水體，而更願意生活在清潔的水體中。中國人對小龍蝦的狂熱需求，更讓一度氾濫的入侵物種小龍蝦供不應求，需要大規模人工養殖才能滿足這巨量的需要。人工養殖必然有質量檢查，重金屬超標的可能性恐怕很小，再除去外殼、鰓和蝦線，僅食用蝦肉發生重金屬攝入過量的可能性小之又小。

另一種傳言是“吃小龍蝦會讓人患橫紋肌溶解症”！

在上海、深圳、紹興等地，都幾乎原樣複刻般出現了一系列同類事件：個別食客吃小龍蝦後患了“肌溶症”，這是一種肌細胞被破壞、分解而造成的腎功能損傷，嚴重情況下會有生命危險。

事實上，任何對橫紋肌（也稱骨骼肌）造成嚴重破壞的情況都可引發肌溶症。多種水產都可能引發肌溶症。而相比水產品的攝入，過量運動、擠壓傷、缺血、高燒、感染、代謝紊亂都是肌溶症的主要病因。這鍋由小龍蝦獨背，可真是有點兒冤。

小龍蝦價值高

小龍蝦肉質細嫩，含有豐富的蛋白質，容易消化，哪怕是身體虛弱或者剛病癒的人食用都不成問題。同時，小龍蝦的肉含有豐富的鎂，能很好地調整心臟活動，還可以降低膽固醇含量，防止動脈硬化，擴張冠狀動脈，對心腦血管疾病有一定的預防作用。此外，蝦肉能通乳，產婦吃點兒挺有好處，其中的蝦青素還具有很好的抗衰老和抗癌功效。

小龍蝦不僅是餐桌上的網紅，未來還很有可能在實驗室裏大顯身手 —— 這是一種可以神經再生的動物。

一般來說，作為高等哺乳動物，人類的神經細胞很難再生。但是小龍蝦可以把自身的血細胞轉化成神經元，從而恢復和支持視覺和嗅覺回路。也就是說，它的神經通路在被切斷之後還可以自行修復。正是因為具備這種神技，小龍蝦可以用於人類神經再生研究，為腦神經科學的發展提供新思路。

無論是以肉體滋補大眾，還是將身心獻給科研，用多種方式造福著我們的小龍蝦，實在應該得到人類全方位的肯定。

小龍蝦小貼士	
中文名	小龍蝦
拉丁學名	*Procambarus clarkii*
英文名稱	Crayfish
別稱	克氏原螯蝦、淡水小龍蝦、紅螯蝦、紅色沼澤螯蝦
物種分類	節肢動物門、甲殼綱、十足目、抱卵亞目、蝲蛄科、螯蝦亞科、原螯蝦屬

澳大利亞龍蝦小貼士	
中文名	澳洲龍蝦
拉丁學名	*Cherax quadricarinatus*
英文名稱	Australian lobster
別稱	澳龍
物種分類	節肢動物門、甲殼綱、十足目、龍蝦科、岩龍蝦

美洲龍紋螯蝦小貼士	
中文名	美洲龍紋螯蝦
拉丁學名	*Procambarus Virginalis*
英文名稱	Crayfish
別稱	大理石龍紋螯蝦
物種分類	節肢動物門、甲殼綱、十足目、抱卵亞目、蝲蛄科、螯蝦亞科
基因組學研究進展	2018 年，德國癌症研究中心研究員對來自全球的 12 隻美洲龍紋螯蝦進行基因組測序，結果發現，這種甲殼綱動物基因組大小約 3.5Gb，但是基因個數卻只有 2.1 萬。該研究首次破譯了十足目甲殼動物（該類群包括蟹、龍蝦、蝦等）的基因組序列，相關成果於 2 月 5 日發表於《自然·生態學與進化》雜誌上。研究還發現，美洲龍紋螯蝦擁有三套共 92 條染色體，其中兩套染色體是完全一樣的，但是第三套染色體與另兩套完全不同。

參考文獻

Gutekunst, J., Andriantsoa, R., Falckenhayn, C., Hanna, K., Stein, W., Rasamy, J., & Lyko, F. Clonal genome evolution and rapid invasive spread of the marbled crayfish[J]. *Nature Ecology & Evolution*, 2018, 2(3), 567.

跟著青蛙看世界

“呱呱呱！” 每年夏天，田間地頭的蛙聲曾是無數中國人的童年記憶。《小蝌蚪找媽媽》這部經典的水墨動畫，更是讓孩子們對於動物的變態發育有了懵懂的認識。

雖然大量農藥的使用已經使中國的蛙聲減少了許多，也存在不少食用牛蛙的愛好者，但總體而言，中國人對青蛙還算友好。自古以來，中國農民對青蛙消滅田間害蟲、保護莊稼就寄予了殷切的希望。辛棄疾曾吟：“稻花香裏說豐年，聽取蛙聲一片。” 宋朝官府也不敢缺位，公開下令禁食青蛙。《四朝聞見錄》裏曾提到，這是因為青蛙是“能食害稼者”。生活在南方溫暖地區，更需要青蛙滅蟲的壯族人，甚至將青蛙形象掛在銅鼓上，畫進壁畫裏，以求五穀豐登。

其實在世界的很多角落，青蛙都扮演著相當豐富的角色。

蛙腿之美食誘惑

恐怕青蛙最不願意充當的角色，就是美食了。

雖然古代曾經禁食青蛙，但是不少中國人還是不能抵擋牛蛙腿的誘惑。不過，說起對青蛙的迷戀，西方人恐怕會更勝一籌。

青蛙首次在歐洲的典籍中出現，就和饕餮之罪有莫大的關聯。在12世紀的一本法國天主教會記錄裏，出現了一段難以評價的逸事。

彼時，為了保證宗教人員的身形，教會通過了一項決議：每年規定幾天時間，全體禁食一切肉類。饞得不行，該如何是好？修道士們便發揮聰明才智，將青蛙劃歸魚類，才得以保留了打牙祭的重要肉類產品。

上有所好，下必甚焉，青蛙肉在民間很快便普及開來，興起了一陣吃蛙風潮。蛙肉本就鮮嫩多汁，蛙腿又是其中之最，裹上麵粉，炸得酥脆，吃起來更是滿口鮮香。幾經改良，蛙腿成了一道經典的法式料理，受到了美食家們的追捧。

風靡到了什麼程度呢？就連在法國浪漫主義作家大仲馬離世前還在編輯的作品《美食詞典》中，都能捕捉到蛙的影子。當時，靠著飼養肥蛙，向頂級餐館銷售，一位叫西蒙的商人抓到了風口，賺了個盆滿缽滿。

吃蛙成性，乃至吃成了國民標籤。老冤家英國甚至稱法國人為青蛙。就連中國人似乎也知道這個梗：在那張中學生須知的《時局全圖》上，法國人的形象便是一隻巨大的青蛙。

法式烤蛙腿

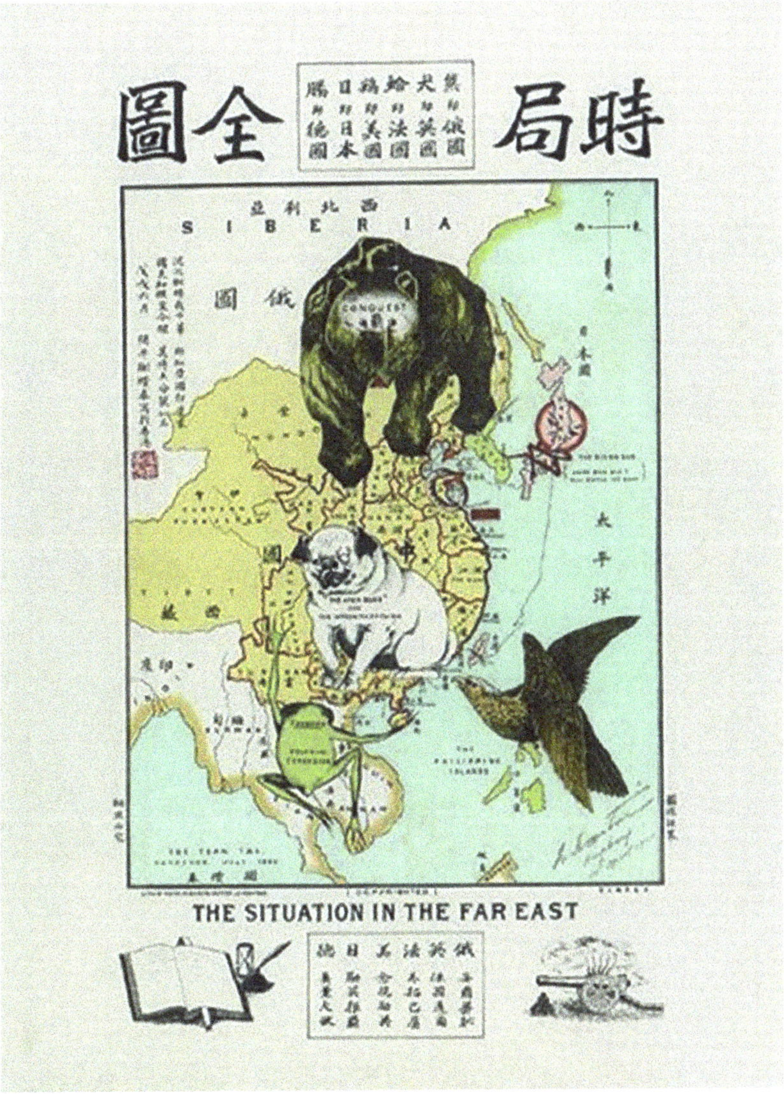

法國人在《時局全圖》中的形象：一隻巨大的青蛙

看到滑溜溜的青蛙皮，會讓不少人起雞皮疙瘩，就算極愛青蛙的食客，食用的時候也得先將皮去除。不過，誰能料到，蛙皮卻有意想不到的功用。

牛奶蛋白質含量較高，又能補充微量元素，受到歡迎也是理所當然。但是，古代沒有冰箱，牛奶很容易變質。一次偶然的機會，俄羅斯人如獲至寶般地發現：如果往桶裏放一隻青蛙，牛奶就不那麼容易變質。於是，幾個世紀以來，在俄羅斯的鄉村，青蛙便被當成了防腐劑，不管樂不樂意，被丟在奶桶裏似乎是青蛙的宿命。這種傳統是如此根深蒂固，以至於到 20 世紀初還沒有絕跡，直到冰箱普及，才宣告終結。

青蛙能夠讓牛奶保鮮，這其中究竟蘊藏了怎樣的奧秘？不光俄羅斯百姓想不通，很多科學家也不得其解。

最終，阿聯酋科學家用一份科學報告，幫助迷惑的人們揭開了謎底：原來，能殺滅各種致病微生物的，是青蛙皮膚裏的分泌物，一些由氨基酸串聯而來的多肽！

讓大多數青蛙可以鬆一口氣的是，並非所有的青蛙皮都可以用來扔進奶桶裏防腐。能給牛奶保鮮的青蛙，主要活躍在歐洲和西北亞地區。研究數據表明，它們能分泌約 76 種不同的多肽，用來對付包括沙門氏菌和葡萄球菌在內的勁敵。但如此神技，絕非憑空而來。青蛙之所以能自帶抗菌能力，是長期和污染水體等惡劣環境鬥爭的結果。如今，科學家已經開始從青蛙身上取經，試著用多肽製造藥物了。

最具殺傷力的原住民武器

俄羅斯青蛙的皮膚分泌物可以殺菌，南美青蛙的皮膚分泌物則相當於致命武器。

在南美，有這麼一群青蛙，體長不超 5 厘米，紅黃藍綠色彩繽紛。棲息在樹林的綠葉之上，如同點綴在綠景中的一顆顆彩鑽，別提多亮麗奪目了。但是，如果你覺得它可愛，想放在手心好好愛撫一番，那就要倒大霉了。

因為這種小青蛙的皮膚分泌物含有劇毒。沾了皮膚，便會引發皮疹；若是恰好有傷口，搞不好就一命嗚呼。

這類青蛙叫作箭毒蛙。它的毒素一旦進入人體內，就會與神經細胞上的鈉離子通道結合，阻斷神經信號傳遞，使人肌肉不斷

哥本哈根動物園的箭毒蛙（拍攝：尹燁）

收縮，進而心臟衰竭。最為駭人的是，只需從黃金箭毒蛙這位頂級毒師身上提取 1 克蛙毒，就足以讓上萬人殞命。

南美印第安人將如此剛猛的毒藥應用到了戰鬥中。他們用一雙雙被樹葉裹起來的手，抓捕了大批箭毒蛙。隨後，在小火的烘烤下，箭毒蛙炙熱難當，毒素便漸漸從皮膚裏滲出。就這樣，一桿桿毒槍、一支支毒箭武裝起了熱帶雨林中的原住民。哪怕只被毒箭的箭頭蹭破點兒皮，也難逃厄運。

跟有毒野生河豚一樣，箭毒蛙本身無毒，毒素全來自所吃的食物。如果把食譜裏的毒蜘蛛、毒螞蟻換成無毒的果蠅，箭毒蛙便會像擺脫了附身的惡鬼一般，變成無毒、無害的漂亮寵物了。

科研價值舉足輕重

就算把青蛙用於殺蟲、食用、防腐或是製成毒劑，也沒能讓青蛙"物盡其用"。對於科學家來說，青蛙的價值還在於它特殊的演化地位：作為從水生到陸生過渡的兩棲動物，青蛙對搞清楚脊椎動物演化的價值極高。

非洲爪蟾和高山倭蛙已被用於此研究。前者古老，後者現代[1]，兩者恰好適合用來對比研究。

數據顯示，高山倭蛙的基因組鹼基達 2.3Gb，和非洲爪蟾相

---

[1] 目前大部分（95% 以上）蛙類都是現代蛙類。

古老蛙類的代表非洲爪蟾（左）和現代蛙類的代表高山倭蛙（右）

比多出近 800Mb，差異在於基因組存在的轉座元件數量較多[1]，重複序列的種類和數量也不盡相同。由此，許多變異得以出現，就有更豐富的基因型交由自然選擇；如此一來，不同種類的青蛙為了適應不同環境就形成了千奇百怪的性狀，這些性狀又賦予了青蛙不同的功能。

對於生活在西藏高原的高山倭蛙而言，低氧、強紫外線、晝夜溫差比較大，是其生存的嚴峻考驗，物種必須通過表型和基因演化以適應極端環境。

即便如此，染色體之間重排卻是不多的。或許正是因為如此，存在了幾億年的青蛙雖然品種各異，但是仍然屬於一個大家族。也許，在未來，還會有其他身懷絕技的新蛙種出現。

[1] 轉座元件指能從同一條染色體的一個位點轉移到另一個位點，或者從一條染色體轉移到另一條染色體上的 DNA 序列。生物染色體中轉座元件越多，可能出現的變異就越多。

箭毒蛙小貼士	
中文名	箭毒蛙
拉丁學名	*Dendrobatidae*
英文名稱	Arrow-Poison frog
別稱	毒箭蛙、毒標槍蛙
物種分類	脊索動物門、兩棲綱、滑體亞綱、無尾目、箭毒蛙科、箭毒蛙屬

非洲爪蟾小貼士	
中文名	非洲爪蟾
拉丁學名	*Xenopus laevis*
英文名稱	African clawed frog
別稱	光滑爪蟾
物種分類	脊索動物門、兩棲綱、滑體亞綱、無尾目、負子蟾科、爪蟾屬

熱帶爪蟾小貼士	
中文名	熱帶爪蟾
拉丁學名	*Xenopus tropicalis*
英文名稱	Western clawed frog
物種分類	脊索動物門、兩棲綱、滑體亞綱、無尾目、負子蟾科、爪蟾屬

熱帶爪蟾小貼士	
基因組學研究進展	熱帶爪蟾是熱帶爪蟾屬下唯一的二倍體基因組，大小約為1.7Gb，編碼 2 萬個基因，其中有 1,700 個與人疾病相關的基因，基因組中約三分之一是重複序列，比雞的重複序列高出 9%，低於哺乳動物的 40%~50%。相關研究成果於 2010 年發表在《科學》雜誌上。

高山倭蛙小貼士	
中文名	高山倭蛙
拉丁學名	*Nanorana parkeri*
英文名稱	Tibetan frog
物種分類	脊索動物門、兩棲綱、滑體亞綱、無尾目、蛙科、倭蛙屬
基因組學研究進展	2015 年 3 月，中科院昆明動物所和華大基因的研究人員成功破譯了高山倭蛙基因組，並把相關研究成果發表在《美國科學院院報》上。這是迄今為止破譯的首個現代蛙類基因組，為兩棲動物進化研究提供了新線索。

參考文獻

1. Samgina T.Y., Vorontsov E.A., Gorshkov V.A., et al. Composition and antimicrobial activity of the skin peptidome of Russian brown frog Rana temporaria[J]. *J Proteome Res*. 2012 Dec 7; 11(12): 6213-22.
2. 吳相鈺，陳守良，葛明德 . 陳閱增普通生物學［M］. 北京：高等教育出版社，2014.
3. Sun Y.B., Xiong Z.J., Xiang X.Y. Whole-genome sequence of the Tibetan frog Nanorana parkeri and the comparative evolution of tetrapod genomes. *PNAS*. 2015 Mar 17; 112(11): E1257-62.
4. 周慶峰，趙文鋒，張向飛 . 蛙皮活性抗菌肽最新研究進展［J］. 中國農學通報，2011，27（33）: 217-220.

5. Yang X., Lee W.H., Zhang Y. Extremely abundant antimicrobial peptides existed in the skins of nine kinds of Chinese odorous frogs[J]. *J Proteome Res*. 2012 Jan 1; 11(1): 306-19.
6. McMahon T.A., Sears B.F., Venesky M.D., et. al. Amphibians acquire resistance to live and dead fungus overcoming fungal immunosuppression [J]. *Nature*. 2014 Jul 10; 511(7508): 224-7.
7. Hellsten U, Harland R M, Gilchrist M J, et al. The Genome of the Western Clawed Frog Xenopus tropicalis[J]. *Science*, 2010, 328(5978): 633-6.
8. Session A M, Uno Y, Kwon T, et al. Genome evolution in the allotetraploid frog Xenopus laevis[J]. *Nature*, 2016, 538(7625): 336.

大象為啥不得癌症？

什麼樣的動物更容易得癌症呢？

如果根據腫瘤發生的經典學說進行推理，我們會得出患癌動物的兩個特徵，一個是身形大，一個是壽命長。

癌症是突變累積的結果。當一個細胞突變累積到一定程度，開始失控複製，就會形成癌細胞。[1] 身形大就意味著組成身體的細胞數量更多，壽命長則意味著細胞更新換代的次數更多。細胞數量多，分裂次數多，就會導致出錯的可能性變大。

那麼，是不是真如我們推理的那樣，身形大且壽命長的動物會有更高的患癌概率呢？大象的存在，給了這個推理一記響亮的耳光。

在 2015 年的一項研究中，科學家們收集了 36 種哺乳動物的屍檢數據，以估算癌症在不同動物身上的發生概率。在納入研究的 644 頭死亡大象中，受癌症困擾的僅有 3%。而在人類當中，癌症導致的死亡至少佔 16%[2]。個頭高大，壽命也相當長 [3] 的大象，

---

[1] 腫瘤發生的經典學說是 1953-1954 年提出的累積突變學說，然而這種經典模型正在受到大量挑戰。近年來有研究認為腫瘤的發生是受進化壓力的影響：當健康的組織生態系統發生變化，如老化、受吸煙或者其他壓力影響時，癌變細胞可迅速適應變化後的環境，並在自然選擇中一代又一代傳承。

[2] 據世衛組織報道，現在人類近 1/6 的死亡是由癌症造成的。

[3] 大象是現存世界上最大的陸地棲息的哺乳動物。亞洲象肩高 3.7~4.1 米，體重 3 噸 ~5 噸；非洲象肩高 4.3~4.5 米，體重 5.5 噸 ~8 噸。這兩種象壽命均為 70 歲左右，有記錄可查的最長壽大象活了 86 歲。

患癌症的概率卻遠遠低於人類，這是為什麼呢？

20 世紀 70 年代，英國牛津大學流行病學家理查德·皮托曾提出一個悖論，即“皮托悖論”。他注意到，雖然理論上一個物種經歷更多的隨機突變，應該更有可能患上癌症，但從總體看，癌症的發生率跟生物體形大小或年齡好像沒有太大關聯。皮托猜想，一定存在某種內在的生理機制，來保護眾多細胞隨著個體年齡或體形的增長免於癌變。

一頭彷彿在笑的大象（拍攝：尹燁）

神奇的抑癌基因

研究者們對大象的基因進行了分析，果真發現了問題的關鍵：一種能起到抑癌作用的基因，名叫 *TP53*。

細胞中的 DNA 會由於內力和外力的影響出現損傷，如果放任不管的話，功能失常的細胞很快會發生更多突變，陷入惡性循環，最終開始失控複製，變成癌細胞。而由於癌變細胞 DNA 保護機制失靈，複製過程中又會發生更多的突變。繁多的突變讓癌細胞有極強的適應性，並很容易產生對治療手段的抗性。

要想阻止癌變惡性循環的發生，就得及早清除細胞 DNA 中的損傷。這就需要腫瘤抑制基因，*TP53* 基因正是對付這些損傷的關鍵。

TP53 會編碼產生一種 P53 蛋白，負責監控基因的完整性。在完成這項工作時，P53 不僅異常嚴厲，甚至格外殘酷。如果發現 DNA 受損，*TP53* 就會促進 DNA 修復。一旦發現不可救藥，*TP53* 就會毫不猶豫地宣判異常細胞的死刑，啟動凋亡程序，誘導相應細胞“自殺”，避免發生癌變。

正常工作的 *TP53* 基因可以將絕大部分癌變扼殺在萌芽之中。然而，如果 *TP53* 基因自身發生突變，其抑癌功能就會受到影響。

TP53 基因的突變最常發生在編碼 P53 蛋白質和 DNA 結合的部分。突變後生成的 P53 蛋白無法和目標 DNA 相結合，也就無法行使正常的檢查和促進修復或凋零功能，癌症發生風險也就隨之升高。

在人類基因組中，*TP53* 基因獨此一份，“別無分店”；如果不幸發生突變，這個保險系統就會失效。可是在大象體內，這個基因的拷貝數卻有 20 份！要讓它們挨個發生“叛變”，難度自然可想而知。

此外，大象的血細胞對 DNA 損傷異常敏感。雖然人類細胞也會在 DNA 損傷時啟動凋亡程序自殺，但是大象的細胞在同樣情況下，會以更高的速率完成這種自我摧毀的細胞凋亡過程。

可見，面對可能癌變的苗頭，大象體內的細胞從不留情。這種異乎尋常的強大細胞清除能力，很可能是患癌大象比例如此之低的原因之一。

借個基因來防癌？

既然大象的抗癌能力這麼強，我們能不能跟它借個基因，用來提高自己的防癌水平呢？

也許，可以通過基因技術，給自己多加些 *TP53* 的拷貝？或者，合成些含抑癌基因的生物藥劑，通過服用的方式，將這些基因整合到自己的基因組當中，讓它們為我所用？

想法固然美好，但是通過傳統醫學方法讓人類基因發生改變，幾乎是不可能的事。

從微觀層面來說，DNA 突變主要發生在細胞核裏，靠口服藥物攝入一般是到達不了的。況且，人體細胞數量以萬億記，要把包含 1,173 個鹼基對的 *TP53* 基因放到這麼多細胞的染色體中，需要很多技術的綜合運用，此外還有成本是否可接受，難度可想而知。

不過，近期的研究給了我們一絲希望。美國猶他大學的基因學家們成功合成了許多 *TP53* 基因，並將它們注射到人類細胞裏。他們發現：接納了這種合成基因的人類細胞，在 DNA 損傷機制被觸發後的死亡數量明顯增加。這麼看來，導入這種基因，可以提升人類細胞對 DNA 損傷的敏感性。

但是，這些研究成果要真正轉化為癌症療法，估計還需要等上若干年。我們應該充分認識到，癌症的發生機制是非常複雜的，基因僅僅是其中一個因素而已。癌症的發生跟遺傳基因、環境、心情、飲食、生活方式等多種因素有關。所以，要想預防癌症，得從各個方面入手。

而且，大型哺乳動物抗癌也不光靠 *TP53* 基因。英國利物浦大學的霍奧·佩德羅·德·馬加拉斯教授通過測序弓頭鯨基因組，指出小鬚鯨、弓頭鯨等的基因組雖然不含 *TP53* 基因額外拷貝（與人類一樣只有一個 *TP53* 基因），但仍然可以通過其他基因來抵禦癌症侵擾（如核酸切除相關基因 *ERCC1*，細胞周期相關基因 *PCNA*，細胞受體基因 *MAPK* 及 *LAMTOR1*）。這就是大象和弓頭鯨的細胞數量分別是人的 100 倍和 1,000 倍，但患癌症的風險卻沒有線性增長的原因。

倫敦癌症研究所的癌症生物學家梅爾文·格里夫斯認為，大型動物在體形變大的過程中，行動也變得越來越遲鈍，新陳代謝和細胞分裂的速率隨之降低。或許，這也是它們患癌概率低的原因之一。格里夫斯還表示，保護機制只能提供一定的幫助。如果大象也學會了吸煙或者飲食不健康，恐怕這些保護機制就不一定能抵禦癌症了。

雖然我們暫時不能擁有如大象一般強大的基因組，但是目前很多關於癌症的風險因素已被發現：紫外線暴曬、吸煙、酗酒、甲醛超標、燒烤、熬夜、肥胖等多種現代社會常見的問題都會讓人罹患癌症的概率增加。

所以，與其羨慕大象的基因，不如從今天開始，養成健康的生活習慣。

非洲森林象小貼士	
中文名	非洲森林象
拉丁學名	*Loxodonta cyclotis*
英文名稱	African forest elephant
別稱	森林象、圓耳象
物種分類	動物界、脊索動物門、脊椎動物亞門、哺乳綱、真獸亞綱、長鼻目、象科、非洲象屬、非洲森林象種

非洲草原象小貼士	
中文名	非洲草原象
拉丁學名	*Loxodonta africana*
英文名稱	African savanna elephant
別稱	非洲象、普通非洲象、草原象
物種分類	動物界、脊索動物門、脊椎動物亞門、哺乳綱、真獸亞綱、長鼻目、象科、非洲象屬、非洲草原象種
基因組學研究進展	2009 年 7 月 15 日，美國布羅德研究所使用 Sanger 測序技術對非洲草原象基因組進行測序並組裝，組裝結果公佈在美國國立生物技術信息中心（NCBI）網站上，基因組大小為 3.1Gb。 2015 年 11 月，美國猶他大學的研究人員發現，大象基因組裏含有比其他哺乳動物更多的 *TP53* 拷貝，有助於修復受損 DNA。該論文被發表在《美國醫學協會雜誌》上。 2017 年 11 月 24 日，美國布羅德研究所和哈佛大學醫學院的研究人員更新了非洲草原象的基因並對 14 個長鼻目物種進行了重測序，闡述了已滅絕和現存大象的進化歷史，文章發表在《美國科學院院報》上。該基因組的發表為研究長壽和癌症及保護大象提供了有效的數據基礎。

亞洲象小貼士	
中文名	亞洲象
拉丁學名	*Elephas maximus Linnaeus*
英文名稱	Asian elephant
別稱	印度象、大象、亞洲大象
物種分類	動物界、脊索動物門、脊椎動物亞門、哺乳綱、真獸亞綱、長鼻目、象科、亞洲象屬、亞洲象種

弓頭鯨小貼士	
中文名	弓頭鯨
拉丁學名	*Balaena mysticetus*
英文名稱	bowhead whale
別稱	北極鯨、格陵蘭露脊鯨、巨極地鯨、北露脊鯨、格陵蘭鯨
物種分類	動物界、脊索動物門、哺乳綱、鯨目、鬚鯨亞目、露脊鯨科、露脊鯨屬
基因組學研究進展	2015 年 1 月，英國利物浦大學的科學家對弓頭鯨進行了基因組測序，這一成果作為封面文章發表在《細胞通訊》雜誌上。研究人員將弓頭鯨基因組與其他壽命較短的哺乳動物進行比較，鑒定了一些弓頭鯨特有的遺傳學變異，為促進人類的健康長壽提供了新的線索。

參考文獻

1. E. Palkopoulou, M. Lipson, S. Mallick, S. Nielsen, N. Rohland. A comprehensive genomic history of extinct and living elephants[J]. *Proceedings of the National Academy of Sciences*, 2018, 115 (11): 201720554.
2. M. Tollis, A.M. Boddy, C.C. Maley. Peto's Paradox: how has evolution

solved the problem of cancer prevention?[J]. *BMC Biology*, 2017, 15(1): 60.

3. Michael Keane, Jeremy Seme iks, Bo Thoms en, Joaõ Pedro de Magalhães. Insights into the Evolution of Longevity from the Bowhead Whale Genome[J]. *Cell Reports*, 2015, 10(1): 112-122.
4. Abegglen, L. M., Caulin, A. F., Chan, A., Lee, K., Robinson, R., Campbell, M. S. & Jensen, S. T. Potential mechanisms for cancer resistance in elephants and comparative cellular response to DNA damage in humans[J]. *Jama,* 2015, 314(17): 1850-1860.
5. Peto, R., Roe, F. J., Lee, P. N., Levy, L., & Clack, J. Cancer and ageing in mice and men[J]. *British Journal of Cancer,* 1975, 32(4): 411-426.
6. Sulak, M., Fong, L., Mika, K., Chigurupati, S., Yon, L., Mongan, N. P., ... & Lynch, V. J. TP53 copy number expansion correlates with the evolution of increased body size and an enhanced DNA damage response in elephants [J]. *BioRxiv*, 2015, 028522.
7. Rozhok, A. I., & DeGregori, J. Toward an evolutionary model of cancer: Considering the mechanisms that govern the fate of somatic[J]. *Proc Natl Acad Sci USA*, 2015, 112(29): 8914-8921.

這不是一“隻”螞蟻

地球上最成功的昆蟲是什麼？

從各個方面看，螞蟻都是有力的競爭者。

螞蟻分佈於除南極洲以外的所有大洲，目前已發現超過12,000 種螞蟻。螞蟻的總數量更是天文數字 —— 據估計，所有螞蟻的重量加起來佔到所有陸生生物重量的 15%~20%。

從單隻螞蟻看，這是一種脆弱的昆蟲。大多數螞蟻體形較小，不能飛行，也無特殊的攻防武器，以至於我們可以輕輕鬆鬆捏死一隻螞蟻。但能讓螞蟻取得如此大成功的原因，並非個體能力，而是高效的社會組織方式。

同基因不同命

宋代詩人楊萬里寫過一首《觀蟻》：“偶爾相逢細問途，不知何事數遷居。微軀所饌能多少，一獵歸來滿後車。”

螞蟻被認為是“超個體”，如果把一個蟻群看成一個人腦，每個螞蟻個體就相當於人腦中的一個神經元，它們可以組成一個團體，互相配合來完成許多工作。

幾乎每種螞蟻都過著分工井然、有條不紊的群居生活。一個蟻群基本上有這麼幾種螞蟻：雄蟻、蟻后、工蟻和兵蟻。

雄蟻生來的使命就是繁殖，它是由未受精卵發育成的生殖蟻。與之類似，蟻后的主要工作也是繁殖及養育後代。起初，蟻后是一群螞蟻中一些生來不同的雌蟻，被稱為“公主”，從蛹中羽化出來就生有翅，而且有生殖能力。等到生殖腺充分發育後，它們與雄蟻遠離蟻巢進行群體婚飛，也就是交配。交配結束後，雄蟻便完成使命光榮地死去。而“公主”也會將雙翅脫落，並在土壤中掘穴建巢，開始建立自己的蟻群，成為蟻后。蟻后個體特別大，一般會有工蟻伺候。

工蟻又稱職蟻，顧名思義就是幹活的螞蟻，它們個體最小但數量最多，是沒有生殖能力的雌性，主要職責是建造和擴大巢穴、採集食物、飼餵幼蟻及蟻后等。

兵蟻也是雌蟻，負責抵抗外敵，同樣沒有繁殖能力，但體形較大，上顎發達，戰鬥力很強。

在一個蟻群中，除了雄蟻之外，“公主”、工蟻、兵蟻都是雌蟻，也都是同一個蟻后的“女兒”，有著相同的基因。

大多數生物都想方設法把自己的 DNA 傳遞下去，但是作為真社會性昆蟲，螞蟻存在的意義並非是為了個體 DNA 的傳遞，而是要保障群體 DNA 的傳遞。為此，一些個體放棄了繁殖能力，服從社會分工 —— 當有繁殖能力的姐妹順利繁殖後，它們的 DNA 也就獲得了傳遞。不過，在 DNA 相同的情況下，螞蟻又是如何發育成不同工種的呢？

人類擁有相同的基因會發育成極其相似的同卵雙胞胎。螞蟻雖然基因相同，卻在後天的發育過程中，有的成了繼承皇位的“公主”，有的成了操持家務的“保姆”，有的乾脆變成了“女兵”。

造成“同蟻不同命”現象的，便是它們後天發育中的基因表達調控——通過改變環境、食物等因素影響基因表達。

在螞蟻發育的過程中，不同工種的基因表達不同，因而表現出在生理構造、體形和行為等方面的差異。這種基因不變，而基因表達出現可遺傳變化的現象，稱為表觀遺傳。

在研究佛羅里達弓背蟻時，美國科學家發現 *H3K27ac* 的基因[1]決定了螞蟻的分工。如果抑制兵蟻體內該基因的表達，這些兵蟻便會一改“女兵”作風，開始充當蟻群的“保姆”，像工蟻一樣專心覓食。這進一步說明，螞蟻分工差異的原因是基因表達的不同，而非基因本身的不同。

這種基因表達的差異能讓蟻群更好地適應環境。在食物豐沛時，少數工蟻便能找到足夠的食物，蟻群可以分配更多螞蟻去保衛巢穴；而在食物短缺時，會有更多的螞蟻加入覓食的隊伍。

依靠群體的力量，小小的螞蟻能夠進行各種需要高度社會分工合作的活動。不少螞蟻都是建築能手，巢穴內部複雜程度與人類建築不相上下；有的螞蟻從別的蟻巢偷取幼蟲蓄奴使用；有的螞蟻有特殊工種，專門以腹部儲存蜜汁以供蟻群使用。最令人驚奇的是，有些螞蟻甚至還會從事“農牧業”活動。

螞蟻農牧場

螞蟻最喜歡糖分，但自然界很少有富含糖分的食物：水果是

---

[1] 名為 *H3K27ac* 的編碼組蛋白脫乙酰酶的基因決定了螞蟻的分工。

有季節性的，平時難得一嚐；蜂蜜倒是不錯，但要吃到蜂蜜的話，還得跟守巢的蜜蜂幹上一架，顯然費力不討好。於是，螞蟻便把目光投向了蚜蟲的排泄物。

蚜蟲以吸食植物的汁液為生，但不能消化植物汁液中的糖分，會把糖分從消化系統排出。可以說，蚜蟲的排泄物富集了食物中的糖分，相當於被提純了的糖漿，所以又被稱為蜜露。儘管這糖分的來源有些不雅，但對螞蟻來說卻是難得的美食。為了能長期吃到蜜露，螞蟻像養奶牛一樣養著蚜蟲。

當然，這"保護費"也不是白收的，如果蚜蟲有天敵，比如瓢蟲來襲，螞蟻便會去跟它打架，保護好自己的"糖源"；如果蚜蟲棲息的植物長勢不好，螞蟻還會把蚜蟲搬到長勢良好的植物上，就像逐水草而居的牧人一樣。生物學家還發現，螞蟻會用自己的觸角觸碰蚜蟲，促使蚜蟲排出更多的蜜露，宛如有經驗的牧人給奶牛擠奶。

螞蟻和蚜蟲就以這種互利共生的關係生活在一起，蚜蟲給螞蟻提供食物，螞蟻則給蚜蟲保障後勤和治安，兩者都能從中獲益。

除了從事"農牧業"飼養蚜蟲，螞蟻還能從事"種植業"。南美有一種螞蟻叫切葉蟻，它們能用大顎把植物葉片切下來當作培養基，再從舊培養基中搬來菌種，種植真菌作為食物。切葉蟻會對真菌的菌種小心保管，非常珍視。它們的"公主"長大後自立門戶時，還會隨身攜帶一些菌種，以便繼續種植真菌。

“放牧”蚜蟲的螞蟻

切葉蟻對真菌“情有獨鍾”是有原因的。研究發現，切葉蟻自身不能合成精氨酸，只能靠食用精氨酸含量豐富的真菌來進行補充。切葉蟻從幾千萬年前起便以周圍環境中的野生真菌為食，但野生真菌的來源太少而且不穩定，它們便學會了種植真菌，如同以採集果實為生的原始人學會了種植作物，食物的來源便充足而穩定了。

在漫長的演化過程中，切葉蟻不但學會了種植真菌，還學會了對真菌進行優選，以培養出更適合種植和食用的真菌，就像人類通過選種、雜交，培養出更高產、更美味的作物一樣。在這個過程中，螞蟻和真菌在共同演化，適應這種共生生活。

生活在南美洲的切葉蟻

看似平凡的螞蟻，卻有著超出我們想象的生存策略。作為早在白堊紀便與恐龍共存的螞蟻，在恐龍滅絕後的數千萬年依然興盛，靠的或許就是這種社會性。一隻螞蟻雖然很弱小，但是一個蟻群的社會力量卻不容小覷。

類似的昆蟲還有蜜蜂。利用這種確保群體存續的策略，螞蟻和蜜蜂擴張到了世界上的絕大多數地方，至今長盛不衰。對這類高度社會化的動物進行研究，或許有助於人類社會化行為的研究，有助於解開我們自身的奧秘。

佛羅里達弓背蟻小貼士	
中文名	佛羅里達弓背蟻
拉丁學名	*Camponotus floridanus*
英文名稱	Florida arched ant
別稱	蟻、玄駒、昆蜉、蚍蜉螞
物種分類	節肢動物門、昆蟲綱、有翅亞綱、膜翅目、細腰亞目、蟻科、蟻亞科
基因組學研究進展	2010 年 8 月 27 日，華大基因與美國的亞利桑那州立大學、紐約大學醫學院、賓夕法尼亞大學醫學院合作，在《科學》雜誌上發表論文，公佈了弓背蟻與印度跳蟻的全基因組信息，基因組大小分別為 240Mb 和 330Mb。通過比較具有社會性和不具社會性螞蟻的遺傳差異，發現表觀遺傳學、神經功能和化學交流相關的基因可能與螞蟻的社會分工調節有關係。該研究為這兩種螞蟻社會性等級之間的差異提供了線索，並為衰老和行為的表觀遺傳學研究提供了一個新的實驗模型。

切葉蟻小貼士	
中文名	切葉蟻
拉丁學名	*Acromyrmex echinatior*
英文名稱	Leafcutter ant
物種分類	節肢動物門、昆蟲綱、有翅亞綱、膜翅目、細腰亞目、蟻科、切葉蟻亞科
基因組學研究進展	2011 年 6 月 30 日，丹麥哥本哈根大學和華大基因共同主導完成了切葉蟻的基因組測序與分析工作，並把研究結果發表在《基因組研究》雜誌上。研究發現切葉蟻基因組大小為 313Mb，其中精氨酸合成基因和解毒代謝基因丟失，而苯乙肼裂解酶肽酶基因家族發生了擴張。該研究表明，在經歷了 5,000 萬年前從狩獵採集到農業糧食生產的轉變，以及 1,000 萬年前從單一蟻后到多蟻后交配的轉變過程後，切葉蟻的基因組出現了大量基因變化。

參考文獻

1. 趙爽，賈鳳龍，梁銘球等．廣東省螞蟻種類與分佈［J］．環境昆蟲學報，2009，31（2）：156-161.
2. Nygaard S, Zhang G, Schiøtt M, et al. The genome of the leaf-cutting ant Acromyrmex echinatior suggests key adaptations to advanced social life and fungus farming[J]. *Genome Res*. 2011 Aug; 21(8): 1339-1348.
3. Nygaard S, Hu H, Li C, et al. Reciprocal genomic evolution in the ant-fungus agricultural symbiosis[J]. *Nat Commun*. 2016 Jul 20; 7:12233.
4. Roberto Bonasio, Guojie Zhang, et al. Genomic comparison of the ants Camponotus floridanus and Harpegnathos saltator[J]. *Science*. 2010 Aug 27; 329(5995): 1068-1071.

懷孕三年半，只為生條魚？

網絡上流傳一則笑話，一位女士因為懶得下樓拿快遞，便推說自己懷孕行動不便，讓快遞員送貨上樓。誰知這託詞一用便是3年。終於，快遞員忍無可忍："你這孕懷了3年，打算生個哪吒？"

確實，除了神話中的哪吒三太子，人類不可能在媽媽肚子裏待上3年。懷胎十月後如果遲遲不生，胎兒會有窒息危險。然而，世界之大無奇不有，動物中就有孕期遠超人類的例子。

普通孕期的動物

一定程度上，動物的孕期與其平均壽命相關，壽命越短，孕期一般也會越短。因為這種動物要在物種演化的過程中生存下來，因此要在短暫的生命期內縮短孕期，產生足夠多的後代；反之，孕期越長。這是生物繁衍過程中的一種博弈。

普通老鼠的壽命最多只有3年，孕期也短，一般只有21天，加上哺乳期，也才1個多月，相當於每隔1個多月就能繁殖一窩小鼠。所以老鼠雖然壽命短，繁殖能力卻很強。我們常見的倉鼠，孕期只有18天，養倉鼠的朋友可能會吃驚地發現，倉鼠竟然可以1個月左右生兩窩小鼠仔。而貓和狗的平均壽命是10多年，孕期也相對會長一些，大概是60~70天。

全球人口平均預期壽命已超過 70 歲，而人類的平均孕期才 280 天。跟其他多數哺乳動物相比，人類的懷孕期實在太短了。就連平均壽命只有 25~30 歲的馬，孕期都有 11 個月，比人類還多一個月。可以說，人類的嬰兒在哺乳動物中算是“早產兒”了。

不過，牛、馬這類草食動物的幼崽都是一出生便會跑會跳，而人類嬰兒卻幾乎沒有行動能力，只能待在母親的懷抱裏。與那些動物相比，人類胎兒待在母腹中的時間太短，各方面的發育都不大完善。如果人類能像牛、馬一樣，按壽命推算，在母親體內待上三年兩載才出生，那麼一生下來可能很快就能走路說話了。

既然懷孕越久，生出的寶寶發育得越好，人類為什麼還要急著“早產”呢？其實，這是自然演化的結果。與其他動物相比，人類大腦更為發達，為了容納如此發達的大腦，顱骨也演化得更大。如果胎兒真在子宮中待到發育完善才出來，很容易因為頭部發育過大而在生產時被卡在產道裏，最終難產窒息。為了順利分娩，人類便演化出了這種“早產”的懷孕方式，讓胎兒不待頭骨癒合便離開母體。即便如此，人類分娩也比絕大多數哺乳動物困難得多。

幸運的是，人類父母對嬰兒關懷備至，即使“早產”的嬰兒沒有行動能力，也能在父母的照料下平安成長。

同人類一樣，袋鼠也屬於“早產”一族。袋鼠屬於比較原始的哺乳動物，不能產生真正意義上的胎盤為胎兒提供營養，只能將胎兒早早生出。平均壽命 22 歲的袋鼠，孕期只有 40 天。成年袋鼠體重達 50~100 千克，而剛出生的小袋鼠體重卻只有 2 克，個頭只有一顆花生大小，模樣就跟其他哺乳動物的胚胎差不多，是不折不扣的“早產兒”。好在袋鼠媽媽有個特殊的結構 —— 育兒袋，可以把新生兒隨身攜帶，提供 24 小時全方位的呵護。

袋鼠母親把“早產”的寶寶裝在育兒袋裏貼身照料

孕期長的動物

人類和袋鼠急著來到世間，然而有許多動物卻不著急。

陸地最大的動物大象，壽命將近百歲，孕期能達到 22 個月，是孕期最長的哺乳動物。小象在母親體內發育了將近兩年，一出生便有上百斤，出生幾小時便能走路。

從全世界的脊椎動物來看，孕期最長的是一種叫皺鰓鯊的鯊魚。它是鯊魚中最原始的一種，生活在深海，長得異常奇葩，頭部長著巨大的、皺巴巴的鰓裂，看著簡直像史前怪物。皺鰓鯊平均壽命只有 25 歲，但它的孕期卻長達 42 個月，剛好跟傳說中哪吒在母腹中待的時間“三年六個月”一樣，是名副其實的動物中的“哪吒三太子”。一般的魚都是直接產卵，然後由魚卵孵化出小魚；而皺鰓鯊是卵胎生，產卵後等魚卵在自己體內孵化出小鯊魚，再將寶寶直接生出。這整個過程都是在皺鰓鯊母體內進行的，也難怪需要這麼長的時間了。

尤金袋鼠小貼士	
中文名	尤金袋鼠
拉丁學名	*Macropus eugenii*
英文名稱	Tammar Wallaby
物種分類	脊索動物門、哺乳綱、袋鼠目（雙門齒目）、袋鼠亞目、（大）袋鼠科、大袋鼠屬
基因組學研究進展	2011 年，澳大利亞袋鼠基因組學研究中心與墨爾本大學、貝勒醫學等多家研究單位對澳大利亞的尤金袋鼠進行了基因組學測序、研究，並將其研究成果發表在《基因生物學》雜誌上。 經測序，拼接得到基因組大小為 2.9Gb。研究發現，主要作用於袋鼠後肢形態學發育的重要基因 *HOXD13*，它的顯著表達為袋鼠的跳躍提供了重要支持。袋鼠的新生兒免疫系統尚未發育成熟，但是通過吮吸富含免疫因子的乳汁來增強抵抗力。袋鼠基因組中有 14 個導管素基因，編碼一系列強大的抗菌肽，這些肽在乳腺中表達並分泌到乳汁中。此外，袋鼠的嗅覺非常發達，在基因組裏共查找到 1,500 個嗅覺基因。

皺鰓鯊小貼士	
中文名	皺鰓鯊
拉丁學名	*Chlamydoselachus anguineus*
英文名稱	Frilled Shark
別稱	擬鰻鮫、花邊鮫
物種分類	脊索動物門、軟骨魚綱、板鰓亞綱、六鰓鯊目、皺鰓鯊科
基因組學研究進展	皺鰓鯊基因組有待研究。但其近緣物種姥鯊（*Cetorhinus maximus*）早在 2007 年由新加坡和美國科學家進行了測序研究，並在 2014 年再次進行了測序研究，研究結果發表在《自然》雜誌上。研究發現，姥鯊基因大小為 0.93Gb。研究人員將其與人類和其他脊椎動物的基因組進行比較，發現鯊魚缺少存在於所有硬骨脊椎動物中的一個基因家族 secretory calcium-binding phosphoprotein (SCPP)，這一基因家族對於骨骼形成至關重要。當斑馬魚等硬骨魚中這些基因失活時，發現不會發生鈣化。這個發現揭示出了為何鯊魚的骨架主要是由軟骨構成，並為了解諸如骨質疏鬆症等骨疾病提供了參考。另外發現，鯊魚的免疫系統相比人類要簡單得多，因為鯊魚似乎沒有稱為輔助性 T 淋巴細胞（T-helper lymphocyte）的特殊細胞類型。此外，研究揭示了姥鯊基因組是所有脊椎動物中進化最慢的，姥鯊有可能是很久以前滅絕的所有有頜脊椎動物祖先的最佳代表。

參考文獻

1. 傑拉德・戴蒙德 . 第三種猩猩：人類的身世與未來 [M] . 王道還，譯 . 海南：海南出版社，2004.
2. Mujugira A., Osoti A., Deya R., et al. Fetal head circumference, operative delivery, and fetal outcomes: a multi-ethnic population-based cohort study [J]. *BMC Pregnancy Childbirth*. 2013 May 7; 13: 106.
3. 世衛報告：全球人口平均壽命 71 歲 . 中時電子報 .

4. Murchison and Adams: Sequencing Skippy: the genome sequence of an Australian kangaroo, Macropus eugenii[J]. *Genome Biology,* 2011, 12: 123.
5. Ú Árnason, et.al. Whole-genome sequencing of the blue whale and other rorquals finds signatures for introgressive gene flow[J]. *Sci. Adv*. 2018; 4: eaap9873.
6. E. Palkopoulou, M. Lipson, S. Mallick, S. Nielsen, N. Rohland. A comprehensive genomic history of extinct and living elephants[J]. *Proceedings of the National Academy of Sciences*, 2018, 115(11): 201720554.
7. Venkatesh B., Kirkness E.F., Loh Y.H., Halpern A.L., Lee A.P., et al. Survey sequencing and comparative analysis of the elephant shark (Callorhinchus milii) genome[J]. *PLOS Biol*. 2007, 5(4): e101.
8. B. Venkatesh, et. Elephant shark genome provides unique insights into gnathostome evolution[J]. *Nature*. 2014 Jan, 505, 174-179.
9. C.T. Amemiya, et. The African coelacanth genome provides insights into tetrapod evolution[J]. *Nature*. 2013 Apr 18; 496(7445): 311-6.

3

篇三

植物：草木浮生地久長

一碗米飯的故事

水稻在中國乃至整個東亞地區，都是當之無愧的主糧。全世界有將近一半的人口都以水稻為主食，雖然語言、膚色、風俗各不相同，大家卻都吃著同樣的米飯，真應了那句話：一樣米養百樣人。

水稻田（攝影：劉燕）

水稻起源國

“稻粱菽，麥黍稷，此六穀，人所食”（語出《三字經》）。水稻歷史悠久，原產於中國，後來傳到印度、韓國、日本等地。現代的旱稻也是由水稻馴化而來，成了適宜在缺水地區種植的作物。1993 年，中美聯合考古隊在湖南省發現了世界上最早的古栽培稻，距今已有 14,000~18,000 年的歷史。在距今約 7,000 年的浙江省河姆渡遺址，出土了大量人工栽培的稻穀和原始農具、穀物脫殼工具，出土的原始陶器也裝飾著稻穗圖案，這說明在大約 7,000 年前，長江流域便已經規模化地種植、加工、食用水稻了。

因為古代水稻產量不高，加上加工技術不發達，我們現代常見的精白米在古代只有小康人家才能日常食用，底層人民一般吃沒有經過精加工的糙米，缺糧時甚至以小米、高粱等雜糧充飢。但對不愁衣食的人家來說，精白米也不能滿足他們食不厭精的需求，他們還創造了各種花樣百出的吃法。

春秋時期，白米最高級的做法是做成蒸飯，口感比煮熟的飯更好。《詩經・大雅》中的《泂酌》就描述了打水做蒸飯的情形："泂酌彼行潦，挹彼注茲，可以餴饎。" 其中"餴"是蒸飯的意思，"饎"是酒食的意思。魏晉時期的人燒飯時加入切碎的蔬菜，做成蔬菜飯，日本現在的竹筍飯、香菇飯，做法跟魏晉時期的蔬菜飯相差無幾。此時也出現了有餡的糯米粽子。到了唐宋時期，各種類型的米飯就更多了，有加入烏飯樹汁做成的青精飯，加入桃肉做的蟠桃飯，加入蓮藕蓮子做的玉井飯等。宋朝人還會把糯米粉做成乳糖圓子、澄沙圓子、五香糕、廣寒糕等點心。到了清朝，米飯的吃法就更多了，李漁在《閒情偶寄》中提到，在飯剛熟的時候澆一杯花露，燜一會兒後拌勻，米飯就清香撲鼻。《紅樓夢》裏也出現過御田胭脂米、碧梗米等罕見水稻品種，這說明當時的達官貴人已經吃膩了精白米，更加青睞這些珍稀、養生的水稻種類。愛美的古代女性，還把白米磨成細粉，染色熏香後用來塗臉，北魏《齊民要術》中就詳述了“香粉”“紫粉”的做法。

到了現代，大米的吃法更是種類繁多了，廣東腸粉、雲南米線、四川糍粑、芒果小丸子，無一不是米粉製品。國外也發明了大米的各種吃法，日本壽司、土耳其米布丁、印度咖喱飯都是聞名世界的美食。

糯米做的涼粑（攝影：黃媛）

大米做成的日本壽司（攝影：黃媛）

全世界水稻品種雖多，但大致上只分為秈稻和粳稻兩類。秈稻一般生長在溫暖地區，米粒細長，煮熟後不黏；粳稻一般生長在較寒冷的地區，米粒粗短，煮熟後有一定黏性。印度的水稻主要是秈稻，日本的水稻主要是粳稻，而中國兩個品類兼有。

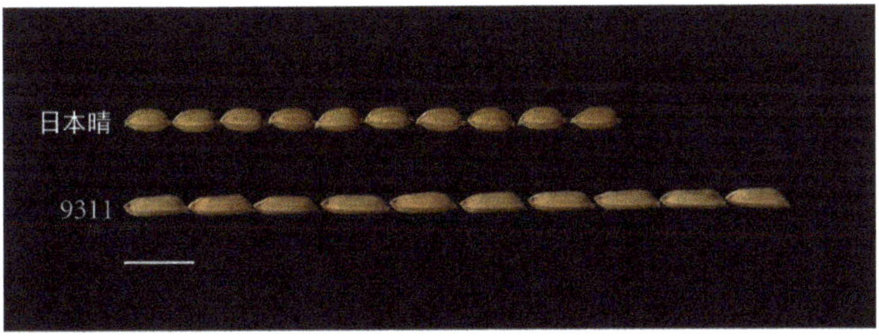

上圖為稻粒粗短的粳稻品種“日本晴”，下圖為稻粒細長的秈稻品種 9311
（攝影：王學強、張洪亮）

在 20 世紀初，曾有國外學者認為水稻起源於印度，這個觀念在當時的學術界佔了主流。但隨著河姆渡遺址古水稻被發現，越來越多的考古證據證明水稻起源於中國。到了 2011 年，美國聖路易斯華盛頓大學和紐約大學通過對水稻進行 DNA 分析，最終確認水稻最早起源於中國。

儘管是水稻起源國，中國還是錯失了水稻的命名權。1928 年，日本農學家加藤茂苞在國際上提出，分別把秈稻和粳稻命名為印度型稻和日本型稻，並於 1930 年在國際上正式發表了這兩個學名。中國既是水稻的原產地，又兼有秈稻和粳稻兩個水稻亞種，卻被無視了。中國學者丁穎曾提出把印度型稻和日本型稻更名為秈稻和粳稻，但按照國際慣例，已定的學名很難更改。所以印度型稻和日本型稻這兩個學名在國際上一直通用至今。

中國水稻逆襲之路

雖然在命名上沒能佔得先機，但中國水稻研究卻屢創佳績。袁隆平院士於 1973 年培育出高產的“三系”秈型雜交水稻，經過多年努力後，又於 1995 年培育出更為高產的兩系法雜交水稻。而他近年培育的超級雜交水稻，畝產量更是高達上千公斤，大大緩解了中國人民乃至世界人民糧食短缺的問題。

廣東農學家陳日勝培育的海水稻“海稻 86”，可以耐受含鹽量 1% 的鹽碱環境，適合栽種於臨海灘塗，有效利用了耕地資源。2014 年，袁隆平院士參與了海水稻的研究，並主持了青島的海水稻研究工程，把海水稻的畝產量從 150 公斤提高到 600 多公斤。

為了解決現代農田的重金屬污染問題，袁隆平院士又於 2017 年運用現代基因技術，發明了水稻親本去鎘技術。鎘是我國農田含量最高的重金屬污染物，食用富集鎘的大米會引發鎘中毒，嚴重影響人體健康。日本 20 世紀 30 年代發生的“痛痛病”，就是食用鎘污染大米引起的，患者全身神經痛、骨痛，骨骼萎縮變形，極容易骨折，使患者痛苦萬分。而新培育出來的去鎘水稻不會吸收土壤中的鎘元素，讓水稻“出淤泥而不染”，保證了糧食安全。

除了培育新稻種，中國在水稻基因方面的研究也後來居上，漸漸超過了日本。1998 年，國際水稻基因組測序計劃正式啟動，參與國家包括中國、日本、美國、法國、韓國、印度等，這是繼人類基因組計劃後又一重大國際合作項目。此時日本在技術、設備方面都佔優勢，因此作為主力負責了 6 條染色體的測序，而中國科學家僅僅負責 1 條染色體的測序。

中國科學家當然不滿足於此。2000 年 4 月，華大基因正式啟動了水稻（籼稻）基因組計劃，測序的樣本是袁隆平雜交水稻的父本，希望通過測序找出水稻產量相關基因。而日本科學家早在 1991 年就已經啟動了水稻（粳稻）基因組項目，測序樣本是日本人喜歡的粳稻品種“日本晴”，這個品種適合用來做壽司，又稱“壽司米”。

日本人已經先行一步，有資金有技術，而當時的華大基因一窮二白。外有日本競爭，內有資金困境，可謂是舉步維艱，但華大水稻基因項目組成員決心不惜一切代價，要在水稻研究上拔得先籌。

在極端艱苦、緊張的條件下，華大基因終於趕在日本之前，完成了水稻（籼稻）基因組框架圖的繪製。2002 年 4 月，《科學》（*Science*）雜誌以封面文章的形式報道了這項工作，當期雜誌的封面圖是中國雲南的哈尼梯田，山地上層層疊疊的稻田極具民族特色。

2016 年 9 月 22 日於深圳市大鵬區正式運營的國家基因庫便是源自相同的創意，其外觀特意設計成梯田的造型，將基因庫功能、歷史文化與周圍優美的自然環境融為一體。

《科學》雜誌封面的哈尼梯田

設計成梯田造型的國家基因庫（攝影：尹燁）

米已成炊

水稻基因組研究被中國拔得頭籌後，日本學者在《自然》雜誌發表了一篇題為《飯要煮熟》（Rice Must be Perfectly Cooked）的評論文章，聲稱華大基因發表的水稻基因組框架圖還欠完善，如果把水稻基因組框架圖比作一鍋飯，那它就是一鍋沒有煮熟的夾生飯。

面對日本學者的質疑，華大基因用實際行動進行了回應。2005 年，華大基因把繪製完善的水稻基因組精細圖以封面文章的形式發表在 *PLOS Biology* 雜誌。在封面圖上，一個穿紅衣的孩子抱著一大鍋煮熟的米飯，暗喻水稻基因組框架圖已經足夠完美，生米已經煮成熟飯。

PLOS Biology 雜誌封面

2011 年 9 月，華大基因和中國農業科學院、國際水稻研究所共同啟動“全球 3,000 份水稻核心種質資源重測序計劃”，對 3,000 多株亞洲稻進行了重測序，這是全球最大的動植物重測序項目之一，能為水稻基因組學研究和育種提供重要的資源。

經過數年努力，研究人員終於完成了主要的測序工作，當他們把研究成果寫成論文向《自然》雜誌投稿時，在文中用了“秈”（Xian）和“粳”（Geng）[1] 的名字，而沒有採用日本的命名法。但雜誌社審稿人認為這並非傳統命名方法，建議把這兩個漢字去掉。

研究人員堅持用中文命名，他們跟審稿人講述中國歷史，講述中國古代文獻裏關於秈稻和粳稻的記載，講述丁穎先生的論

[1] “粳”存在 jīng 和 gēng 兩種讀音，屬於異讀字。——編者注

文。水稻不僅在中國有悠久歷史，測序結果也顯示很多水稻品種起源於中國，所以應該尊重傳統文化和生物學客觀事實，把"籼""粳"這兩個漢字印在文章上，以糾正日本人當年的錯誤。最終，這篇含有兩個漢字的論文於 2018 年 4 月成功發表在《自然》雜誌上。

For over 2,000 years, two major types of *O. sativa*–*O. sativa Xian group* (here referred to as *Xian*/Indica (XI) and also known as *籼*, *Hsien* or Indica) and *O. sativa Geng Group* (here referred to as *Geng*/Japonica (GJ) and also known as *粳*, *Keng* or Japonica)–have historically been recognized[5,6,7]. Varied degrees of

該論文中的兩個漢字

從 20 世紀 30 年代起，丁穎等科學家就希望把水稻的兩個亞種命名為籼稻和粳稻，但一直沒能改過來，如今這兩個漢字終於刊登在《自然》雜誌上。這不僅意味著《自然》雜誌的研究論文中首次出現了漢字，更意味著當年"印度型稻"和"日本型稻"的命名得到了糾正，具有重大的歷史意義。

一碗再常見不過的白米飯，背後是中國人上萬年的水稻種植史和中國科學家數十年的努力。你在捧起這碗米飯的時候，是否感受到了蘊藏其中的歷史和智慧呢？

水稻小貼士	
中文名	水稻
拉丁學名	*Oryza sativa*
英文名稱	rice
別稱	稻、稻穀

水稻小貼士	
物種分類	被子植物門、單子葉植物綱、禾本目、禾本科、稻屬、水稻種
基因組學研究進展	水稻基因組大小約為 373 Mb。2001 年底，華大基因科研團隊率先完成了世界上首個水稻基因組框架圖和數據庫，研究結果發表於次年的《科學》雜誌。2005 年，華大基因在原有的研究基礎上繪製出更加完善的水稻基因組精細圖，並以封面文章的形式發表於 *PLOS Biology* 雜誌。 2018 年 4 月，中國農業科學院、國際水稻研究所和華大基因聯合在《自然》雜誌發表了 3,000 種水稻基因組的測序結果，闡述、公開了大量水稻遺傳信息，開啟了水稻基因組分子育種的新時代。

參考文獻

1. Molina J., Sikora M., Garud N., et al. Molecular evidence for a single evolutionary origin of domesticated rice[J]. *Proc Natl Acad Sci USA*. 2011 May 17, 108(20): 8351-6.
2. 郭憶靜 . 看不見的硝煙，農業大國新時代 [J] . 廈門航空，2017，11: 46.
3. Sasaki T., Matsumoto T., Yamamoto K., et al. The genome sequence and structure of rice chromosome 1[J]. *Nature*. 2002 Nov 21; 420(6913): 312-6.
4. Feng Q., Zhang Y., Hao P., et al. Sequence and analysis of rice chromosome 4[J]. *Nature*. 2002 Nov 21, 420(6913): 316-20.
5. Yu J., Hu S., Wang J., et al. A draft sequence of the rice genome (*Oryza sativa L. ssp. indica*)[J]. *Science*. 2002 Apr 5, 296(5565): 79-92.
6. [No authors listed]. Rice must be perfectly cooked[J]. *Nature*. 2002 Apr 11, 416(6881): 567.
7. Yu J., Wang J., Lin W., et al. The Genomes of Oryza sativa: a history of duplications[J]. *PLOS Biol*. 2005 Feb, 3(2): e38.
8. Wang W., Mauleon R., Hu Z1, et al. Genomic variation in 3,010 diverse accessions of Asian cultivated rice[J]. *Nature*. 2018 May, 557(7703): 43-49.

“我從山中來，帶著蘭花草”

“扈江離與闢芷兮，紉秋蘭以為佩”“余既滋蘭之九畹兮，又樹蕙之百畝”……在曠世之作《離騷》中，蘭是高潔、美好的象徵。

不過，在屈原生活的年代，人們所說的“蘭”並不是指蘭花，而是指菊科的佩蘭（*Eupatorium fortunei* Turcz.）。因為有著悅人的香氣，佩蘭常被用於熏香。《說文解字》中對“蘭”字的解釋是：“蘭，香草也。”

到了宋朝，蘭科植物中的一些觀賞品種因為花型雅致、香氣醉人，深得文人雅士喜愛，人們遂用香草佩蘭的名字給這些芬芳的鮮花命名，把它們稱為蘭花。從此，“蘭”成了蘭花的統稱，還引來考據愛好者深加考究。宋朝趙時庚就是此道中人，他的大作《金漳蘭譜》就是我國第一部蘭花專著。

花中君子

古人栽種的蘭花大多屬於蘭科（*Orchidaceae*）蘭屬（*Cymbidium* Sw.）。這些品種的蘭花一般顏色淡雅、花香馥郁，又因為喜歡乾燥蔭蔽的環境，往往生長在幽谷崖壁上。在古人眼中，外表樸素、流芳於世、幽居深谷的蘭花象徵著君子高潔幽芳的情操，將之與梅、竹、菊並稱為“四君子”。

古代常用“蘭”比喻美好的事物，把優美的文章稱為“蘭章”，把真摯的友情稱為“蘭交”，把益友稱為“蘭客”，把典雅的居室稱為“蘭室”。揚州八怪之首鄭板橋愛蘭成癡，一生只畫蘭、竹、石，自稱“四時不謝之蘭，百節長青之竹，萬古不敗之石，千秋不變之人”；又作詩《高山幽蘭》，稱讚蘭花“千古幽貞是此花，不求聞達只煙霞”。

古人養蘭，不光是為了欣賞蘭花的姿態，更是為了蘭花的襲人芬芳。室內放上一盆蘭花，不需焚香也能滿室幽香。宋朝陶穀在《清異錄》讚道：“蘭雖吐一花，室中亦馥郁襲人，彌旬不歇，故江南人以蘭為香祖。”直到現在，蘭花仍是極受歡迎的觀賞植物，一些名貴的蘭花品種在市場上甚至能被炒到數十萬元一盆的天價。

養殖蘭花，多是靠組織繁殖（比如分株、假鱗莖繁殖）的方法繁殖後代，因為種子繁殖實在太過困難。此法須待蘭花種子成熟，隨風飄散到各地，且種子必須儘可能小而輕，才能被風力帶到更遠的地方。所以，蘭花種子捨棄了胚乳（一般而言，這是植物種子佔比重最高的部分），變得細如粉塵，以便御風而行。然而，蘭花種子在萌發過程中無法從胚乳得到所需的營養，只能從共生的真菌中攝取營養。作為報答，待種子萌發成苗後，又讓真菌寄生在根莖之上。但真菌畢竟可遇不可求，多數種子最終未能發芽。可見，即使一朵蘭花能產生成千上萬顆種子，產出的後代還是寥寥。

雖然已在中國大規模種植，但蘭科植物全科所有種類均被列入《瀕危野生動植物種國際貿易公約》（CITES）的保護範圍，被稱作植物保護中的“旗艦”類群。特別是某些野生蘭花，數量稀少，價值不菲，常常面臨被盜採的危險，需要予以更多保護。

文學家胡適曾作歌：“我從山中來，帶著蘭花草。種在小園中，希望花開早。一日看三回，看得花時過。蘭花卻依然，苞也無一個。”挖來的野生蘭花往往難以栽培，不能像在山間那樣噴吐芬芳，如果真是愛蘭之人，最好還是去園藝店購買人工培育的蘭花。

面目各異

蘭屬的蘭花外形清雅，一些品種還身價不菲，確實符合國人心中的“君子”形象，故又被稱為國蘭。近代以來，各種洋蘭逐漸進入了中國花卉市場。洋蘭是蘭科植物中除了蘭屬以外的蘭花品種的統稱，雖然名為洋蘭，但並非全部原產國外，不少洋蘭品種在中國也有分佈，只是它們雖然花色艷麗，卻不如國蘭高雅，難得騷人墨客的青睞，反倒是更符合海外人士的審美。

近年來，隨著國人審美的改變，鮮艷喜慶的洋蘭也開始在國內流行。洋蘭花朵多為大紅、大紫、明黃等絢麗色彩，取的也是卡特蘭、蝴蝶蘭、舞女蘭等新奇有趣的名字，而且價格便宜、容易照料，很快就受到了百姓的歡迎。

除了觀賞，一些品種的洋蘭還能讓人一飽口福。中藥裏的天麻（*Gastrodia elata* Blume）屬於蘭科植物天麻的根莖，自古便是治療眩暈頭痛的名貴補品，食藥兩宜；而另一種名貴中藥石斛（*Dendrobium nobile* Lindl.）也屬於蘭科，具有抗衰老、增強耐力和免疫力的功能，由石斛中的鐵皮石斛加工成的乾品被稱為鐵皮楓斗，是上等的滋補佳品。石斛的花叫石斛蘭，與卡特蘭、蝴蝶蘭、舞女蘭並稱為四大觀賞洋花。

淡雅清新的國蘭（攝影：尹燁）

色彩艷麗的洋蘭（攝影：尹燁）

在製作西點時，加入香草莢或者香草籽能去除點心的蛋、奶腥味，並為點心增添濃郁香氣。香草味的冰激凌和可樂也相當受歡迎。為點心和零食增加獨特風味的香草莢，其實與普通香草無關，它是一種叫香莢蘭（*Vanilla fragrans*）的蘭科植物的果實，香草味可口可樂的包裝上就印著一朵香莢蘭。

顧名思義，蝴蝶蘭（*Phalaenopsis aphrodite* Rchb. f.）花形如翩飛的蝴蝶，舞女蘭（*Oncidium hybridum*）形如長裙起舞的女子，兜蘭（*Paphiopedilum*）的唇瓣呈兜狀，一些品種的兜蘭唇瓣甚至是一隻精巧的小拖鞋形狀，因此兜蘭的屬名在拉丁文中的含義是"女神的拖鞋"。杓蘭（*Cypripedium calceolus* L.）的唇瓣也呈兜狀，但比兜蘭的唇瓣更圓更大，就像古代舀水的木勺一樣，所以被稱為杓蘭。

還有些不常見的洋蘭品種，花形更加奇特別致，讓人感歎自然造物的神奇。天使蘭（*Habenaria grandifloriformis*）花形酷似戴著白色兜帽的展翅天使；安古蘭（*Anguloa uniflora*）宛如睡在襁褓中的小小嬰兒；飛鴨蘭（*Caleana major*）活像撲打著翅膀的小野鴨；鷺蘭（*Habenaria radiata*）則像展翅欲飛的白鷺，花瓣外沿狀如白鷺翅翎的流蘇，在飛蛾的複眼看來無比神秘美麗，引得飛蛾前赴後繼為它授粉。

網上還曾流行過一些模樣奇特、令人匪夷所思的"網紅"蘭花

蝴蝶蘭（攝影：尹燁）

卡特蘭（攝影：黃媛）

兜蘭（攝影：黃媛）

杓蘭（攝影：黃媛）

照片，比如長得像猴子臉龐的猴面蘭。猴面蘭的學名叫猴面小龍蘭（*Dracula simia*），生長在南美洲，和它同屬小龍蘭屬（*Dracula*）的幾種蘭花也是長成猴子臉龐的模樣：兩點花蕊形成猴子的眼睛，一個淺色的小唇瓣形成猴子的吻部。其實蘭花並沒有特意去擬態猴面，那片酷似猴子吻部的唇瓣其實是擬態當地一些蘑菇的傘蓋，唇瓣還能散發出蘑菇的氣味，吸引愛吃蘑菇的蠅類替它們授粉。

與妙趣橫生的猴面蘭相比，意大利紅門蘭（*Orchis italica* Poir.）的造型就有些“不要臉”了。這種蘭花在網上有個更廣為人知的俗稱，叫“裸男蘭”，因為它花朵的形狀像個赤身裸體的男人。意大利紅門蘭在國外的名字也相當不雅，古希臘人管它叫睪丸蘭，因為它在地下的假鱗莖很像男人的睪丸。

奇招迭出

此外，為了吸引昆蟲授粉，有些蘭花也會使出“渾身解數”。

蜜蜂蘭（*Cymbidium floribundum* Lindl.）的花形活脫脫就是雌性熊蜂（*Bombus*）的模樣，甚至唇瓣上都長著模擬雌蜂腹部絨毛的濃密短毛，花朵還能散發出類似雌蜂性信息素的氣味吸引雄蜂。求偶的雄蜂把花朵當成雌蜂一番纏綿（這種行為叫擬交配），被染上一身花粉，待雄蜂被另一朵蜜蜂蘭“色誘”時，便把身上的花粉傳到了後者的花蕊上。

澳大利亞的鐵錘蘭（*Drakaea glyptodon*）也是同樣用“美人計”來授粉的，不過它的欺騙對象是胡蜂（*Vespidae*）。而我國海南的華石斛（*Dendrobium sinense*）選擇了和胡蜂“相殺”而不是“相愛”，它的花朵能釋放出蜜蜂的信息素，引得胡蜂興沖沖地去搶劫蜂蜜，結果是一頭撞在華石斛花朵上，替它傳播了花粉。

為了提高授粉效率，被蜂類授過粉的蘭花還會釋放出一種昆蟲激素，阻止雄蜂再次接近，這樣它們就會轉而光顧那些未授粉的蘭花，避免重複授粉。

如果說蜜蜂蘭坑的是雄性熊蜂，那褐花杓蘭（*Cypripedium smithii*）坑的就是雌性熊蜂。這種蘭花的唇瓣是一個小罎子的形狀，雌性熊蜂會把褐花杓蘭的唇瓣誤認成洞穴鑽進去準備產卵，當它進去發現情況不對抽身離開時，花粉已經附在它的背部，當它再次落入陷阱時，便完成了授粉任務。

除了“美人計”，“美食計”也是蘭花喜歡用的伎倆。杏黃兜蘭（*Paphiopedilum armeniacum*）顏色酷似油菜花，而硬葉兜蘭（*Paphiopedilum micranthum*）顏色像杜鵑花，雖然它們沒有花蜜，但蜜蜂在採集油菜花和杜鵑花時，也會把它們當作蜜源花朵前往授粉。少花蝦脊蘭（*Calanthe delavayi* Finet）金黃的花冠像極了產蜜的金虎尾科（*Malpighiaceae*）植物，還長著紅色的假蜜腺，讓昆蟲一看便垂涎三尺，但它們去採蜜注定無功而返，還白白給蘭花當了授粉勞工。

印度尼西亞的棘唇石豆蘭（*Bulbophyllum echinolabium*）則是靠散發腐肉惡臭來吸引蠅類授粉，它那腥紅的唇瓣看上去也像血淋淋的腐肉。美國的一種沼蘭（*Platanthera obtusata*）甚至能釋放類似人類體味的氣息，吸引嗜食人血的白紋伊蚊授粉。白紋伊蚊叮人特別兇狠，如果能把沼蘭氣味成分研究清楚，用於誘捕蚊子，倒不失為一種防蚊的好辦法。

蘭花小貼士	
中文名	蘭花
拉丁學名	*Cymbidium*
英文名稱	orchid
別稱	蘭草、蘭華、國香、空谷仙子、香祖
物種分類	被子植物門、單子葉植物綱、微子目、蘭科、蘭屬
基因組學研究進展	2015 年 1 月，國家蘭科植物種質資源保護中心與清華大學深圳研究生院、台灣成功大學、中國科學院植物所、華大基因、華南農業大學林學院以及比利時根特大學等多個研究機構共同對小蘭嶼蝴蝶蘭進行了全基因組測序，這是世界首個對蘭花進行的全基因組測序。研究發現，小蘭嶼蝴蝶蘭基因組大小約為 1.2 Gb，具有 29,431 個蛋白編碼基因，平均內含子長度達到 2,922 bp，顯著超過了迄今為止所有植物基因組的平均內含子長度，主要原因是內含子中的大量轉座元件。這項研究以封面文章的形式發表於《自然．遺傳》（*Nature Genetics*）雜誌。 2017 年 9 月，國家蘭科植物種質資源保護中心 / 深圳市蘭科植物保護研究中心、比利時根特大學、日本埼玉大學、台灣成功大學、中科院植物研究所、華南農業大學、福建農林大學、清華大學等機構組成的研究小組對深圳擬蘭（*Apostasia shenzhenica*）進行基因測序與研究，發現其基因組大小為 349 Mb，共有 21,841 個蛋白編碼基因，研究者將其基因組與其他蘭科和非蘭科植物的基因組進行分析，揭示了蘭花的起源及其花部器官發育、生長習性以及多樣性形成的分子機制和演化路徑，相關研究發表在《自然》雜誌上。

參考文獻

1. 陳心啟，吉占和 . 中國蘭花全書 [M] . 北京 : 中國林業出版社，1998.
2. 史軍，趙文婭 . 騙子蘭花的偽裝術 [J] . 大自然，2015，3: 12-17.
3. 魯捷 . 蘭花偽裝人體氣味吸引蚊子 [N] . 中國科學報，2016-01-06.

飄洋過海來“辣”你

也許在外國人眼裏，中國是吃辣大國，也是最懂得將辣椒美味發揮到極致的國度之一。宮保雞丁、魚香肉絲、麻婆豆腐都是國外中餐廳膾炙人口的辣味菜餚，美國麥當勞賣的四川辣醬能讓當地顧客排長隊搶購，“老乾媽”辣醬在國外更是賣到斷貨。

其實，傳統川菜的“椒”說的是花椒。今日在中國大放異彩的辣椒，傳入中國不過 400 多年時間，而且直到清朝才首次走上中國人的餐桌。一種外來作物，能在短短 400 多年間融入中國飲食，讓近半國人無辣不歡，甚至成為出口海外的中國特色美食，實在是食物史上少見的奇蹟。

辣椒起源

辣椒原產於中美洲的墨西哥。在 6,000 多年前，當地印第安人便開始人工種植辣椒，而在更早之前，他們便已把野生辣椒用於烹飪，用辣味掩蓋野獸肉中的腥膻之氣。墨西哥也是巧克力的起源地，現代巧克力都用牛奶、蔗糖調味，但在甜食稀少的古代，印第安人添加在巧克力中的調味料是辣椒。

1492 年，哥倫布為了尋求香料和黃金，首次登上美洲大陸。當時胡椒在歐洲屬於珍稀香料，貴比黃金，只有達官貴人才能一

婺源民居晾曬的辣椒簾（攝影：徐菁）

嚐滋味。哥倫布希望能在美洲找到歐洲人夢寐以求的胡椒，發一筆橫財。當他看到印第安人用於調味的辣椒時，認為這是一種風味獨特的胡椒，把它稱為“辣胡椒”（hot pepper），並在次年把它帶回歐洲。可惜，跟同時傳入歐洲的番茄、土豆等美洲作物一樣，那個年代辣椒在歐洲多數地方都不怎麼受歡迎，只有地中海沿岸的意大利、匈牙利等國家將它用於調味。

當時，西班牙種植的多數辣椒都並非用來食用，而是用於製作鎮痛藥膏，對治療關節炎、肌肉疼痛、扭傷等有奇效。現代科學也證明，辣椒素能激活人體的 TRPV1 蛋白通道，而該通道與疼痛相關，長時間持續刺激該通道可以使該通道關閉，從而抑制疼痛的感覺。不少外用藥物都含有辣椒素，FDA（美國食品藥品監督管理局）已經批准將含有辣椒素的膏藥用於治療帶狀皰疹後遺神經痛。

精明的葡萄牙人發現，印度人喜歡在菜餚裏添加胡椒、薑等辛辣調味料，便知在歐洲反響平平的辣椒將在印度大受歡迎。葡萄牙在印度南部建立第一個殖民地時就帶去了辣椒，隨後，葡萄牙貿易艦隊又把辣椒帶到亞洲其他地區。

辣味進川

辣椒在 16 世紀末傳入中國浙江、廣東等沿海地區。中國目前已知最早關於辣椒的書面資料出現於 1591 年，明朝的《遵生八箋》提到“番椒叢生，白花，果儼似禿筆頭，味辣色紅，甚可觀”。這裏的“番椒”就是辣椒，因為國人喜歡以“番”字稱呼外來物種，比如番茄、番薯、番石榴等。還有很多地方把辣椒稱為“海椒”，指的乃是辣椒來自海外的背景。

《遵生八箋》對辣椒的形容是“甚可觀”，明朝《牡丹亭》裏則把“辣椒花”列為花卉之一，可見辣椒剛引入中國時被當成了觀賞植物。這也難怪，最先引入辣椒的是浙江、廣東等沿海地區，而這些地方飲食偏清淡，當然不喜歡辣椒的味道，又加上辣椒是舶來品，敢嚐其味者少之又少。

傳入中國後，辣椒從沿海地區逐漸向內陸擴散。最先食用辣椒的地區是貴州。古代交通運輸不便，因而地處內陸的貴州食鹽稀缺，只能用辣椒代替鹽進行調味，即使當地人一開始不慣食用辣椒，在長期缺鹽的環境下也只能試著去品嚐、習慣辣椒的味道。清朝康熙年間的《黔書》就提到“椒之性辛，辛以代鹹”，同一時期的《思州府志》也提到“海椒俗名辣火，土苗用以代鹽”。

這也解釋了為什麼率先引進辣椒的浙江、廣東不願品嚐辣椒，因為這些沿海地區根本不缺食鹽。

到了明清時期，湖南因為戰亂、疫病而人口大幅減少，而江西地區則人多地少，於是朝廷下令讓沒有田產的江西底層人口遷入湖南，開荒種田。清朝時江西地區已經開始吃辣，而移民到湖南的江西百姓生活清苦、飲食粗陋，便把辣椒視為下飯首選。辣椒價格低廉、滋味十足，富含維生素又便於曬乾儲藏，半個小指頭大小的乾辣椒就足夠讓人吃下兩大碗飯，而且辣椒還有殺菌功能，加了辣椒的菜餚能保存更長時間，其他佐餐菜餚都不如它經濟實惠。

在隨後的“湖廣填四川”中，大量人口從湖南遷入四川，吃辣椒的風氣也傳入了四川。四川氣候多雨潮濕，當地人本就喜歡在菜餚中添加大蒜、生薑和胡椒等香辛類調料來開胃、祛寒濕，辣椒的加入更是讓川菜的辛辣達到巔峰。可以說，這種大規模人口遷徙促進了辣椒的傳播。

辣椒做的水煮魚

辣椒在各地與當地飲食融合，產生了各具特色的風味美食。四川人喜歡把辣椒和本土產的花椒結合，做出麻辣兔頭、水煮魚等各種麻辣菜餚；貴州人喜歡把辣椒做成酸辣食物，比如酸辣粉；湖南人一般以原味辣椒入饌，湘菜中著名的剁椒魚頭就是個中代表。

隨著近年中國交通的發展和人口流動，湖南、四川、雲南、貴州等食辣地區的風味菜餚傳到全國各地。辣椒菜餚不但味道獨特，而且顏色鮮紅喜慶，特別勾人食欲，很快就征服了各地人民的心和胃，幾乎每個大城市的街頭都能看到川菜館和湘菜館。即使在口味清淡的地區，人們偶爾也想來一頓刺激味蕾的川菜解解饞。

辣度評級

辣椒富含維生素 C、維生素 B_6、硒、鉀、磷、鐵、鎂等營養物質，維生素 C 含量在蔬菜中更是名列前茅。當然，絕大多數嗜辣者吃辣椒不是為了補充維生素 C，而是為了這獨特的辣味。

然而，辣味並非味蕾所能感受的味道。“五味雜陳” 中的 “五味” 指的是酸、甜、苦、鹹、鮮，這五種滋味都可以通過味蕾感受。嚴格來說，“辣” 不是味覺，而是一種類似灼痛的感覺。

辣椒的辣味主要來自辣椒素。辣椒素與口腔內的 TRPV1 蛋白通道結合，產生一種類似高溫灼燒的感覺，這種灼燒感會使大腦產生 “身體受傷” 的錯覺，從而分泌能夠安撫情緒、振奮心情的內啡肽，讓人心情愉悅。嗜辣的人吃辣椒時 “越吃越爽” 就是這個原因。但辣椒素也具有刺激性，如果辣椒太辣，其中辣椒素含量太高，就會引起口腔、食道等部位充血疼痛，導致咽喉腫痛、食道炎、腸胃疾病等，所以人們對辣椒“愛恨交加”。

辣椒素本是辣椒為了防止被哺乳動物吃掉而產生的化學物質。辣椒需要依靠鳥類傳播種子，鳥類吃下辣椒果實後，果實中的辣椒種子便隨鳥糞排泄傳播到各處。為了吸引鳥類食用，辣椒演化出色彩鮮亮的果實，讓鳥類更容易發現、取食。但是，哺乳動物食用辣椒時會連種子一起嚼碎，所以被哺乳動物吃下的辣椒種子都是“有進無出”，無法繁衍後代。於是，辣椒便演化出辣椒素這一殺器，讓吃下辣椒的哺乳動物口腔產生灼燒感，對辣椒敬而遠之。但人類不僅敢吃辣椒，還非常享受辣椒素帶來的愉悅感覺，吃上了癮，這也許是辣椒始料未及的。

辣椒種類繁多，辣度也各不相同。色彩繽紛的甜椒幾乎嚐不出辣味，可以直接當水果啃，朝天椒卻能讓人面紅耳赤、涕淚交加。在選購辣椒時，每個人都要根據自家口味慎選辣椒品種。

為了評價各種辣椒的辣度，美國藥劑師威爾伯·史高維爾（Wilbur Scoville）在 1912 年制定了史高維爾辣度指數（Scoville Heat Units, SHU），該辣度指數是將辣椒提取物用水稀釋到可嚐出辣味的最低濃度時的稀釋倍數。比如說，雲南的“涮涮辣”辣椒，辣度為 444,133 SHU，也就是說把它的提取物用水稀釋 40 多萬倍，還能嚐出辣味。“涮涮辣”也因此得名：吃火鍋時把它放鍋裏涮一下就撈出，整鍋湯底都巨辣無比，涮過的辣椒拿去晾乾，還能反覆使用。

但“涮涮辣”還不是世界上最辣的辣椒。在 2017 年之前，世界上公認最辣的辣椒是美國的卡羅來納死神辣椒（Carolina Reapers），這種辣椒最高辣度可達 2,200,000 SHU，比警用辣椒噴霧的辣度（2,000,000 SHU）還高。而在 2017 年，英國培育出“龍息”辣椒（The Dragon's Breath），這種辣椒的辣度為 2,480,000 SHU，是目前已知的最辣辣椒。顧名思義，“龍息”的意思是說這種辣椒辣得像火龍噴出的火焰一樣，凡人都不敢輕易招惹。

辣醬原料

現在一說起辣醬，多數人的第一反應都是“老乾媽”。無論國內還是國外，“老乾媽”都是知名度最高、最暢銷的辣醬，不管多麼乏味粗糲的飯菜，挖一勺點綴著碎紅辣椒的“老乾媽”一拌，滋味都會變得香辣無窮，令人唇齒留香。

優良的品質當然需要優良的原料。“老乾媽”多年用的原料都是貴州遵義農業科學研究院選育的辣椒品種“遵辣 1 號”。從 20 世紀 50 年代起，遵義產的朝天椒就作為當地著名特產出口海外，深受國外消費者歡迎，而遵義農學家選育的朝天椒“遵辣 1 號”更是其中的佼佼者，它個小肉厚、色澤棗紅、油潤透光、辣中帶香。即使被做成辣醬，“遵辣 1 號”獨特的香辣醇厚口感也是其他種類的辣椒無法取代的，有經驗的老饕嚐一口辣醬便知道它是否是“遵辣 1 號”製成的。

“遵辣 1 號”不但是美食，也是絕佳的科研材料。“遵辣 1 號”是遵義農學家對遵義朝天椒連續 12 代自交後培養出來的品種，基因高度純合，雜合率只有萬分之一，因此被選為中國、墨西哥兩

“老乾媽”辣醬蒸鳳爪

國合作的辣椒基因組測序的測序品種。

以“遵辣 1 號”為測序材料的辣椒基因組測序結果表明，辣椒基因組含有 51 個參與辣椒素生物合成的基因家族，這些基因家族也存在於西紅柿、土豆等蔬菜中，但這些蔬菜都不含辣椒素，也沒有辣椒的獨特辣味。這是因為辣椒 *AT* 基因家族中 *AT3-D1* 和 *AT3-D2* 基因發生了突變，這些基因的突變促進了辣椒素的最終合成，使得辣椒素成了辣椒的獨家產物。此外，不同品種的辣椒，這兩個基因合成的辣椒素多少也有所不同，這也導致了不同品種辣椒的辣度差異。

對辣椒基因的研究，有利於培養更美味、更能抵抗病蟲害的優質辣椒品種。這種漂洋過海來到中國的植物，也將繼續在中國紅紅火火，讓人大飽口福。

辣椒小貼士	
中文名	辣椒
拉丁學名	*Capsicum annuum* L.
英文名稱	chili
別稱	番椒、海椒、海辣子、地胡椒、狗椒、斑椒、黔椒、秦椒、茄椒、辣子、辣火、辣角
物種分類	木賊門、木賊亞門、木蘭綱、薔薇亞綱、菊超目、茄目、茄科、辣椒屬、辣椒種
基因組學研究進展	2014 年 3 月 3 日，遵義市農業科學研究院、四川農業大學、華南農業大學、華大基因、墨西哥生物多樣性基因組學國家重點實驗室等研究機構對中國的“遵辣 1 號”辣椒和墨西哥 Chiltepin 野生辣椒進行基因測序，發現辣椒基因組大小約為 3.3 Gb，含有大量重複序列，含有 51 個參與辣椒素生物合成的基因家族，研究結果發表在《美國國家科學院院刊》（*PNAS*）上。

參考文獻

1. 丁潔．蔬菜圖說（辣椒的故事）［M］．上海：上海科學技術出版社，2018.
2. Qin C., Yu C., Shen Y., et al. Whole-genome sequencing of cultivated and wild peppers provides insights into Capsicum domestication and specialization[J]. *Proc Natl Acad Sci USA*. 2014 Apr 8, 111(14): 5135-40.

“水果自由”還遠嗎？

近年來，國內一些水果的價格居高不下，已非普通家庭所能問津。能隨心所欲地購買高價水果，實現“櫻桃自由”“草莓自由”“榴蓮自由”，被當代城市年輕人看作財富實力的體現。

而在國外，牛油果、櫻桃、藍莓等網紅水果也是價格不菲。追求時尚的年輕人，都愛在網上曬出用這些水果做成沙拉的照片，展示自己精緻健康的生活，同時也不動聲色地炫耀自己的財富實力。有趣的是，在全世界最大的牛油果生產國墨西哥，牛油果甚至被當成貨幣使用。

那麼，這些水果價格為何居高不下？如何才能實現水果自由？

天價水果，古來有之

追求美味水果並非現代人的專利，珍奇果品對古人來說也是無價之寶，即使貴為國君，也抵擋不住小小水果的誘惑。《郁離子》中就記載了“梁王嗜果”的故事，梁王派使者去吳國尋求好吃的水果，得到了橘子和柑子後還不滿足，還繼續索要香櫞，卻不知外表好看的香櫞其實酸澀無比。

漢武帝出兵攻打南越時，不忘從南越帶回 12 棵芭蕉，百餘棵龍眼、荔枝、檳榔、橄欖、柑橘，種在長安的扶荔宮中；唐玄宗為了妃子一笑，快馬加鞭從嶺南（一說巴蜀）運來新鮮荔枝。

外國君王同樣為水果瘋狂。15 世紀末，哥倫布把產於巴西的菠蘿帶回歐洲，這種熱帶水果難以在氣候寒冷的歐洲種植，只能從南美進口，價格極為昂貴。英國國王查理二世收到園藝師獻上的一隻菠蘿，欣喜之餘命令畫師把他收到菠蘿的場景畫成畫作流傳後世，就跟現代人收到昂貴禮物後要拍照發朋友圈一樣。

在當時的歐洲，最高規格的宴會必定要有一隻菠蘿，但即使貴族也難以負擔菠蘿的高昂價格，所以菠蘿租賃行業應運而生，宴會主人可以租一隻菠蘿擺在餐桌上做裝飾，辦完宴會後再還回去。由於菠蘿是人人艷羨的奢侈品，當時很多裝飾品都做成菠蘿的模樣，直到如今，英國皇室還在使用帶有菠蘿花紋的刀叉，國宴時桌上也要放幾隻菠蘿作為裝飾。

示意圖：現在再普通不過的菠蘿，在幾百年前的歐洲曾是天價水果（繪圖：傅坤元）

近代以來，隨著交通發達，在古代千金難求的水果如今平民百姓也得以一嚐。不僅如此，現代人還不滿足於已有的水果品種，還想探求更多的珍稀異果，“水果獵人”這一職業也應運而生。“水果獵人”走訪世界各國的原始森林和鄉村集市，品嚐那些鮮為人知的當地特產野果，發掘自然界更多的水果資源。

水果資源，困境求生

除了探尋野生水果資源，對現有水果進行育種、改良，也是開發水果資源的好策略。我國地大物博，水果品種豐富，從北方的櫻桃到南方的荔枝，應有盡有。但遺憾的是，中國長久以來一直忽視對原產水果的育種問題，導致本土水果資源開發不足，野生水果資源流失，而國外引進的中國原產水果經過精心育種後，身價反而超過了國內的水果品種。

原產於中國的獼猴桃（*Actinidia chinensis*）就是這樣的例子。在 20 世紀初，這種野果因其酸甜滋味得到了來華外國人的青睞，英國、美國、新西蘭都引進了獼猴桃，但英美兩國不知道獼猴桃像銀杏一樣有雌雄之分，引進的都是不結果的雄株，只有新西蘭運氣比較好，拿到的一袋種子既有雄株又有雌株，才成功地培育了獼猴桃。20 世紀 30 年代，新西蘭人因為獼猴桃毛茸茸的外表酷似當地的幾維鳥（kiwi），把其中一種人工選育的獼猴桃品種命名為 kiwi fruit，這種獼猴桃在銷往中國時名字被翻譯為奇異果，價錢遠高於國產獼猴桃。

儘管新西蘭的獼猴桃育種已經處於世界領先水平，但新西蘭的農學家仍不滿足，近年來新西蘭等國的農學家一直在我國各地的原始森林裏尋找各種野生獼猴桃品種，希望將它們用於培育優良獼猴桃品種。

反觀國內，雖然獼猴桃種植也在規模化和產業化，中國目前也是獼猴桃產量第一大國，但因為自然環境被破壞，各地的野生獼猴桃資源也在逐漸消失，這無疑是獼猴桃育種的極大損失。同時優質野生獼猴桃資源流往國外，被國外壟斷，對國內的獼猴桃產業更為不利。

中國的柑橘產業也曾面臨相似的困境。柑橘在中國有 4,000 多年的栽培歷史，品種極為豐富，世界第一部關於柑橘種植的專著是宋朝的《橘錄》，其中記載了浙江溫州 27 種柑橘的栽培方法和各自的特點。

獼猴桃

原產東北的軟棗獼猴桃，當地人稱“圓棗子”

日本原生柑橘資源貧乏，還曾在唐朝時期從中國引進溫州蜜柑。但在 1,000 多年後的今天，日本因為大力發展柑橘產業，已經培育出了愛媛 28 號、不知火、春見、甜春、天草、伊予柑等優質柑橘品種，這些柑橘個大味甜，遠勝多數中國原產柑橘。

好在中國已有數千年的柑橘栽培、育種經驗，面對日本的挑戰，中國也在積極培育新的優良柑橘品種。中國橘農把產自日本的南香、天草兩個柑橘品種進行雜交，培育出新的柑橘品種紅美人，這種柑橘“青出於藍而勝於藍”，顏色鮮亮、甜度極高、鮮嫩多汁，遠超日本原種。

在草莓等水果的種植、育種上，中國也達到了世界領先水平。近年市場上極受歡迎的丹東草莓，其實就是遼寧丹東從日本引進的紅顏草莓，因為丹東的氣候和土壤非常適合草莓栽培，當地種植的紅顏草莓比日本產的更大更甜，成為知名品牌。而另一暢銷品種牛奶草莓，其略帶奶香的滋味讓人讚歎不已，甚至有人傳說這種草莓在種植時用了牛奶澆灌才會帶有奶香，其實牛奶草莓是遼寧引進的日本草莓櫪乙女的變異種，其正式品種名稱是森研 99 號。

柑橘

丹東草莓（攝影：尹燁）

水果病害，禍及世界

除了育種，病害防治也是水果種植業的重要問題。一旦果園中有植株得病，病害便可能蔓延到全園，造成歉收、絕收。

目前傳播範圍最廣、感染物種最多的水果病害，當屬水果炭疽病。人類的炭疽病是炭疽桿菌（*Bacillus anthraci*）引起的，患者皮膚壞死發黑，嚴重者有生命危險；而水果炭疽病同樣會引起果樹葉片和嫩枝發黑枯萎，果實掉落，嚴重者可造成整棵植株死亡，不過引起水果炭疽病的不是炭疽桿菌，而是刺盤孢屬（*Colletotrichum*）的真菌。

病菌可通過人、畜、雨水、風和昆蟲等途徑傳播，從植株或果實的氣孔或傷口侵入，在高濕度環境下特別容易繁殖，病害全年都可發生，而且宿主範圍極廣，柑橘、梨、桃子、芒果、香蕉、草莓、葡萄、西瓜等水果都會被感染。

水果不但會得“炭疽”，還會得“艾滋”。前者還能用殺菌劑殺滅病害，而後者即使殺菌劑也對它束手無策。被稱為“香蕉艾滋”的黃葉病熱帶第 4 型，能引起香蕉蕉葉枯萎發黃，樹心壞死，導致植物死亡。該病是由名為尖孢鐮刀菌古巴專化型（*Fusarium oxysporum f. sp. cubense*）的真菌引起的，這種真菌能通過水和泥土進行傳播，在泥土中能存活 30 年以上，而且對殺滅真菌的殺菌劑有抵抗力。由於這種真菌主要禍害香蕉，傳染速度極快又難以防治，就跟艾滋病一樣，故稱“香蕉艾滋”。

香蕉是野蕉（*Musa balbisiana*）和小果野蕉（*Musa acuminata*）自交或者雜交形成的三倍體，不能產生種子，這對食用者來說是福音，但對這個物種來說是不利的：沒有種子的香蕉只能用營養繁殖的方式繁殖後代，這使得它們品系單一，缺乏遺傳多樣性，很難抵抗快速演化的病菌。防止物種“單極化”，已經成為作物育種必須要考慮的問題。

積極培育更多香蕉品種（尤其是對“香蕉艾滋”有抗性的品

種），增加物種的遺傳多樣性，是抵禦“香蕉艾滋”的根本辦法。此外，還可以用微生物防治的方法，在肥料裏加入致病真菌的拮抗菌，也可防控病害。

現代農業已讓老百姓也能一嚐古代的天價水果。目前，對多數人來說實現“櫻桃自由”“草莓自由”雖仍有難度，但隨著育種技術和栽培技術的發展，在技術可及、成本可及之後，實現“水果自由”也不會遙遠。

菠蘿小貼士	
中文名	菠蘿
拉丁學名	*Ananas comosus*
英文名稱	pineapple
別稱	黃梨、鳳梨
物種分類	被子植物門、單子葉植物綱、粉狀胚乳目、鳳梨亞目、鳳梨科、鳳梨屬、鳳梨種
基因組學研究進展	2015 年 11 月 2 日，福建農林大學的研究團隊首次破譯了菠蘿基因組。該研究發現菠蘿基因組大小為 526 Mb，鑒定出菠蘿基因組中所有參與景天酸代謝途徑的基因，闡明了景天酸光合作用基因是通過改變調控序列演化而來，並且受晝夜節律基因的調控。該研究還證明了轉座子是造成菠蘿基因組不穩定的主要因素，菠蘿和禾本科植物有共同的祖先，其基因組可作為所有單子葉植物的參考基因組。該研究成果為改善菠蘿性狀提供了有價值的遺傳資源，對促進菠蘿品種改良和產業發展具有重要意義。研究成果以封面文章的形式發表在《自然‧遺傳學》雜誌上。

獼猴桃小貼士	
中文名	獼猴桃
拉丁學名	*Actinidia chinensis*
英文名稱	kiwi fruit
別稱	奇異果、狐狸桃、藤梨、猴仔梨、楊湯梨
物種分類	被子植物門、雙子葉植物綱、五椏果亞綱、杜鵑花目、獼猴桃科、獼猴桃屬、獼猴桃種
基因組學研究進展	2013 年 10 月 18 日，中美科學家對中華獼猴桃品種“紅陽”的基因組進行分析，發現獼猴桃基因組大小為 616.1 Mb，含有 39,040 個基因，在進化過程中發生過 3 次基因組倍增，揭示了獼猴桃富含維生素 C、類胡蘿蔔素、花青素等營養成分的基因組學機制，為獼猴桃品質改良和遺傳育種奠定了重要基礎。研究成果發表在《自然・通訊》雜誌上。

柑橘小貼士	
中文名	柑橘
拉丁學名	*Citrus reticulata* Blanco.
英文名稱	mandarin
別稱	寬皮橘、蜜橘、黃橘、紅橘、大紅蜜橘
物種分類	被子植物門、雙子葉植物綱、芸香目、芸香科、柑橘屬
基因組學研究進展	2018 年 2 月 8 日，美國科學家分析了已發表的柑橘屬基因組和 30 種新測序的基因組，通過基因組學分析、系統發育分析以及生物地理學分析，揭示了柑橘屬植物的起源、進化以及馴化歷史。研究成果發表在《自然》雜誌上。

草莓小貼士	
中文名	草莓
拉丁學名	*Fragaria x ananassa* Duch.
英文名稱	strawberry
別稱	鳳梨草莓、栽培草莓
物種分類	被子植物門、雙子葉植物綱、原始花被亞綱、薔薇目、薔薇亞目、薔薇科、薔薇亞科、草莓屬、草莓種
基因組學研究進展	2019 年 2 月 25 日，美國密歇根州立大學和加州大學戴維斯分校的研究人員組裝出近乎完整的栽培草莓基因組，發現栽培草莓共有 56 條染色體，基因組大小為 805.5 Mb，擁有 10 萬多個基因，並揭示了這種異源八倍體草莓的起源和演化歷史，發現它的基因來自野草莓（*F. vesca*）、日本草莓（*F. nipponica*）、綠色草莓（*F. viridis*）以及飯沼草莓（*F. iinumae*）這 4 個野生二倍體祖先，該研究對改善草莓品種及提高其抗病性大有助力。成果發表在《自然．遺傳學》雜誌上。

香蕉小貼士	
中文名	香蕉
拉丁學名	*Musa nana* Lour.
英文名稱	banana
別稱	金蕉、弓蕉
物種分類	被子植物門、單子葉植物綱、薑亞綱、薑目、芭蕉科、芭蕉亞科、芭蕉屬、香蕉種

香蕉小貼士	
基因組學研究進展	2012 年 7 月 11 日，法國領導的一個國際研究小組對香蕉的祖先之一小果野蕉（*Musa acuminata*）進行了基因測序，發現香蕉基因組大小為 523 Mb，重複序列在香蕉基因組中佔了較大比例，其中轉座子序列佔了將近一半的基因組。此外，還發現香蕉基因組中含有香蕉條斑病毒序列，而且這一病毒序列在香蕉基因組中的 20 多個位點都存在，此研究可為培育新的香蕉品種提供研究基礎。研究成果發表在《自然》雜誌上。

參考文獻

1. 楊曉洋 . 東南亞水果獵人［M］. 北京 : 中國農業出版社，2018.
2. 史軍，李晉 . 獼猴桃——新興水果的漫漫馴化路［J］. 中國國家地理，2015，7: 106-117.
3. 謝晴 . “香蕉艾滋”真相［J］. 中國農村科技，2014，5: 19-21.

自古以來，水稻和麥子就是我國兩大最重要的主糧，《周禮》中就有“其穀宜稻麥”之句，“五穀”（稻、黍、稷、麥、菽）中也有它們。但五穀並非全是中國原產，麥子就是“外來客”。

無論大麥、小麥還是其他麥類，都經歷了本土化歷程。特別是小麥，近來有學者認為，秦國統一六國的關鍵就是熟悉小麥，得糧倉者得天下。

小麥：雜交出來的基因組巨無霸

在麥子家族中，最受歡迎、種植最多的是小麥，它和玉米、水稻並稱世界三大主糧。明朝慎懋官在《花木考》中提到：“小麥種來自西國寒溫之地。”小麥原產於西亞地區的新月沃地（Fertile Crescent），那是地中海和波斯灣之間的一大片肥沃土地，因為這片土地的形狀呈新月形狀，所以被稱為“新月沃地”。

在距今 1.45 萬年前，由於新月沃地降水量增加，野生穀物生長繁盛，當時的人類開始採集野生穀物食用，並用石頭製作成鐮刀和杵臼用於收割和加工。到了約 1.28 萬年前，由於新月沃地氣候變化，野生動植物資源減少，當地人類出現了食物危機，於是開始嘗試種植野生穀物，生產更多糧食，這便是最早的農業起源。

新月沃地最早被人工種植的野生小麥是一粒小麥（*Triticum monococcum*）和烏拉爾圖小麥（*Triticum urartu*），它們每個小穗只結一顆麥粒。在距今 5,300 年前的著名木乃伊冰人奧茨（Ötzi the Iceman）的胃中，就發現了由一粒小麥製成的未發酵麵包。後來，烏拉爾圖小麥和擬山羊草（*Aegilops speltoides*）進行了雜交，其雜交後代在低溫環境下有絲分裂受抑制，產生了四倍體的二粒小麥（*Triticum turgidum*），這種小麥每個小穗結兩顆麥粒。假設烏拉爾圖小麥的基因型為 AA，擬山羊草的基因型為 BB，那二粒小麥的基因型就是 AABB。

到了大約 8,000 年前，裡海沿岸栽培的二粒小麥與粗山羊草（*Aegilops tauschii*）發生了類似的雜交，產生了六倍體的普通小麥（*Triticum aestivum*）。這種小麥不但更能耐受低溫惡劣的環境，產量也更高，每個小穗能結 3~5 顆麥粒，這便是我們現代最常種植、食用的小麥品種。假設粗山羊草的基因型是 DD，那普通小麥的基因型便是 AABBDD。既然是六倍體，那普通小麥的基因組當然不會小，它的基因組大小為 16 Gb，比人類基因組的 5 倍還大。

普通小麥在西亞誕生後，在大約 5,000 年前沿史前“青銅之路”傳入中國。商朝甲骨文中把小麥寫成“來”，這個字上半部分像成熟的麥穗，下半部分像麥根。《詩經》中也有“我行其野，芃芃其麥”的詩句。

因為小麥種子澱粉含量高，口感較好，日常食用的麵粉一般是由小麥磨成。不同品種小麥的蛋白質含量不同，根據麵粉中蛋白質含量的高低，可以把麵粉分為高筋麵粉、中筋麵粉和低筋麵粉，蛋白質含量越高，麵食口感越硬。一般來說，高緯度地區的小麥蛋白質含量比較高，歐洲地區用來製作意大利通心粉和硬麵包的小麥品種，蛋白質含量都超過了 10%。但如果把這類小麥引種到低緯度地區，產量往往比不上本地小麥，因為非原產地的物種容易“水土不服”，很難獲得更強的育種優勢。

野生二粒小麥

普通小麥（攝影：尹燁）

6,000 年前的古埃及人便已學會用小麥粉製作發酵麵包，而中國在春秋戰國時期便發明了餃子，後來又發明了包子、麵條、燒餅等各種麵食。有了饅頭、燒餅等可以長期攜帶的乾糧，長途出行、征戰變得更為方便。正如杵臼的發明是為了加工稻米，人類發明磨盤是為了加工小麥，人類的食性決定了工具的發明。

時至今日，這些傳統麵食在北方不少地區仍是無可替代的節慶食品。在大雪紛飛的除夕夜，許多人家的年夜飯都是全家合力包出來的餃子，而過生日時，往往也少不了一碗熱騰騰的長壽麵。即使是在較少食用麵食的南方地區，也有生煎包子、叉燒包等麵點。由於人類對小麥的喜愛，小麥圖案被廣泛用於裝飾，中國的國徽上也有麥、稻穗的圖案。

大麥：令人陶醉的飲料

跟小麥一樣，大麥也起源於西亞。大麥種類繁多，根據麥穗橫截面上的麥粒數目，可把大麥分為二棱大麥、四棱大麥、六棱大麥等；而根據麥粒是否與穎殼粘連，又可以把大麥分為皮大麥和裸大麥。裸大麥是皮大麥 7 號染色體上的 *nud* 基因突變產生的，內外穎殼分離，麥粒裸露。

在 1 萬多年前的新月沃地，大麥是大受歡迎的主食，但自從更高產、口感更好的普通小麥誕生後，大麥便“失寵”了。雖然大麥比小麥更耐寒，能在寒冷地區生長，為當地人提供食糧，但總體來說，人們還是更偏愛高產而美味的小麥。

幸好，大麥有個得天獨厚的優勢：發芽時產生的澱粉酶是穀

大麥

物中最多的。這些澱粉酶能把麥粒中的澱粉迅速分解成單糖和雙糖；隨後，這些糖類在酵母的作用下發酵為酒精。可見，大麥是絕佳的釀酒材料，早在公元前 6,000 年，蘇美爾人便開始用大麥芽製作啤酒。在歐美國家，無論價格不菲的威士忌還是大眾飲用的啤酒，都由大麥釀成。大麥的種植量在穀物中排世界第四，僅次於玉米、水稻和小麥，主要用於滿足釀酒業的需要。

中國雖然不常用大麥釀酒，但大麥的麥芽也是極受歡迎的。大麥芽便是中藥裏的麥芽，有行氣消食、健脾開胃的作用。中國傳統的飴糖，又稱麥芽糖，也是由大麥芽製成的，因為大麥在發芽時產生的大量澱粉酶能把澱粉分解為單糖和雙糖。舊時街邊的糖人攤，把麥芽糖熬成糖稀，便可用於製作形態各異、栩栩如生的糖人，小朋友們對此向來愛不釋手。

愛好養生、減肥的人群，一定聽說過大麥若葉青汁。這是大麥嫩葉榨取的汁液，顏色翠綠可愛，而且含有豐富的膳食纖維、葉綠素、維生素、類黃酮等物質。平時飲食油膩、很少吃水果蔬菜的人，可以適量喝些青汁，補充膳食纖維和維生素。

青稞：青藏高原的“精氣之源”

提到西藏，“驢友”和文藝青年們也許會想起壯麗的布達拉宮，藍天下成群的藏羚羊和氂牛，還有西藏傳統美食 —— 酥油茶、糌粑和青稞酒。後兩種美食的原料都是青稞（*Hordeum vulgare* L. var. *nudum* Hook. f.），作為西藏最重要的糧食作物，青稞被譽為“精氣之源”。倉央嘉措曾作詩“去年種的青苗，今年已成秸束。少年忽然衰老，身比南弓還彎”。詩中的青苗便是青稞的嫩苗。

青稞在中國主要分佈於青藏高原地區，在藏語中被稱為 Ne。青稞其實是大麥的一種，在分類上屬於六棱裸大麥，也是現存的唯一一種裸大麥。從外形看，青稞的穗上長了 6 行麥粒，而且內外穎殼分離，麥粒裸露。

距今 3,500~4,500 年前，大麥通過巴基斯坦北部、印度和尼泊爾進入西藏南部。在大麥進入青藏高原後的 2,000 年時間裏，種類多樣性不斷減少，最終只有青稞這一品種脫穎而出，成為當地的主要作物。

從自然選擇的角度看，在從低海拔往高海拔遷徙的過程中，藏族先民把穀物帶到了寒冷的高海拔地區，只有一些適應高原寒冷環境的大麥品種（比如青稞）才能存活下來。基因測序結果也證明，青稞有 360 多個對青藏高原產生高適應性的基因。如果要在高原地區種植不耐寒的其他作物，只能是“高田種小麥，終久不成穗”的結果。

從人工選擇方面來看，青稞屬於六棱大麥，這說明它一個麥穗上的麥粒數目比四棱大麥、二棱大麥都多，也更高產；同時它屬於裸大麥，收割後容易去掉外皮，方便食用。此外，青稞的 β- 葡聚糖含量是所有麥類中最高的。β- 葡聚糖是穀物胚乳和糊粉層細胞壁的一種非澱粉多糖，可以像纖維素一樣促進腸胃蠕動，這正是青藏高原缺乏蔬菜膳食纖維的藏民所需要的。所以藏民先祖更傾向於種植青稞，其他種類的大麥漸漸被他們所拋棄，這是人類在高原環境中的明智選擇和適應機制。

青稞可分為白青稞、紫青稞、黑青稞、藍青稞等品種，普

青稞（攝影：尹燁）

蘭、尼木等地產的白青稞更是古代時獻給西藏統治者的貢品。紫青稞、黑青稞雖然產量、賣相不如白青稞，但富含花青素，有益健康。隨著漢藏兩族的交流，青稞也被傳到中原地區。《齊民要術》裏就提到了“青稞麥”，說它“磨，總盡無麩”，因為青稞屬於裸大麥，磨的時候是沒有麥麩的。

中原漢人喜歡把青稞煮成麥飯，或者磨成麵粉製作麵食。藏民則喜歡把青稞炒熟磨成粉，這便是他們居家、遠行的必備主食——糌粑。他們用酥油茶把糌粑沖成糊糊當早餐，午餐則是糌粑加入酥油茶揉成的麵團，晚餐比較豐盛，把糌粑和蔬菜、牛羊肉等煮成粥。青稞釀成的酒不但是藏民歡聚宴飲的美味飲料，也是祭神慶典中必不可少的祭品。在藏曆除夕，家家戶戶把青稞酒和糌粑等食物擺在家中，在大門前用糌粑畫上吉祥八圖進行新年祈福。節日慶典的時候，人人都抓一把糌粑拋撒空中以示吉祥。

研究發現，青稞的膽固醇含量為 0，脂肪含量僅為 1.5%，而 β- 葡聚糖含量高達 3%~10%，是小麥平均含量的 50 倍，是典型的“三高兩低”（高蛋白、高纖維、高維生素、低脂肪、低糖）食品。

青稞中的 β- 葡聚糖不能被人體消化吸收。因此，攝入適量 β- 葡聚糖既可以讓人產生飽腹感，又不會攝入熱量，是理想的減肥食品。而 β- 葡聚糖進入小腸後不但可以促進腸道蠕動，讓廢物排出腸道，還可以吸附並排出膽汁和其中的膽固醇，從而降低血液中的膽固醇，保護心血管。在主食中適量添加一些青稞，既有助於減肥，又能預防“三高”。

除了充當中老年人的養生食材，青稞還是年輕人追捧的“網紅”食品。愛喝奶茶的年輕人一定對青稞奶茶不陌生，青稞曲奇、青稞鬆餅、青稞牛軋糖也深受歡迎。根據 2018 年的央視新聞報道，青稞產業的產值目前在 40 億元左右，隨著加工產業的發展，將來的產值將達到幾百億元。

將青稞作主糧是藏族先民在高原環境下做出的智慧選擇，青稞也已滲透在藏族文化的各個方面，成為藏區人民重要的精神圖騰之一。未來，隨著對青稞的深入研究，青稞的應用和開發也將更加多樣化，這種健康美食有望被更多人所熟知、品嚐。

小麥小貼士	
中文名	小麥
拉丁學名	*Triticum aestivum* L.
英文名稱	wheat
別稱	麩麥、浮麥、浮小麥、空空麥、麥子軟粒、麥
物種分類	被子植物門、被子植物亞門、單子葉植物綱、鴨跖草亞綱、禾本目、禾本科、早熟禾亞科、小麥屬、小麥種
基因組學研究進展	普通小麥是異源六倍體，由三套子基因組共同組成，其基因組大小為 16 Gb。2013 年 3 月 25 日，深圳華大基因研究院分別與中國科學院遺傳與發育生物學研究所、中國農業科學院作物研究所等單位合作完成了烏拉爾圖小麥及粗山羊草的基因組測序及分析工作，研究成果發表於《自然》雜誌。2018 年 8 月 17 日，國際小麥基因組測序聯盟完成了世界上首個六倍體小麥基因組圖譜，成果發表於《科學》雜誌。

大麥小貼士	
中文名	大麥
拉丁學名	*Hordeum vulgare* L.
英文名稱	barley

大麥小貼士	
別稱	牟麥、飯麥、赤膊麥
物種分類	被子植物門、被子植物亞門、單子葉植物綱、鴨蹠草亞綱、禾本目、禾本科、早熟禾亞科、小麥族、大麥屬
基因組學研究進展	大麥基因組全長 5.1 Gb，約為水稻基因組的 11 倍。2017 年 4 月 26 日，國際大麥測序聯盟（IBSC）組裝出迄今最為完整的大麥基因組物理圖譜，為大麥的種質資源利用和遺傳改良提供了良好的基礎，研究結果作為封面文章發表於《自然》雜誌。

青稞小貼士	
中文名	青稞
拉丁學名	*Hordeum vulgare* L. var. *nudum* Hook. f.
英文名稱	highland barley
別稱	裸大麥、元麥、米大麥
物種分類	被子植物門、被子植物亞門、單子葉植物綱、鴨蹠草亞綱、禾本目、禾本科、早熟禾亞科、小麥族、大麥屬、青稞種
基因組學研究進展	2018 年 12 月，西藏自治區農牧科學院和華大基因在《自然・通訊》雜誌上發表了關於青稞的起源與演化的最新成果。研究人員從西藏和鄰近區域如青海、雲南選擇了能代表現在西藏大麥遺傳多樣性的 69 個青稞地方品種、35 個青稞育成品種以及 10 個西藏半野生大麥進行全基因組重測序（平台測序深度為 9.6×），結合已經發表的 260 份全球野生和地方品種的外顯子測序數據，共 437 個大麥材料一起分析。研究發現，青稞起源於東方栽培大麥，在距今 4,500 年前到 3,500 年前，通過巴基斯坦北部、印度和尼泊爾進入西藏南部。

參考文獻

1. Appels R., Eversole K., Feuillet C., et al. Shifting the limits in wheat research and breeding using a fully annotated reference genome[J]. *Science*. 2018 Aug 17, 361(6403).
2. Ofer Bar-Yosef，高雅雲，陳雪香 . 黎凡特的納吐夫文化 —— 農業起源的開端［J］. 南方文物，2014，1: 181-194.
3. 劉楠，李海峰，竇艷華，韓德俊 . 普通小麥及其近緣物種花序、小穗和小花的形態結構分析［J］. 麥類作物學報，2015，35（3）: 293-299.
4. 劉慧，王朝輝，李富翠，李可懿，楊寧，楊月娥 . 不同麥區小麥籽粒蛋白質與氨基酸含量及評價［J］. 作物學報 . 2016，5: 768-777.
5. Munns R., James RA, Läuchli A. Approaches to increasing the salt tolerance of wheat and other cereals[J]. *J Exp Bot*. 2006, 57(5): 1025-43.
6. Mascher M., Gundlach H., Himmelbach A., et al. A chromosome conformation capture ordered sequence of the barley genome[J]. *Nature*. 2017 Apr 26, 544(7651): 427-433.
7. Zeng X., Guo Y., Xu Q., et al. Origin and evolution of qingke barley in Tibet[J]. *Nat Commun*. 2018 Dec 21, 9(1): 5433.
8. Zeng X., Long H., Wang Z., et al. The draft genome of Tibetan hulless barley reveals adaptive patterns to the high stressful Tibetan Plateau[J]. *Proc Natl Acad Sci USA*. 2015 Jan 27, 112(4): 1095-100.
9. Taketa S., Amano S., Tsujino Y., et al. Barley grain with adhering hulls is controlled by an ERF family transcription factor gene regulating a lipid biosynthesis pathway[J]. *Proc Natl Acad Sci USA*. 2008 Mar 11, 105(10): 4062-7.
10. 趙貫鋒，余成群，鍾志明等 . 西藏食物安全戰略初探［J］. 西藏科技 . 2016，5: 17-21.
11. 張伊迪，周選圍 . 青稞籽粒中 β - 葡聚糖在發芽過程中的變化［J］. 中國農學通報，2014，24: 294-298.

植物馴化了人類？

關於貓，大家有個疑問：到底是人馴化了貓，還是貓馴化了人？其實關於植物也有類似的情況。比如原產在安第斯山的茄科三傑：茄子、土豆、辣椒——也就是東北地三鮮的三種食材，短短數百年就改變了整個歐洲乃至世界的格局。而東亞人更熟悉的水稻，則已有萬年的栽培歷史。

回顧萬年來的農業發展，人類也許會自豪地認為，自己終於把雜草般的野稻培養成了適合大規模種植、遍及全球的糧食作物。但換個角度看，人類在馴化水稻的同時，也在被水稻馴化。

水稻與人類的互作

歷史學家尤瓦爾·赫拉利（Yuval Harari）在其著作《今日簡史》中提出：表面上看是人類馴化了小麥，但是實際上可能是小麥馴化了人類。把“小麥”換成“水稻”，這句話同樣成立。

在人類開始種植莊稼之前，所食都是採集的果實、捕獵的野獸，這些食物能讓人類攝入充足的維生素和蛋白質，比小麥、水稻這些單一的碳水化合物更能滿足人體的營養需要。後來，人類發現野麥、野稻也能食用，而且這些植物很容易在住處附近種植，於是便開啟了刀耕火種的原始農業時代。

人類固然依靠種植的小麥、水稻獲得了相對穩定的口糧來源，而小麥、水稻也享受了人類的精心照料，免於乾旱、蟲害、雜草的威脅，它們的種子也被人類收集、儲藏，來年春天在各處播種，保證了該物種的繁衍、擴散。

人類從農耕中的獲益其實並沒有想象中的多。小麥、水稻種子的主要成分是澱粉，營養單一，不如原始社會時期的飲食營養均衡。自從開始農耕後，人類被莊稼束縛在土地上，不能隨意搬遷，而且人類的身體本不適應"面朝黃土背朝天"的耕作勞動，但為了餬口，也只能咬牙苦幹。

在人類與莊稼的"合作"中，人類不但飲食質量下降，而且勞損了身體。如果說人類從莊稼上得到了什麼真正的利益，估計就是穩定的食物來源導致了人口的增加，但增加的人口也成了開荒、種田的勞力，結果是產生了更多勞力來照料莊稼，把莊稼傳播到各地，最後的贏家還是莊稼。

即使如此，一些莊稼對這樣的合作仍不滿意，它們既想要人類無微不至的照料，又不願人類食用它們的種子，近年來出現在世界各地水稻田裏的"鬼稻"就是如此。"鬼稻"又稱雜草稻，外形和水稻極其相似，雜生在稻田裏冒充水稻，吸收本屬於水稻的水肥；待到豐收時節，水稻穀穗低垂，等人收割，而雜草稻的穀粒成熟後則會像枯葉一樣紛紛脫落，掉進土壤中。

待到來年春天，人們在稻田耕種的時候，土壤中的雜草稻種子又會和水稻種子一起發芽，繼續潛伏在水稻中"混吃混喝"。農人也曾設想，如果把長過雜草稻的農田荒置一年或者種上別的作物，也許能讓雜草稻無處遁形。但實施後才發現，如果將農田

稻田裏的雜草稻

荒置或者種上其他作物，雜草稻種子根本不會萌發，它們能在土壤中休眠長達 10 年，直到這塊田被重新種上水稻，雜草稻才會發芽，繼續在水稻中“濫竽充數”。

這種極其狡猾的雜草稻來自何方？基因測序結果顯示，雜草稻是田間不同種類的水稻品種串粉雜交後產生的“去馴化”品種，它跟野稻一樣，穀粒容易掉落又口感粗硬，難以食用。

雜草稻已嚴重污染世界各地的稻田，我國江蘇的稻田中雜草稻的比例高達 10%~20%，災害嚴重的稻田甚至大面積絕收。但遺憾的是，各國科學家目前還沒有對付雜草稻的有效方案，在這場“人稻之戰”中，人類恐怕會長期處於下風。但換個角度看，水稻憑啥長出來專門給人類吃？這些雜草稻的存在恰恰確保了水稻物種的基因多樣性。

水稻與人類的關係還不止於此，已經成為人類腹中之物的稻穀，竟然也能悄無聲息地把遺傳物質滲透到人體中去。這在傳統觀點看來是匪夷所思的，因為食物中的核酸進入消化系統後一般是被降解消化，無法進入動物體內“興風作浪”的，但在 2012 年，南京大學的張辰宇教授發現，食物中的植物小分子 RNA（MicroRNA, miRNA）可以進入動物體內，甚至調控動物的基因表達。

研究發現，大小為 20bp~24bp 的外源 miRNA 可以在胃中的酸性條件下至少存在 6 小時，這能保證它們在動物胃裏不被消化並進入血清和組織。人類、小鼠等哺乳動物體內都發現了植物的 miRNA，而這些 miRNA 主要來自水稻和十字花科植物（蘿蔔、白菜、油菜等）。小鼠實驗證明，新鮮稻穀中的 miRNA 能抑制小鼠肝臟 *LDLRAP1* 基因的表達，使血液中低密度脂蛋白（LDL）水平升高，小鼠也因此容易罹患血栓、冠心病等心血管疾病。但並不是所有的植物 miRNA 都會影響人體健康，一些植物 miRNA 對人體有保健作用，比如廣泛存在於植物中的一種叫 miR159 的 miRNA 可以抑制乳腺癌。

以植物為食的昆蟲也深受 miRNA 的影響。多數蜜蜂幼蟲的食物都是花蜜和花粉，其中的 miRNA 會抑制幼蟲的發育，使這些幼蟲發育為沒有生育能力的工蜂。而食用不含 miRNA 蜂王漿的幼蟲則能正常發育，成為有生育能力的蜂王。

同樣，以桑葉為食的家蠶，血淋巴和絲腺中也測出了 5 種來自桑葉的 miRNA。雖然目前科學家還未確認桑葉 miRNA 對家蠶的生理活動起了何種影響，但古人早就發現，家蠶最愛吃桑葉，所以古人喜歡用桑葉養蠶，桑樹也因此被廣泛種植。不知道這是否也是桑樹繁衍後代的一種策略？

植物與土壤菌群

植物不光與動物存在互相作用，與微生物間也同樣存在著相互作用。水生蕨類滿江紅（*Azolla filiculoides*）與微生物藍藻（*Cyanobacteria*）共生，藍藻具有固氮能力，可以把空氣中的氮氣轉化為含氮化合物供滿江紅吸收。藍藻終生都與滿江紅共生，而且滿江紅繁殖後代時它也會轉移到子代植物上。兩者的共生關係已有億年。

滿江紅

豆科植物和根瘤菌（*Rhizobium*）也是這樣的共生關係，根瘤菌之於豆科植物的作用恰似腸道菌群對人類的作用。當豆科植物剛開始萌芽的時候，土壤中的根瘤菌就被它們根毛分泌的化學物質吸引過來，侵入根部皮層，刺激皮層細胞分裂形成根瘤。

根瘤菌生活在根瘤中，從根部的皮層細胞中吸取水分和養分，同時把空氣中的氮氣轉變為含氮化合物供植物吸收。根瘤菌平時產生的含氮化合物會滲透到周圍土壤中，而且豆科植物在被剷除時，其根部富含氮元素的根瘤會留在土壤裏，所以種過豆科植物的農田一般會富含氮肥。

為了更好地共生，微生物和植物的基因組都發生了適應共生生活的演化。比如說，它們能表達一些信號通路蛋白，促進微生物和植物之間的信號交流。

微生物不僅有利於植物生長，還有利於釀酒。瀘州老窖、茅台、古井貢酒等中國傳統名酒，都是以產地命名，原產地才是最適合釀這些酒的地方，如果換了釀酒地點，哪怕配方相同，釀出來的酒也風味大減。

這些風水寶地釀酒風味獨特的秘訣，在於當地獨特的"水（水質）、土（土壤）、氣（氣溫）、氣（氣候）、生（微生物）"。其中微生物的作用至關重要，因為釀酒過程實質上就是微生物的代謝過程。

釀酒的微生物存在於酒麴、窖泥和酒醅中。酒麴是長有微生物的糧食，其中的微生物包括酵母菌、細菌和麴黴（*Aspergillus*），用於使釀酒原料發酵。窖泥是酒在進行無氧發酵時用來封閉酒窖、隔絕空氣的泥巴，大部分酒廠的窖泥都是多年循環使用的，釀酒業素有“千年老窖萬年糟，酒好全憑窖池老”的說法，窖泥中的微生物主要為甲烷菌（methanotropic bacteria）和己酸菌（caproate acid bacteria），能產生丁酸、己酸、己酸乙酯等化學物質，為酒添加獨特風味。發酵後的釀酒原料叫酒醅，可用於蒸餾酒水，其中的微生物主要來自酒麯和窖泥，種類比較複雜。因為酒麯、窖泥中微生物種類的不同，釀出來的酒也風味各異，有醬香型、清香型、濃香型等。

瀘州國窖（攝影：尹燁）

2019 年 9 月，茅台集團和華大基因在深圳簽署了長期戰略合作協議。雙方將攜手貴州工業微生物研發中心，建立釀酒微生物基因庫，探索發酵過程中微生物的作用機制，解密茅台釀造地區的土地微生物特質，充分挖掘和利用微生物大數據價值，為茅台生產提供科學依據。這一合作有利於以茅台為代表的貴州白酒產業的可持續發展，帶動其他高科技、高附加值的現代發酵產業實現突破。

醇厚的美酒大受人類的歡迎，而人類在積極釀酒的同時也為這些微生物創造了合適的生存環境，也許這也是人類和微生物的一種互作吧。

雜草稻小貼士	
中文名	雜草稻
拉丁學名	*Oryza sativa f. spontanea*
英文名稱	weedy rice
別稱	鬼稻
物種分類	被子植物門、被子植物亞門、單子葉植物綱、鴨蹠草亞綱、禾本目、禾本科
基因組學研究進展	2017 年 5 月 24 日，浙江大學和中國水稻研究所的科研人員，通過基因組重測序及其群體遺傳學分析，我國雜草稻均起源於栽培稻，可能是不同種類的水稻品種串粉後形成的“去馴化”品種，而且各地雜草稻的起源方式為獨立去馴化起源，江蘇、廣州雜草稻起源於秈稻，而遼寧、寧夏雜草稻起源於粳稻。研究成果發表在《自然·通訊》雜誌上。

桑小貼士	
中文名	桑
拉丁學名	*Morus alba* L.
英文名稱	mulberry
別稱	桑樹
物種分類	被子植物門、被子植物亞門、雙子葉植物綱、金縷梅亞綱、蕁麻目、桑屬

桑小貼士	
基因組學研究進展	2013 年 9 月 19 日，來自西南大學、深圳華大基因研究院等 10 家研究機構的研究人員，成功繪製出了桑樹中川桑（*Morus notabilis*）品種的基因組序列草圖，發現桑樹基因組大小約為 330 Mb，而且桑樹是除幾種薔薇目植物之外，在 1 億多年的時間裏沒有保留全基因組倍增的真雙子葉植物之一，但它的基因演化速度比那些薔薇科植物快 3 倍。研究人員在蠶的血淋巴腺和絲腺中發現了 5 個桑樹 miRNAs，在分子水平上表明了植物與食草動物關係的相互影響。此外，他們還鑒別及分析了一些與歧化選擇、抗性和乳汁管中表達蛋白酶抑制劑相關的桑樹基因，這對於加速改良桑樹品種具有重要的意義。研究成果發表在《自然．通訊》雜誌上。

根瘤菌小貼士	
中文名	根瘤菌
拉丁學名	*Rhizobium*
英文名稱	nodule bacteria
別稱	根瘤
物種分類	根瘤菌目、根瘤菌科、根瘤菌屬
基因組學研究進展	2002 年，日本加津佐 DNA 研究所對大豆根瘤菌進行了基因測序，發現大豆根瘤菌基因組大小為 0.91 Mb，有 8,317 個蛋白編碼基因，其中 2,000 個基因為大豆根瘤菌獨有，有 180 個固氮相關的基因。研究結果發表在《DNA 研究》（*DNA Research*）雜誌上。 2012 年 5 月 14 日，中國農業大學、華大基因等機構的研究人員通過對 26 株中華根瘤菌屬和慢生根瘤菌屬的大豆根瘤菌進行基因組測序及比較基因組學研究，發現大豆慢生根瘤菌的核心基因組隨機地分佈於脂代謝和次級代謝途徑中；而中華根瘤菌屬的大豆根瘤菌核心基因組中，則有許多適應鹼性條件和滲透壓的基因。這一研究發現與大豆根瘤菌的生物地理學分佈規律相一致。與其他根瘤菌相比，在與大豆共生的根瘤菌中，沒發現只參與和大豆的共生的特殊基因。而已知的 561 個根瘤菌共生基因的複雜模式，也反映出這些大

根瘤菌小貼士	
基因組學研究進展	豆根瘤菌與其他根瘤菌系統的親緣關係。從根瘤菌的整個泛基因組以及 887 個已知功能基因來看，只有功能基因的種類多樣性是與根瘤菌系統樹一致，並且基因重組在根瘤菌的核心基因組的進化佔據主導。總之，該研究指出，雖然根瘤菌在共生相互作用，以及其他環境因素影響下發生的變化，通過直接或間接形態過程，發生了廣泛的親緣特異性基因改變，但是與包括橫向基因轉移的基因重組相比較，垂直基因變化還是很少見的。研究成果發表在《美國國家科學院院刊》雜誌上。

參考文獻

1. （以）尤瓦爾·赫拉利．今日簡史［M］．北京：中信出版集團，2018.
2. 余建斌，周煒．“鬼稻”，別來搗鬼［N］．人民日報，2017-06-02.
3. Qiu J., Zhou Y., Mao L., et al. Genomic variation associated with local adaptation of weedy rice during de-domestication[J]. *Nat Commun*. 2017 May 24, 8: 15323.
4. Shahid S., Kim G., Johnson NR, et al. MicroRNAs from the parasitic plant Cuscuta campestris target host messenger RNAs[J]. *Nature*. 2018 Jan 3, 553(7686): 82-85.
5. Zhang L., Hou D., Chen X., et al. Exogenous plant MIR168a specifically targets mammalian LDLRAP1: evidence of cross-kingdom regulation by microRNA[J]. *Cell Res*. 2012 Jan, 22(1): 107-26.
6. Chin AR, Fong MY, Somlo G, et al. Cross-kingdom inhibition of breast cancer growth by plant miR159[J]. *Cell Res*. 2016 Feb, 26(2): 217-28.
7. Jin Y., Liu H., Luo D., et al. DELLA proteins are common components of symbiotic rhizobial and mycorrhizal signalling pathways[J]. *Nat Commun*. 2016 Aug 12, 7: 12433.
8. Kaneko T., Nakamura Y., Sato S., et al. Complete genomic sequence of nitrogen-fixing symbiotic bacterium Bradyrhizobium japonicum USDA110 (supplement)[J]. *DNA Res*. 2002 Dec 31, 9(6): 225-56.

9. Tian CF, Zhou YJ, Zhang YM, et al. Comparative genomics of rhizobia nodulating soybean suggests extensive recruitment of lineage-specific genes in adaptations[J]. *Proc Natl Acad Sci USA*. 2012 May 29, 109(22): 8629-34.

10. 趙爽，楊春霞，竇屾，徐曼，廖永紅．白酒生產中釀酒微生物研究進展［J］．中國釀造．2012，4（31）: 5–10.

植物也有情緒？

“人非草木，孰能無情。” 這句中國古話似乎早成公論 —— 草木怎麼會有情感呢？但是，美國人克里夫·巴克斯特（Cleve Backster）卻決定做這一觀點的第一個辯駁者。

1966 年的某天，這位中央情報局工作人員突發奇想，把測謊儀連接在了觀賞植物上。他試著灼燒植物葉子，發現植物在測謊儀上顯示的曲線波動極大，跟人類在恐慌狀態下產生的曲線極為相似 —— 這意味著，植物可能處於恐慌狀態。更神奇的是，如果在植物面前殺死其他生物，植物也會頗具“同理心”，產生強烈的反應。

巴克斯特的發現曾經轟動一時。直到如今，網上還能找到描述“植物也有情緒”的文章。可惜，這個說法已被證實是無稽之談，缺乏嚴謹的科學依據。1974 年，美國康奈爾大學的霍絡威茲（Horowitz）等三名生物學家以一種更為嚴謹、精準的方式重複了巴克斯特的實驗，發現植物的測謊儀曲線變化與周圍狀況並沒有什麼必然的聯繫。巴克斯特在植物上所記錄的測謊儀曲線，也許只是靜電作用、機械振動、濕度變化等因素使然。

植物並不像人一樣擁有高級的情感，但對於外界的變化它們確實會有所反應。許多研究表明，植物能夠感應外界環境變化，還能據此做出反應，為的是讓自己更好地生存。畢竟，植物不像動物一樣能跑能動，畢生只能扎根於同一地方，能否適應環境對它們來說至關重要。

那麼，植物的一系列感應方式 —— 或者用通俗的話語概括，植物的“眼耳鼻舌身意”—— 都有哪些獨特之處呢？且讓我們一起看看。

眼

光是植物的能量來源。還記得在初中生物學課本上接觸過的植物向光性實驗嗎？植物就像長了眼睛一樣，不管光照來自哪個方向，都能往那個方向生長，確保自己最大程度地接受陽光的沐浴。

此外，植物開花的時間也和光照周期有關。它們能感受光照時長，並據此調整自己的生長速率，這叫植物的光周期現象。許多植物的花期都在春夏兩季，所以它們都是在長日照時才開花，又稱長日照植物。不過，也有一些植物，比如菊花，要到秋天才開花，這些在短日照時開花的植物，稱為短日照植物。

科學家發現，植物體內存在多種光受體，並且各有不同的功能。植物感知光照方向，靠的是莖尖上的向光色素，而這種色素只能感受陽光中的藍光。由於向光色素只存在於植物莖尖，所以如果我們把莖尖遮住，植物也就失去了向光生長的能力。

植物葉片上的隱花色素也屬於藍光受體，能根據光照來調節植物的晝夜節律，讓一些花朵或葉子白天開放，夜晚閉合。更有意思的是，動物體內也存在隱花色素，因為這種色素源於動物和植物的共同祖先——單細胞原始生物。

植物感受光周期變化則是倚仗葉子中的光敏色素。光敏色素能感受陽光中的紅光和遠紅光，紅光在白天時可見，而遠紅光波長比紅光略長，在日暮時可見，標誌著夜晚的來臨。如果延長植物被紅光照射的時間，就可以促使長日照植物開花。不過，遠紅光會消除紅光的作用。如果長日照植物被紅光照射後再受遠紅光照射，那麼提前開花依然是一席空談。

耳

在"聽"這個方面對植物施加影響，會不會有意想不到的效果呢？20 世紀六七十年代，美國音樂家多羅茜·雷塔拉克（Dorothy Retallack）鼓搗了一系列實驗，聲稱自己證明了這樣一條規律：給植物播放古典音樂時，植物生長繁茂；如果播放吵鬧的搖滾樂，植物生長起來就緩慢了。

"音樂影響植物生長"，這個設想並非雷塔拉克首創。達爾文曾經嘗試對著植物演奏大管，發現音樂對植物並無影響。與此類似，後人重複了雷塔拉克的實驗，也發現難以得到相似的實驗結果。畢竟，雷塔拉克的實驗設計太過粗陋，缺乏科學性。

不過，這是不是能說明植物是對聲音毫無感知的"聾子"呢？倒也未必。在我國的南方，有一種名為跳舞草〔*Codariocalyx motorius* (Houtt.) H.Ohashi〕的豆科植物，在天氣晴朗或者樂聲響起時，葉柄處的兩片小葉會無風自動，似在翩翩起舞。目前，人們還沒有完全弄明白跳舞草"聞聲起舞"的原理，也許是因為這種植物對聲波振動比較敏感，所以才對外界聲響有比較明顯的反應。

聞聲而動不算什麼，善加運用才是高手。生活在熱帶的夜蜜囊花（*Marcgravia evenia*）、黧豆（*Mucuna holtonii*）、老樂柱（*Espostoa frutescens*）、炮彈果（*Crescentia cujete*）等植物，能反射或者吸收蝙蝠發出的超聲波，幫助蝙蝠發現它們的位置，引蝙蝠前來吸食花蜜，順便幫花朵授粉。雖然不知這些植物是否能感受聲波，但它們確實是利用聲波來為自己謀利的。

此外，植物體內還存在和動物聽力相關的同源蛋白。哺乳動物體內的肌球蛋白能促進內耳毛細胞的形成，而在植物體內，肌球蛋白則能促進植物根部根毛的生長。不過，總體而言，植物究竟有沒有聽力，科學界目前還沒有明確定論。

鼻

愛吃香蕉的人都知道，把一個熟透的香蕉或者蘋果和一串青香蕉放在一個密封袋裏，青香蕉也會很快成熟。同理，古人要催熟青梨、青香蕉等水果，就會把它們貯存在密封的房間或者大缸裏，在裏面點上一束線香，用這股香火氣達成目的。

到了 20 世紀二三十年代，歐美科學家發現：成熟的水果和燃燒的線香能釋放出乙烯氣體，而這正是一種植物激素。未成熟的水果能感知到空氣中的乙烯，在乙烯的影響下，成熟的速度也就加快了。

靠著氣味，植物還能擴大自己的"勢力範圍"。寄生植物菟絲子（*Cuscuta chinensis* Lam.）能感知寄主植物的氣味，攀爬到寄主植物上進行寄生。菟絲子“嗅覺靈敏”，善於識別寄主，就算距離相同的地方長著氣味成分相似的番茄和小麥，它也能準確分辨出番茄的氣味，向著更偏愛的番茄那邊生長。

未成熟的青香蕉

植物之間還能通過氣味傳播預警信息，提醒同類有病蟲害入侵，要做好防禦準備。葉子被昆蟲啃食時，植物會釋放出茉莉酸甲酯；待周圍植物感知到空氣中的茉莉酸甲酯後，便會在體內合成酚類和單寧類物質，使自己變得口感極差，讓昆蟲無從下口。如果侵略者換成細菌，植物則會釋放出水楊酸甲酯，提醒周圍植物增強自身的免疫功能。

植物不但可以針對不同險境發出不同信號，還會利用化學武器“借刀殺人”。被甲蟲咬過的棉豆（*Phaseolus lunatus* L.）葉子會釋放出一種化學物質，接收到化學信號後，同株棉豆的花朵會分泌花蜜，引甲蟲的天敵前來，一舉掃除害蟲。

舌

動物遇到疑似食物的東西時，都喜歡嚐上一嚐，味覺會告訴它們這東西能不能吃，好不好吃。同樣，植物的根也有“味覺”，會主動識別、尋找水源和肥料，這叫作植物根的向水性和向肥性。

根系向肥性的本質其實是向化性。換言之，植物會主動往所需的化學物質方向生長。如果在一塊瓊脂中間包埋一小塊肥料，在瓊脂上放幾顆發芽的種子，幾天後種子的根都會伸向肥料的方位，以吸收更多的養分——見了美食趨之如鶩，這點倒和動物很相似了。在農業上，為了讓植物扎根更深，一般要對作物採取深層施肥，好讓植物的根衝著土壤深處的肥料前進，達到“根深蒂固”的目的。

植物還能分辨養分的濃度。植物根系在接近深埋的肥料時，生長會減緩，而且根尖膨大，阻止根系向該方向繼續延伸，根系才不至於被高濃度肥料“燒”壞。

身

捕蠅草（*Dionaea muscipula*）是為數不多的肉食植物之一，它不但能像動物一樣捕食昆蟲，還能對昆蟲的碰觸做出反應。捕蠅草上長著多個由兩片葉片組成、形狀像兩片蚌殼的捕蟲夾，可以自由開合，捕捉落在上面的昆蟲。葉片邊緣長著一圈刺毛，葉片閉合時，刺毛像柵欄一樣圍在外緣，讓昆蟲插翅難逃。

葉片內壁還長著幾對感覺毛，可以非常聰明地判定進入物是否有捕捉價值。當感覺毛第一次被觸動的時候，葉片並沒有合攏，畢竟可能是雨水或者灰塵雜物，捕來何用？不過，如果在隨後的 15~20 秒內出現了第二次觸動，感覺毛就會發出電信號，促使捕蠅草向葉片輸送水分，將葉片迅速閉合（最快閉合時間可達 0.1 秒），昆蟲就此被降伏。如果昆蟲在裏面繼續掙扎，葉片上的消化腺體便在第五次觸動後釋放消化液。捕到的昆蟲越大，掙扎越強烈，葉片分泌的消化液越多，為的就是儘早結束這場搏鬥。

捕蠅草

含羞草（*Mimosa pudica* L.）也對外界觸碰有反應。它的葉子屬於羽狀複葉，葉柄兩側長著許多小葉片，像一片綠色的羽毛。當它的枝葉被碰觸時，小葉片便會下垂、閉合，仿若懷春少女害羞一般，故名“含羞草”。

在含羞草每一片小葉片的基部，都有一個被稱為“葉褥”的細胞團，控制葉片的開合。受到外界觸碰時，含羞草體內會產生電信號刺激，葉褥細胞的鉀離子通道就此開放，鉀離子隨之流出細胞，細胞滲透壓減低，細胞內的水分也就滲透到了細胞外，造成細胞失水萎縮，葉片也因此失去了葉褥細胞的支撐，表現為下垂、閉合。

植物不但有觸覺，還有方向感。即使把種子埋在黑不見光的土壤中，感受不到陽光指引方向，種子萌發時仍是芽葉朝上，根伸往土壤深處。假如把幼苗拔出來，在地上平放一段時間，幼苗的根會向下彎曲，扎進土壤中，而莖葉部分則朝上彎曲生長。植物的根往土壤深處生長，這種趨勢叫向地性；植物莖葉背向地面往上生長，這種趨勢叫負向地性。

植物為什麼會有向地性和負向地性？主要的根源在於地球重力的影響。根冠是植物的重力感受器，指引根系的向地性生長；植物內皮層也能感應重力，指引莖部的負向地性生長。在根冠和內皮層細胞中，含有一種叫平衡石的緻密球狀結構。正因為平衡石密度較大，所以無論植物朝向哪個方位，它總會落在細胞最下端，而植物就是根據平衡石判斷方向。這與人類依靠耳石來維持平衡是不是有些異曲同工之妙呢？

意

家裏的觀賞植物長勢喜人，總會讓人忍不住伸手愛撫一番，但如果"愛撫"過多，植物長勢反而不見得好。因為觸碰導致植物生長遲緩，這種現象就被稱為接觸形態建成（thigmomorphogenesis）。這是植物保護自己、適應環境的一種方式。

接觸形態建成機制是植物 *TCH* 基因（"觸摸"的英文單詞 touch 的縮寫）所構建的。碰觸植物會激活 *TCH* 基因，使它合成更多鈣調蛋白，導致植物生長變得遲緩。如果野外的植物常遭狂風暴雨，植物能從枝葉接觸的風雨判斷出自己處於惡劣環境，於是激活 *TCH* 基因，讓自己長得矮小一些，免得過多的枝葉被“雨打風吹去”。一個典型的例子就是黃山上的“迎客松”，這些樹的樹枝都向一側生長，而終年強勁的山風正是“罪魁禍首”。

黃山上的迎客松（攝影：尹燁）

農業中有個詞叫“打頂”，也就是在植物還是幼苗的時候，就把植物的頂芽摘掉，這樣頂芽兩側的側芽會發育為枝條，使植物枝繁葉茂。但如果事先把幼苗一側的葉子摘掉，過一段時間之後再去除頂芽，被摘除葉子那邊的側芽仍然不會發育，這也屬於植物的“創傷記憶”——如果植物的一側經常受到外界傷害，那一側的枝葉也就心灰意冷，乾脆停止生長了。

同理，捕蠅草也有記憶，其機理是基於電流的。我們換個角度解釋一下剛才提到的捕蟲過程：捕蠅草第一次被觸碰時會引起一個動作電位，導致鈣通道開啟，鈣離子濃度上升，但此時的鈣離子濃度不足以讓捕蟲夾關閉；當第二次受到觸碰時，鈣離子濃度繼續升高到一定程度，驅使水分進入捕蟲夾的葉片，導致捕蟲夾迅速閉合。但如果第一次碰觸後沒有後續的碰觸，鈣離子濃度會逐漸下降，如果間隔較久才觸碰第二次，鈣離子濃度也無法達到使捕蟲夾閉合的標準。這與人類和動物的短時記憶生成有點相似。

有些花卉需要經歷長時間的低溫，才能形成花芽，這一過程叫春化。這也是植物的自我保護機制之一，為的是確認冬天已經過去，然後才放心開花結果。如果在冬天之前開花，果實便會在嚴冬中凍壞。冬小麥就是要經歷低溫才能開花結子，所以古代有句諺語：“冬天麥蓋三層被，來年枕著饅頭睡。”

研究發現，植物的春化和開花位點 C 基因（flowering locus C，簡稱 *FLC* 基因）有關，這是個顯性基因。低溫會抑制植物 *FLC* 基因的表達，阻礙植物開花。等氣溫回升後，*FLC* 基因才會表達，植物才會正常開花。等植物花期過後，*FLC* 基因重新被抑制，阻止植物在秋季開花，直到下一個冬天過後才能春化開花。這說明植物可能有“長期記憶”，可以記住自己開花的季節。

植物不僅會靠電信號傳遞信息，在它們體內還有多個化學信息物質受體，跟動物的神經信號傳遞頗為相似。譬如，人腦中的谷氨酸受體是神經通信和記憶形成的重要組成部分，而植物的谷氨酸受體也參與了細胞之間的信號傳遞。

正所謂萬物有靈。雖然目前仍未知植物是否真的存在意識和“情緒”，但人類應該敬畏自然，尊重每一個生命。也許，隨著科學的發展，在將來的某一天，我們還真有機會跟植物進行交流，不至於再“淚眼問花花不語”了呢！

捕蠅草小貼士	
中文名	捕蠅草
拉丁學名	*Dionaea muscipula*
英文名稱	venus flytrap
別稱	維納斯捕蠅草、食蟲草、捕蟲草、蒼蠅地獄、落地珍珠、捕蠅籠
物種分類	被子植物門、被子植物亞門、雙子葉植物綱、原始花被亞綱、石竹目、茅膏菜科、捕蠅草屬、捕蠅草種
基因組學研究進展	2015 年 2 月 23 日，丹麥哥本哈根大學、丹麥科技大學、丹麥國立高通量 DNA 測序中心等機構對捕蠅草進行了基因測序，發現捕蠅草基因組大小約為 3 Gb，含 17,047 個特異性蛋白。這一成果有助於研究捕蠅草的異養適應。研究成果發表在 *PLOS ONE* 雜誌上。

松樹小貼士	
中文名	松樹
拉丁學名	*Pinus*
英文名稱	pine
別稱	常綠樹
物種分類	種子植物門、裸子植物亞門、松柏綱、松柏目、松科、松屬、松樹種
基因組學研究進展	2014 年 3 月，美國加州大學戴維斯分校等研究機構完成了火炬松（*Pinus taeda*）基因組的測序工作。研究發現，火炬松的基因組大小為 22 Gb，約為人類基因組的 7 倍。82% 的火炬松基因組是由外來 DNA 片段和其他拷貝自身基因組的 DNA 片段組成。此次測序也對一些抗病基因進行了定位，有助於科學家了解更多的松樹抗病性。研究成果發表在《遺傳學》（*Genetics*）和《基因生物學》（*Genome Biology*）雜誌。

參考文獻

1. （美）丹尼爾・查莫維茨．植物知道生命的答案［M］．武漢：長江文藝出版社，2014.
2. Smakowska-Luzan E., Mott GA, Parys K., et al. An extracellular network of Arabidopsis leucine-rich repeat receptor kinases[J]. *Nature*. 2018 Jan 18, 553(7688): 342-346.
3. Gibbs DJ, Tedds HM, Labandera AM, et al. Oxygen-dependent proteolysis regulates the stability of angiosperm polycomb repressive complex 2 subunit VERNALIZATION 2[J]. *Nat Commun*. 2018 Dec 21, 9(1): 5438.
4. Jensen MK, Vogt JK, Bressendorff S, et al. Transcriptome and genome size analysis of the Venus flytrap[J]. *PLOS One*. 2015 Apr 17, 10(4): e0123887.
5. Zimin A., Stevens KA, Crepeau MW, et al. Sequencing and assembly of the 22-gb loblolly pine genome[J]. *Genetics*. 2014 Mar, 196(3): 875-90.
6. Neale DB, Wegrzyn JL, Stevens KA, et al. Decoding the massive genome of loblolly pine using haploid DNA and novel assembly strategies[J]. *Genome Biol*. 2014 Mar 4, 15(3): R59.

1944 年，美國女生物學家芭芭拉·麥克林托克（Barbara McClintock）獨自行走在紐約長島的玉米田中，觀察田間種植的印度彩色玉米。儘管她是首位繪製出玉米基因遺傳圖的科學家，一個問題仍令她百思不解：這些玉米的籽粒和葉片顏色的遺傳沒有固定規律，無法用傳統遺傳學理論進行解釋。

從玉米中得到的抗癌思路

早在 1938 年，麥克林托克便已有了"轉座基因"(Genetic Transposition）的設想，認為某些基因可以在染色體組中自由轉移，但那時她並不清楚轉座基因的調控機理。1944–1950 年，麥克林托克以玉米為研究材料來研究轉座基因，發現玉米籽粒、葉片的顏色通常是由 9 號染色體上控制色素形成的 C 基因所決定。但如果 C 基因附近存在 Ds 基因，C 基因便不能合成色素；如果 Ds 基因從原來位置上斷裂或脫落，離開 C 基因，C 基因便又能合成色素。而 Ds 基因要在 Ac 基因存在時才能離開原來位置，如果附近沒有 Ac 基因，Ds 基因則會留在原處繼續抑制 C 基因。這就是真核生物中的"Ds-Ac 調控系統"。

麥克林托克把自己的研究成果寫成《玉米易突變位點的由來

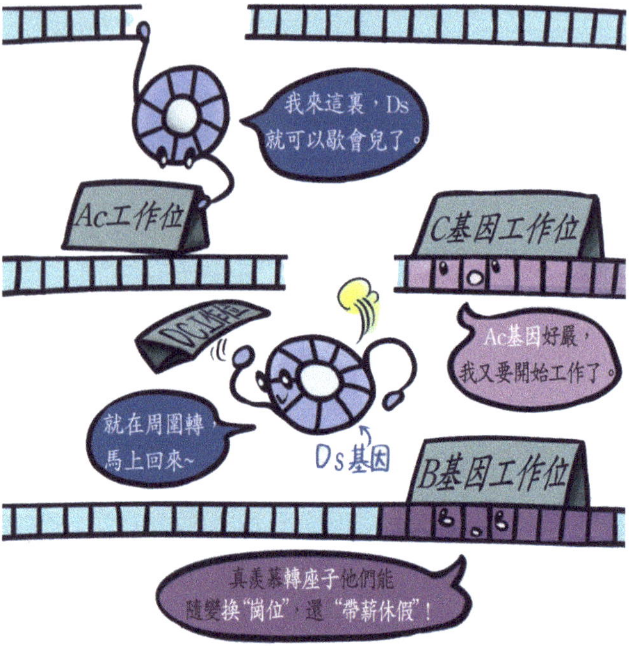

示意圖：在 Ds-Ac 調控系統中，當 Ac 基因在附近，Ds 基因便能從原來位置離開，C 基因就可以正常工作（繪圖：傅坤元）

與行為》（The Origin and Behavior of Mutable Loci in Maize）和《染色體結構和基因表達》（Induction of Instability at Selected Loci in Maize）兩篇論文。但這兩篇開創性的論文非但沒受到學術界的關注，反而被斥為異端邪說，麥克林托克原本前途大好的學術生涯也因此黯淡。在一片冷眼和嘲笑中，這位女科學家一直堅持自己的理論，直到 20 多年後，多個科學家發現並證明了她的理論是正確的，學術界才開始重新審視她的研究成果，並驚歎於她極具前瞻性的設想和強大的內心世界。1983 年，麥克林托克終於獲得了遲到 30 年的諾貝爾生理學或醫學獎，此時她已是 81 歲高齡。

轉座基因又稱轉座子（transposon），它不光影響植物的性狀，

美國冷泉港實驗室博物館裏麥克林托克的照片以及她研究的印度彩色玉米
（攝影：李雯琪）

更是和人類疾病息息相關。1988 年，科學家首次證實，轉座子插入人體凝血因子基因後可以阻礙該基因的表達，從而導致血友病。而在 2019 年，聖路易斯華盛頓大學醫學院的研究者發現，轉座子廣泛存在於各種腫瘤中，甚至 87% 的肺鱗狀細胞癌都含有轉座子，這些轉座子可以激活癌症相關基因的表達，促進腫瘤的生長。如果能抑制這些致病轉座子的插入，便能控制疾病的發生。

然而，轉座子雖是引起多種疾病的罪魁禍首，但如果能讓轉座子插入某些致病基因，抑制這些基因的表達，便能讓患者康復，這樣的基因療法也不失為治療遺傳病的好辦法。

紅辣椒中的維生素 C

玉米並非第一種“榮獲”諾貝爾獎的植物。1928 年，匈牙利生化學家阿爾伯特·聖捷爾吉（Albert Szent-Gyorgyi）在研究生物中的氧化還原反應時，從植物汁液和腎上腺皮質中成功地分離出一種化合物。這種化合物有很強的還原能力，又有卓越的抗壞血效果，因此被命名為抗壞血酸，此外它還有另一個身份 —— 讓歐洲醫生苦尋數百年的維生素 C。

在大航海時代，艦隊在海上航行時往往長達數月沒有補給，飲食也不如在陸地上豐富，只能靠乾糧和捕來的海魚果腹。許多海員都在航海中得了壞血病，全身關節疼痛，身上出現多處紫斑（皮下出血），牙齦腫痛，牙齒脫落，嚴重者甚至會死亡。這種疾病成為遠航艦隊的頭號死神，甚至曾在一次航海中奪走 1,000 多人的性命。

直到 1602 年，這一狀況才出現了轉機。一支西班牙艦隊路過墨西哥沿岸，海員們上岸補充給養時，發現當地產的仙人掌果美味可口，更神奇的是患有壞血病的海員吃了這種水果後病情好轉。在剩下的航程中，儲備在船上的仙人掌果使他們擺脫了壞血病的困擾。

18 世紀末，英國海軍軍醫詹姆斯・林德（James Lind）發現，讓海員食用柑橘檸檬能防治壞血病，並將此發現寫入《論壞血病》與《保護海員健康的最有效的方法》等論文中。

此後，雖然人們知道了食用新鮮蔬菜水果可以防治壞血病，但沒人知道是蔬果中的何種物質在起作用。而聖捷爾吉提純的抗壞血酸，正是這種防治壞血病的關鍵物質。1932 年，美國科學家發現抗壞血酸是維生素的一種，將其命名為維生素 C。

在提純了維生素 C 後，聖捷爾吉一直在尋找富含維生素 C 又價錢便宜的原材料，以便進行高效的提取。聖捷爾吉的祖國匈牙利正是歐洲為數不多的愛吃辣椒的國家之一，國內的辣椒種植量遠超歐洲其他國家。前文提到，辣椒中維生素 C 含量極高，每百克辣椒中含有 110 毫克維生素 C，含量是茄子的 25 倍，聖捷爾吉買了大量辣椒，從中提取了數公斤的維生素 C。

1937 年，聖捷爾吉因為對維生素 C 和延胡索酸的研究獲得了諾貝爾生理學或醫學獎。而同年的諾貝爾化學獎則由英國化學家沃爾特·霍沃斯（Walter Haworth）獲得，霍沃斯的成果之一便是首次合成了維生素 C，這是第一種人工合成的維生素。雖然人工合成的維生素 C 大大降低了維生素 C 的生產成本，使人類不必從天然植物中提取維生素 C，但人類還是會記得辣椒對科學研究的貢獻。

小球藻與光合作用

20 世紀 40 年代，加州大學伯克利分校的俄裔植物學家梅爾文·卡爾文（Melvin Calvin），開始研究植物光合作用的具體機理。而這也是自古以來科學家們一直在探索的問題。

從一株嫩芽成長為參天大樹，植物增加的重量從何而來？古希臘哲學家亞里士多德認為，這來自植物從土壤中吸收的養分。但在 1642 年，比利時科學家海爾蒙特（Helmont）挑戰了亞里士多德的理論，他在花盆裏種了一棵柳樹（*Salix babylonica*）幼苗，5 年後這棵柳樹重量增加了 70 多公斤，而花盆的泥土只減輕了 0.1 公斤，於是他認為植物的重量主要來源於吸收的水分。

到了 1804 年，瑞士科學家索緒爾（Nicolas Théodore de Saussure）把植物放在可接受光照的密封玻璃罩中。一周後，他發現玻璃罩中氧氣增加，二氧化碳減少，植物重量增加，這就說明植物增重不光是因為吸收了水分，也吸收了二氧化碳。而德國科學家薩克斯（J.von Sachs）則在 1864 年發現光合作用能把二氧化碳和水轉化為澱粉等有機物。但光合作用的具體機理如何，仍是未解之謎。

同位素技術被發明後，卡爾文發現自己可以用這門新技術來研究光合作用。他把 C14 同位素標記的二氧化碳通入培養植物的容器中，分別在不同的時間將植物取出用乙醇煮沸，終止植物的生理反應，然後通過放射自顯影技術觀察 C14 出現在何種化合物中，從而判斷二氧化碳在植物體內每一步反應分別生成了何種物質。

卡爾文選擇的實驗植物，便是一種名叫小球藻（*Chlorella*）的單細胞藻類。這種藻類不但生長迅速，而且光合作用效率極高，又沒有根莖葉等複雜結構，極容易處理，是非常理想的實驗材料。以小球藻為實驗材料，卡爾文發現了植物體內將二氧化碳轉化為糖類的光合碳循環步驟，這就是著名的卡爾文循環（Calvin cycle）。1961 年，卡爾文憑此發現獲得了諾貝爾化學獎。

小球藻因為含有豐富的蛋白質、維生素、蝦青素、葉綠素等營養物質，所以常被用作食品和飼料；又因其生長速度快，光合效率高，又能產生脂類，也可用作生物燃料。近來市場上不斷湧現出各種小球藻製成的保健品或者功能食品，號稱有減肥、排毒、提高免疫力、抗癌、防三高的功效，價格也不便宜。其實，小球藻非常廉價，常被用作飼料，花大價錢買小球藻保健品實在不划算，再說一些微商賣的小球藻保健品屬於“三無”產品，食品質量沒有保障，顧客吃後腹痛難受，實在是得不償失。

柳樹與阿司匹林

早在 2,000 多年前，古埃及人、古希臘人和中國古人就發現了服食柳樹的葉子和樹皮可以止痛。但在此後的 2,000 年裏，各國醫生雖然一直用柳樹葉、柳樹皮及其製劑給病人緩解疼痛，但無人知曉其中的有效成分。

直到 1828 年，法國藥劑師亨利・勒魯克斯（Henri Leroux）和意大利化學家約瑟夫・布希納（Joseph Buchner）首次從柳樹皮中提煉出黃色晶體物質，將其命名為水楊苷（salicin）。水楊苷水解後生成葡萄糖和水楊酸（salicylic acid），水楊酸正是柳樹中起止痛作用的有效成分。1838 年，意大利化學家拉菲里・皮利亞（Raffaele Piria）通過水解水楊苷得到了水楊酸，將其用於止痛退熱。1852 年，法國化學家查理斯・戈哈特（Charles Gerhart）首次發現了水楊酸分子的結構，並通過化學方法合成水楊酸，水楊酸也成了第一種人工合成的藥物。

但藥用的水楊酸存在穩定性差、副作用強等缺點。1897 年，就職於德國拜耳（Bayer）公司的青年化學家費利克斯・霍夫曼（Felix Hoffman）因其父親患有類風濕性關節炎，需要經常服藥止痛，決心為父親研發一種效果穩定、副作用小的止痛藥，他給水楊酸添加了一個乙酰基團，製造出臨床效果更好的乙酰水楊酸（acetylsalicylic acid）。乙酰水楊酸在註冊專利時被命名為阿司匹林（Aspirin）。

除了止痛，醫學研究者還在積極發掘阿司匹林的其他用途。1971 年，英國醫學家約翰・范恩（John Vane）發現了阿司匹林止痛作用的機理，它還能阻止血小板凝聚、預防血栓，有保護心血管的作用，研究成果發表在《自然》雜誌上。1982 年，范恩因為對阿司匹林的研究獲得諾貝爾生理學或醫學獎，並被授予英國爵士頭銜。

此後，阿司匹林的其他藥用價值被醫學界源源不斷地發掘出來：預防阿爾茨海默病，治療先兆子癇，抑制腫瘤的發生，延緩衰老，抗抑鬱等。

“古歌舊曲君休聽，聽取新翻楊柳枝。”阿司匹林作為止痛藥已有百年歷史，近年來更是因為在腫瘤、心血管疾病等方面的新應用而廣受關注，成為熱門研究藥物。而阿司匹林的最早雛形——柳樹皮、柳樹葉，也許同樣有著更多的神奇藥效，等著人類去發現。

青蒿中的抗瘧疾靈藥

2015 年，中國女科學家屠呦呦因為發現青蒿素（Artemisinin）被授予諾貝爾生理學或醫學獎。其實早在 2011 年，她已憑此發現獲得拉斯克臨床醫學獎，當時就有人預言，她獲得諾貝爾獎只是早晚的事。

在溫暖濕潤、蚊蟲橫行的地區，瘧疾一直是當地人的噩夢。這種由蚊子傳播瘧原蟲（*Plasmodium*）造成的惡疾，使患者發冷、發熱、貧血、脾腫大，嚴重時還會引發一系列綜合徵，使人昏迷甚至死亡。瘧疾流行地區的地中海貧血症和鐮刀型貧血症發病率往往比其他地區的更高，因為這兩種疾病的患者不易被瘧原蟲寄生，更容易在瘧疾的威脅下存活。這種殺敵一千自損八百的演化策略實屬無奈之舉，並非對抗瘧疾的良策。

比較有效的方法是藥物治療。第一種被提純的瘧疾特效藥物是奎寧（quinine），這種物質提取自金雞納樹（*Cinchona ledgeriana*）的樹皮。美洲的印第安人自古以來一直用金雞納樹皮治療瘧疾，17 世紀的西班牙殖民者在美洲發現了這種樹皮的功效，將其視為靈丹妙藥廣為推廣，歐洲傳教士甚至把它帶到中國，治癒了康熙皇帝的瘧疾。1820 年，法國醫學家從金雞納樹皮中提純了奎寧，使瘧疾的治療更為方便、精準。

此後，科學家們又研製了氯喹（chloroquine）等瘧疾藥物。然而隨著這些抗瘧疾藥物的長期使用，不少地區的瘧原蟲對這些藥物產生了抗藥性，以往的靈丹妙藥對瘧疾已經不再有效。於是在 1967 年 5 月 23 日，中國政府進行了"5・23 抗瘧計劃"，研發抗瘧疾的新藥。1969 年，北京中藥所也加入了該計劃，北京中藥所屠呦呦率領的研究小組從中國古籍中搜集了 2,000 多份治療瘧疾的中醫古方，對這些方子提及的 200 多種中藥進行重點研究。

青蒿（*Artemisia annua* L.）作為藥用植物，在中國已有千年種植歷史，古人用它治療瘧疾、中暑、皮膚瘙癢、蕁麻疹、脂溢性皮炎等疾病，還物盡其用地焚燒青蒿用於驅蚊。雖然不少古籍都提到青蒿治療瘧疾有奇效，但研究小組在用青蒿提取物殺滅瘧原蟲時，發現青蒿提取物的效果非常不穩定，似乎並非理想的抗瘧疾藥物。1971 年，屠呦呦從東晉葛洪《肘後備急方》中得到了靈感，書中治療瘧疾的方子是"青蒿一握，以水二升漬，絞取汁，盡服之"，處理青蒿的方法是絞汁，而非傳統的煎藥。她便想到，也許青蒿中的有效成分不耐高溫，於是她改用低沸點溶劑的提取方法，得到了具有生物活性的提取物。

1972 年，研究小組成功從青蒿提取物中提純了有效物質的結晶體，並將其命名為青蒿素。次年，屠呦呦又率領研究小組合成了更加強效、穩定的雙氫青蒿素。為了防止瘧原蟲對新發現的青蒿素也產生抗藥性，屠呦呦提出青蒿素聯合療法，將青蒿素與其他藥物配合使用，可以防止和延緩抗藥性。這是個非常有前瞻性的建議 —— 多年之後，醫學刊物《柳葉刀》（*The Lancet*）於 2005 年發表文章，指出在使用單方青蒿素的地區，瘧原蟲對青蒿素開始出現抗藥性，世界衛生組織也開始全面禁止使用單方青蒿素。

中藥青蒿

為了解決瘧原蟲對青蒿素的抗藥性問題，屠呦呦研究團隊花了三年多的時間，於 2019 年 6 月研究出新的治療方案：更換青蒿素聯合療法中已產生抗藥性的輔助藥物，並適當延長用藥時間。此外，該團隊還發現，青蒿素對部分紅斑狼瘡也有良好療效。

青蒿素的臨床應用，使我國瘧疾患者從 20 世紀 70 年代的

2,400 多萬減少到目前的數 10 萬，在非洲的發展中國家，含有青蒿素的抗瘧疾藥物救了數百萬人的生命。

為了高效、低成本地生產這種救命藥，科學家可謂煞費苦心。2013 年，美國加州伯克利分校的傑伊・科斯林（Jay Keasling）教授和 Amyris 生物公司合作，培養出能生產青蒿酸的新型酵母，其生產的青蒿酸能被光化學催化為青蒿素，每升酵母培養基產生的青蒿素高達 25 克。這種生產青蒿素的方法，效率、成本都優於傳統的植物提取、人工合成等方法。

屠呦呦並不滿足於以往成績，她認為從中藥中提取的有效成分可用於治療阿爾茨海默病、動脈粥樣硬化等疾病，造福全世界人民。說不定在將來的諾獎成果上，還會再次出現中藥的身影。

玉米小貼士	
中文名	玉米
拉丁學名	*Zea mays* L.
英文名稱	corn
別稱	包穀、包蘆、玉茭、苞米、棒子、粟米、玉蜀黍、玉茭、玉麥、蘆黍
物種分類	被子植物門、單子葉植物綱、禾本目、禾本科、黍亞科、玉蜀黍屬、玉米種
基因組學研究進展	2009 年 11 月 20 日，美國聖路易斯華盛頓大學、亞利桑那大學、艾奧瓦州立大學、冷泉港實驗室、印度理工學院等機構宣佈玉米全基因組測序完成。研究成果發表在《科學》雜誌上。 2019 年 5 月 31 日，華中農業大學、華大基因等研究機構以一個熱帶小粒玉米品種為材料，測得玉米基因組大小為 2.32 Gb，含有 43,271 個基因，此研究有助於分析研究熱帶玉米品系的遺傳多樣性，並為玉米的性狀相關基因定位提供了高質量的參考基因組。研究成果發表在《自然・遺傳學》雜誌上。

柳樹小貼士	
中文名	柳樹
拉丁學名	*Salix babylonica*
英文名稱	willow
別稱	柳、楊柳
物種分類	被子植物門、雙子葉植物綱、原始花被亞綱、楊柳目、楊柳科、楊柳屬
基因組學研究進展	2014 年 7 月 1 日，南京林業大學、蘭州大學、華大基因和美國能源部橡樹嶺國家實驗室等機構對簸箕柳（*Salix suchowensis* W.C.Cheng）進行了全基因組測序。測序結果顯示，簸箕柳的基因組大小約為 425 Mb。楊樹和柳樹的共同祖先曾在距今約 5,800 萬年前發生過古四倍化，而該古四倍體形成於約 600 萬年後，其基因組重新二倍化，由於染色體片段重連和融合的方式不同，分別形成了楊樹和柳樹兩個分支。在二倍體基因組重新穩定的過程中，柳樹比楊樹丟失了更多的 DNA 和編碼基因，現代柳樹比楊樹基因組減小了約 60 Mb 以上，基因數量減少了約 10 Kb 以上。研究還發現，柳樹基因的演化速率明顯高於楊樹，這與柳樹世代周期短有關，長世代周期植物比短世代周期植物的基因具有更高的鹼基替換速率。研究結果發表在《細胞研究》（*Cell Research*）雜誌上。

青蒿小貼士	
中文名	青蒿
拉丁學名	*Artemisia annua* L.
英文名稱	sweet wormwood
別稱	黃花蒿、苦蒿、臭青蒿、香青蒿、細葉蒿
物種分類	被子植物門、雙子葉植物綱、桔梗目、菊科、管狀花亞科、蒿屬、青蒿種

青蒿小貼士	
基因組學研究進展	2010 年 1 月 15 日，英國約克大學以及 IDna 遺傳公司的研究人員對青蒿的所有 mRNA 進行了測序，並繪製出了有關基因組圖譜，從圖譜中識別出了與青蒿繁殖有關的特定基因和標記分子，此研究有助於改良青蒿品種，提高青蒿產量，降低青蒿素的生產成本。研究成果發表在《科學》雜誌上。 2018 年 4 月 24 日，上海交通大學、西南大學、國家人類基因組南方研究中心等研究機構對青蒿品種滬蒿 1 號進行了全基因組測序，測出青蒿基因組大小約為 1.74 Gb，重複序列高達 61.57%，共有 63,226 個編碼基因，這是已測序植物中編碼基因數目最多的物種之一。研究發現，青蒿中存在菊科植物特有的許多基因和基因家族，參與萜烯合成的酶的相關基因在青蒿中存在顯著的擴增和功能分化，這與青蒿素的生物合成通路有關。研究者分析了青蒿中複雜的青蒿素合成調控網絡，構建了能夠提升青蒿素合成效率的轉基因青蒿株系。研究成果發表在《分子植物》（*Molecular Plant*）上。

參考文獻

1. 邱念偉，王興安．與植物生理學有關的諾貝爾獎簡介［J］．植物生理學通訊．2007，1：160–164.
2. 任本命．芭芭拉·麥克林托克［J］．遺傳．2003，04：iX–X.
3. 百年尋覓維生素［J］．人人健康．2014，23：22–23.
4. 尹傳紅，王敘．梅爾文·卡爾文：光合作用尋"碳"蹤［J］．知識就是力量．2018，09：50–53.
5. 余鳳高．從金雞納到青蒿素——瘧疾治療史［J］．世界文化．2016，9：61–63.
6. 屠呦呦．青蒿及青蒿素類藥物［M］．北京：化學工業出版社，2009.
7. Tu Y. The discovery of artemisinin (qinghaosu) and gifts from Chinese medicine[J]. *Nat Med.* 2011 Oct 11, 17(10): 1217-20.

4

篇四

動物：誰道群生性命微

一隻蠶寶寶，榮光絲綢路

“衣食住行”，向來是人類的四大剛需，單單在“衣”方面，我們自古以來便煞費苦心：葉片蔽體，獸皮裹身，棉麻成衣，絲綢相親……種種衣料之中，絲最為人推崇。

絲，從何而來？蠶結繭時，絲腺分泌的絲液凝固後就形成了晶亮柔韌的長纖維，也就是蠶絲。一個成年男子拇指大小的蠶繭，全由一根將近 1 公里長的蠶絲結成。將蠶繭繅絲、紡織，輕柔又耐穿的絲綢便誕生了。

“人靠衣裝，佛靠金裝。”華麗雅致的絲綢服飾給主人平添幾分貴氣，即使不懂愛美的幼兒，也知道絲綢衣服的好處，這種輕軟透氣的衣料能呵護他們嬌嫩的皮膚，讓他們備感舒適。

絲國榮光

漸漸地，絲綢除了彰顯衣者的身份，更承載起了貿易和外交使命，上升為國力的象徵。隨之而來的，是一個國家的無上榮光。

論絲綢織造，中國人向來是先驅。相傳，黃帝之妻嫘祖是養蠶繅絲的鼻祖。晉朝干寶在《搜神記》曾提到，蠶是馬皮包裹的少女所化，民間蠶農供奉的蠶桑之神也被塑造成身披馬皮的女子形象，被叫作馬頭娘。最早的絲織物出土於距今 5,500 多年前的河南仰韶文化遺址，這說明中國人早在新石器時代便學會了製造絲織品。遠古時期的祖先如何學會繅絲紡織，我們已經無從知曉。也許，他們從桑樹上摘下一個個野生蠶繭咬開，嚼食裏面肥美的蠶蛹，吃完蠶蛹後發現嚼剩的那一團白絲看著倒也柔韌保暖，便用作了紡織原料。

早在 2,000 多年以前，遠隔萬里的中國和古羅馬就由一條古老的絲綢之路連在了一起。在古羅馬詩人維吉爾（Virgil）的詩篇中，在地理學家龐波尼烏斯（Pomponius）的妙筆下，“絲綢之國”的美名早已遠揚。

公元前 1 世紀，當駝隊載著精美絲綢穿過漫漫西域黃沙，到達歐洲的繁華中心 —— 羅馬城內的絲綢市場時，笑聲、歡呼聲和掌聲都從四下升騰起來。在這個煊赫的國家裏，無論達官貴人還是黎民百姓，都深深迷戀著中國絲綢。

愷撒大帝（Julius Caesar）和埃及艷后（Cleopatra）知道：身上新製的絲綢衣服將令他們在當晚的宴會中格外耀眼，縈繞在他們四周的將是賓客們愉悅的喧囂。羅馬民眾對絲綢過分迷戀，甚至願意為 1 磅（約 0.45 千克）絲綢付出 12 兩黃金的天價，使這一進口的奢侈品靡費過多，甚至一度導致帝國頒發禁絲令。絲綢還曾被當作硬通貨使用：公元 408 年，哥特人（Goths）圍攻羅馬城時，向羅馬人索要的休戰賠款是 4,000 件絲質短袍。

絲綢的魅力使中國贏得“絲國”的美稱，更是催生出陸上和海上兩條絲綢之路。這是中國最早的大規模海外發展戰略，異國宗教文化、樂器典籍、珍奇異寶、異域植物也隨絲綢之路傳入中國。盛世昌榮的幕後功臣，是那一隻隻小小的蠶。

珍貴的絲綢，來自小小的家蠶

中國試圖控制養蠶技術外流，然而這並不能阻止中亞、日本、東羅馬相繼成為產絲地，新興產絲地往往都流傳著使臣或遠嫁而來的異國公主偷運蠶種的故事。儘管如此，無論從產量還是質量上看，中國絲綢仍然長期處於世界領先地位。即使日本已在公元 3 世紀從中國引進養蠶技術，遣唐使仍對中國產的華麗絲綢羨慕不已。日本平安朝將中國產的錦緞綾羅稱為唐錦、唐綾，將中國絲織品製成的衣服稱為唐衣。日本古代名著《源氏物語》中，美男子光源氏正是通過一件件中國絲綢禮服，展現自身的高貴地位和優雅風度的。

科技困境

中國是師傅，日本是徒弟，然而徒弟卻一直努力以期超越師傅。公元 19 世紀，兩個國度的國運發生了交替。其中的一個關鍵，正是養蠶業和絲綢製品的興與衰。

當時的中國，正值清朝末年，一切都漸漸走向衰落。在熱兵器、艦船等科技領域落後於世界本來就足夠可悲了，然而就連養蠶繅絲這門祖傳技藝，中國也漸漸輸掉了。當時，中國的養蠶繅絲業仍然以手工作業為主導，倡導"蟲道主義"的中國人，為了保證產品的純天然，不屑使用"蠻夷"的西方技術改造生產流程。然而，這樣產出的絲粗細不均，逐漸失去了競爭的優勢。而取代中國成為養蠶業霸主的，正是我們過去的學徒——日本。

傳統的繅絲方法

明治維新開始後，為賺取工業大發展的資金，日本政府決定大量出口農業產品。恰好，此時的西方世界對生絲的需求量大幅提高，日本的養蠶繅絲業抓住了這個難得的歷史機遇，一舉奠定江湖地位。

在"師夷長技"方面，日本人並沒有太多的心理負擔。他們引進了西方技術，買來了優秀的蠶品種。蠶房的溫度變得可控了，蠶寶寶可以更快地孵化成熟，生絲的產量不再是問題。烘烤蠶蛹、機器繅絲等技術又令日本蠶絲變得明亮均勻，大幅度提升了產品質量。日本成了最大的生絲出口國，大量外匯資金源源不斷地收入囊中（包括甲午中日海戰的炮艦所需外匯），積蓄起了前所未有的國力。這小小蠶兒立下了不世之功，養蠶繅絲業在日本國內成為“功勳產業”。

改革開放以來，中國超越日本，重新成為養蠶繅絲業的第一大國，生絲產量佔到世界總量的 70% 以上。然而不幸的是，包括基因科技等高新技術革命帶來的福利，並未惠及這個昔日的支柱產業。

更何況，掌握養蠶生產關鍵技術的依然是日本人。日本在 20 世紀 60 年代就發明了用於餵蠶的人工飼料，讓養蠶業擺脫了桑葉飼料的限制。日本於 2002 年發起的“國際鱗翅目昆蟲 / 家蠶基因組計劃”，中國也沒有獲邀參與。日本滿懷信心地提出要以家蠶基因組計劃開創“由日本出發的新絲綢之路”，並將正式啟動該計劃的 2003 年命名為“日本絲綢之路元年”，當然不願意中國這個競爭對手來分一杯羹。

絲綢復興

“內憂外患”之下，我們如何重振絲業輝煌？

弄清蠶寶寶的基因密碼，培養出更優質、高產的物種，應當是最有效的辦法，唯有如此，才能真正提升蠶絲及絲綢製品的質量。既然技術領先者不樂意互通有無，中國人就只能靠自己的力量，努力解讀出家蠶基因的奧秘。

其實早在 1995 年，西南農業大學（現合併為西南大學）的向仲懷院士就提出了家蠶基因組計劃的設想，在尋求國際合作一再失敗後，他和本校的夏慶友教授等於 2003 年決定與華大基因合作，啟動中國人自己的家蠶基因組測序工作。經過數月不眠不休的奮鬥後，中國科研人員搶在日本之前完成了家蠶基因組測序，向全世界公佈了這一成果。此後，我國科學家又對家蠶進行多次基因組測序，在家蠶的基因組研究方面徹底領先了日本，奠定了在這個領域的領導地位。

我國科學家的家蠶基因組測序成果發表於 2004 年的《科學》雜誌

家蠶基因測序結果顯示，如今遍佈全球的蠶，都來自古代中國人對野生桑蠶的一次馴化，證實了中國是家蠶的原產國。與野蠶相比，家蠶蠶繭更大，生長速率、消化效率都有大幅提高，然而代價也是很明顯的——它們失去了飛行能力，抗病能力也變得相對較弱。最初在中國被馴化的家蠶，沿著絲綢之路不斷進行擴散，在沿途國家和地區產生了很多地方品種。如今，這些品種構成了豐富的家蠶品種資源。弄清了基因中的奧妙，優化蠶種就有了可能。經過多年養蠶的經驗累積，中國的蠶物種庫裏保存了很多穩定的品系，有了大量可以用來指導育種的材料。

影響蠶絲質量的，除了蠶種，食物也是一個重要因素。家蠶一般吃桑葉，所以又稱桑蠶，此外也吃一些萵苣、柘樹、榆樹等植物的葉子。古人認為用柘樹（*Cudrania tricuspidata*）葉子餵蠶能讓蠶絲堅韌，適合用來做琴弦，《齊民要術》提到“柘葉飼蠶，絲好，做琴瑟等弦，清名響徹”。因此古人用“桑柘”指代養蠶業。

雖說改良餵蠶飼料可以提高蠶絲質量，但蠶還是對桑葉情有獨鍾，對桑葉以外的飼料都食欲不振。那是因為家蠶 76 個味覺基因中的 *GR66* 基因讓家蠶對桑葉以外的食物都敬謝不敏。而被改造過 *GR66* 基因的家蠶，面對蘋果、梨、玉米、大豆、花生等食物都能大快朵頤。用基因科技幫家蠶改掉“挑食”毛病，不但能節省飼料成本，還有利於改進飼料配方，讓家蠶生產高質量的蠶絲。

在幾千年漫長的旅途中，中國都是毫無疑義的絲綢之國。然而，時代車輪的前行，對技術發展創新的忽視，都令這個曾經輝煌的行業蒙塵。在這一點上，保持對技術發展的好奇心和開放性的重要性已經得到了歷史的驗證。

我們大可以暢想，在基因技術的推動下，絲綢的價值在充滿化學纖維的今天將被重新發現，而當年絲綢走過的海洋和陸地，將與今天的神州大地更加緊密地連在一起，為人類文明的交流和進步譜寫新的篇章。

家蠶小貼士	
中文名	蠶
拉丁學名	*Bombyx mori* L.
英文名稱	silkworm
別稱	蠶寶寶、娘仔
物種分類	節肢動物門、昆蟲綱、鱗翅目、蠶蛾科、蠶蛾屬
基因組學研究進展	2003 年，向仲懷院士團隊與華大基因合作，完成家蠶基因組"框架圖"繪製及後期解讀工作，研究成果發表於《科學》雜誌。此次基因組測序共測得全基因組大小約 428.7Mb，約為人類基因組的七分之一。 2009 年，西南大學再次與華大基因聯手，完成 40 個蠶基因組的重測序及分析。此次研究發現，所有家蠶都是野桑蠶經過單一馴化事件產生的。被馴化的家蠶與野蠶相比不但蠶繭增大，生長速率和消化效率也得到提高，但同時出現飛行能力喪失，抗病能力衰弱等特點。研究人員由此篩選出了人工馴化改造的 1,041 個基因組區域和 354 個蛋白編碼基因。研究成果發表在《科學》雜誌上。 2010 年，中國科學院昆明動物研究所、華大基因、西南大學、上海腫瘤所等機構又進一步合作，對家蠶基因組做甲基化研究。結果表明，家蠶的甲基化水平較低，與人類高度甲基化的基因組形成鮮明對比。研究成果發表於《自然・生物技術》（*Nature Biotechnology*）雜誌。從此，中國徹底奠定了在家蠶基因組研究上的領導地位。 在 2018 年，中國科學家通過對 137 種代表性家蠶品系進行測序分析，解釋了家蠶的傳播和演化歷程：家蠶最初在中國被馴化，然後沿著絲綢之路進行獨立擴散，產生了大多數地方品種。研究成果發表在《自然・生態學與進化》（*Nature Ecology & Evolution*）雜誌上。 2019 年，中國科學院譚安江研究組發現，家蠶有 76 個味覺受體基因，位於 3 號染色體上的唯一味覺受體基因 *GR66* 決定了家蠶對桑葉的專食性。研究成果發表在 *PLOS Biology* 雜誌上。

參考文獻

1. Ma, D.. Why Japan, not China, was the first to develop in East Asia: Lessons from sericulture, 1850-1937[J]. *Economic Development and Cultural Change*, 2004, 52(2), 369-394.
2. 黃君霆．日本養蠶業的盛衰［J］．世界農業，1984，(3)，49–51.
3. Xia Q., Zhou Z., Lu C., et al. A Draft Sequence for the Genome of the Domesticated Silkworm (*Bombyx mori*)[J]. *Science*. 2004 Dec 10, 306 (5703): 1937-40.
4. Xia Q., Guo Y., Zhang Z., et al. Complete resequencing of 40 genomes reveals domestication events and genes in silkworm (*Bombyx*)[J]. *Science*. 2009 Oct 16, 326(5951): 433-6.
5. Xiang H., Zhu J., Chen Q., et al. Single base-resolution methylome of the silkworm reveals a sparse epigenomic map[J]. *Nat Biotechnol*. 2010 May, 28 (5): 516-20.
6. Xiang H., Liu X., Li M., et al. The evolutionary road from wild moth to domestic silkworm[J]. *Nat Ecol Evol*. 2018 Aug, 2(8): 1268-1279.
7. Zhang Z.J., and et al. A determining factor for insect feeding preference in the silkworm, *Bombyx mori*[J]. *PLOS Biol*. 2019 Feb 27, 17(2): e3000162.
8. 蔣蕾，居新宇，徐海雲，劉興，潘欽棟，穆祥濱．向仲懷 夏慶友 搶佔 21 世紀絲綢之路新起點［J］．2006，Z1: 40–43.

大吉大利，科學吃雞

有一個口號，《絕地求生》遊戲的玩家應該都很熟悉："大吉大利，今晚吃雞。" 其實，這句口號源自賭桌術語，指玩家手風大盛，贏下的錢夠買一份雞肉飯，漸漸也就演變成一句求好運的經典口號了。

話說回來，家雞（*Gallus gallus domesticus*）是人類最熟悉的鳥類，也是當今數量最多的鳥類，全世界共有 200 多億隻家雞，其數量差不多是人類數量的 3 倍。哪怕數量第二多的鳥類紅嘴奎利亞雀（*Quelea quelea*），數量也還不到家雞的十分之一呢。

馴化家雞

家雞是世界上第一種被馴養的鳥類。達爾文曾提出印度是最早馴養家雞的國家。不過，根據中國河北省磁山遺址出土的 7,400 多年前的家雞骨頭可以得知，中國人馴養家雞的時間應該比印度人早了 3,300 多年，這也是目前發現的最早的家雞遺跡。

很多人都以為家雞是從野雞馴化而來，其實野雞和家雞是兩種完全不同的動物。野雞的學名叫雉雞（*Phasianus colchicus*），而家雞的祖先叫原雞（*Gallus*），外形與現代家雞非常相似，只是毛色更鮮艷、更加健美善飛。

雉雞

在一些熱帶、亞熱帶地區的叢林裏，仍生活著野生的原雞。雲南人俗稱的“茶花雞”就是原雞，當地家雞在林中覓食時偶與原雞雜交，其雜交後代比普通家雞更加美味。

從“雞犬升天”“雞犬不留”“雞犬不寧”等成語可知，雞和狗這兩種動物在古代非常常見，養狗可以看家護院，母雞能下蛋換錢，公雞可以報曉。“風雨如晦，雞鳴不已”，家雞的生物鐘特別準確，即使在看不到陽光的陰雨天，清晨也能準時打鳴報時。

隨著現代育種、養殖技術的發展，雞肉價格越來越便宜，幾乎人人都識雞肉之味。在戶外探險紀錄片《荒野求生》中，主持人貝爺經常食蟲充飢，一句“味道像雞肉”就讓觀眾理解了蟲子的味道。雞肉在營養學上被歸類為白肉，與牛肉、豬肉等紅肉相比脂肪含量更低，而且脂肪中也多是不飽和脂肪酸，更為健康。

原雞共有紅原雞（*Gallus gallus*）、灰紋原雞（*Gallus sonneratii*）、黑尾原雞（*Gallus lafayetii*）和綠頸原雞（*Gallus varius*）4 種。被達爾文指為家雞祖先的是紅原雞，不少學者也贊同這個觀點。然而，2004 年的家雞基因測序結果揭示了不同的答案：現代家雞乃是多地、多次起源，世界各地都曾把紅原雞馴化為家雞，而且早期家雞也多次和紅原雞以及其他原雞發生過雜交，因此家雞基因裏也混雜了其他原雞的基因，紅原雞並不是家雞的唯一祖先。

但這個答案並不能滿足人類對家雞的探索欲。為了對家雞及其世系有更多的了解，英國政府斥資 194 萬英鎊資助“雞窩”科研項目，研究家雞如何從當年的林中野禽成為世界上數量最多的家養動物。

泰國的紅原雞

科學家發現，現代家雞產蛋產肉量遠超原雞，主要是因為 *TSHR* 和 *TBC1D1* 這兩個基因的變異。*TSHR* 基因又稱促甲狀腺激素受體基因，影響家雞的生育，*TSHR* 基因的變異使家雞可以不分季節地全年下蛋；*TBC1D1* 基因則與糖代謝的調節有關，人類的 *TBC1D1* 基因發生突變會引起肥胖症，家雞的 *TBC1D1* 基因突變也能讓雞多長肉。以上情況說明，人類在家雞馴化過程中長期選育蛋、肉產量高的品種，對產蛋、產肉相關基因進行了正向選擇 —— 美味營養的雞蛋、雞肉，自然是多多益善。

除了人工選育，人類還積極對家雞進行基因編輯，為的是讓雞對人類更加有用。2015 年 12 月，FDA 批准了一種基因編輯家雞，這種雞下的蛋中含有溶酶體酸性脂肪酶，從這些雞蛋中提取脂肪酶，可以用於治療脂肪酶基因缺陷患者 —— 這類患者無法分解自身脂肪，死亡率非常高。另一邊，英國羅斯林研究所則研究出了一種對禽流感具有免疫力的家雞，可以最大限度地避免養雞場發生禽流感。

體胖而且繁殖力強的家雞（攝影：尹燁）

當然，雖然科技發達，所謂的“六翅四腿”洋快餐轉基因雞也只是個 PS（繪圖軟件）圖片謠言。要知道，讓動物一出生就多長幾個器官談何容易，如果真有這種技術，必是器官移植者的福音，用於餐飲業實在是“大材小用”了。

科研“雞”會

家雞容易飼養、繁殖，是理想的實驗動物，早與科研結下不解之緣。人人皆知“微生物學之父”路易斯・巴斯德（Louis Pasteur）發明了狂犬疫苗，其實在狂犬疫苗問世之前，他已經研製出雞霍亂疫苗，那也是他研製出來的第一種疫苗。

多項獲頒諾貝爾獎的科學成就也與家雞有關。荷蘭科學家克里斯蒂安・艾克曼（Christiaan Eijkman）發現被飼餵精米的家雞容易得腳氣病，當改餵糙米時，它們的腳氣病又不藥而癒。艾克曼便斷定，糙米中含有某種可以預防腳氣病的物質。後來，科學家們發現這種物質是維生素 B_1。

20 世紀初，美國病毒學家弗朗西斯・勞斯（Francis Rous）從患癌家雞身上分離出一種病毒，並觀察到這種病毒可以引起癌症。這是醫學史上首次發現病毒可以引發癌症，勞斯也成為發現致癌病毒的第一人，這種病毒則以他的名字命名為勞斯肉瘤病毒（Rous sarcoma virus, RSV）。

在二戰期間，意大利女生物學家麗塔・列維 - 蒙塔爾奇尼（Rita Levi-Montalcini）因為物資匱乏，只能以價廉易得的受精雞蛋為實驗材料。她發現：蛇毒和老鼠唾液腺都能促進雞胚神經纖維生長。隨後，她從這些物質中發現、提取了神經生長因子。

甚至，連搞笑諾貝爾獎也有家雞的一席之地。智利大學的研究者發現，如果家雞被一根棍子插入屁股，它的走路姿勢會與霸王龍一模一樣，這也難怪，畢竟家雞是恐龍的直系後代嘛！

關於雞屁股，還有一個重量級研究。17 世紀初的解剖學家發現雞屁股裏長著一個名為法氏囊（bursa of Fabricius）的腺體，但在此後的 300 多年裏，一直無人知道這個腺體的作用。1952 年，美國俄亥俄州立大學的研究生布魯斯・格里克（Bruce Glick）決定研究法氏囊，但被他切除法氏囊的幾隻家雞一切如常，看不出法氏囊對家雞的影響。

為了廢物利用，格里克把這些家雞送給同學製造抗體。然而，他的同學卻發現這些家雞注射沙門氏菌抗原後難以產生抗體。於是格里克猜測，雞的法氏囊可能與抗體形成有關。

格里克和同學據此寫成的論文發表在《家禽科學》（*Poultry Science*）上。數年後，明尼蘇達大學的免疫學家羅伯特・古德（Robert Good）偶爾看到這篇論文，大受啟發：以前只知家雞的胸腺有免疫作用，如今才知法氏囊也有免疫作用。古希臘哲學家柏拉圖（Plato）曾云："人是沒有羽毛的兩足動物。"同是兩足動物，人類會不會也像家雞一樣，有兩套免疫系統呢？

法氏囊是鳥類特有的器官，人體的備用免疫器官當然不可能是法氏囊。1974 年，古德發現小鼠胚胎肝臟細胞能產生 B 淋巴細胞，而其他多個研究團隊也發現，骨髓也能產生 B 淋巴細胞。也就是說，造血系統就是哺乳動物的另一套免疫系統。

這些早期研究為臨床上不少免疫疾病的治療奠定了基礎。如今，醫學界已經能對不同的過敏進行針對性的治療，骨髓移植也已經挽救了許多免疫缺陷疾病患者的生命。養殖業也相當注重法氏囊相關疾病的防治，以免家禽出現免疫相關疾病。

為了表彰格里克的貢獻，美國科學促進會於 2018 年授予他金鵝獎。這個獎是用於獎勵那些看似沒用、實際上創造了重大價值的基礎研究。

科學領域還有很多我們未知的奧秘，等待我們繼續去探索。幸運的是，與我們相伴將近萬年的老朋友——家雞，會陪我們在這條探索之路上一直走下去。

家雞小貼士	
中文名	家雞
拉丁學名	*Gallus gallus domesticus*
英文名稱	chicken
別稱	雞、司晨、五德、鳴桑、金禽、鑽籬菜、長鳴都尉
物種分類	脊索動物門、脊椎動物亞門、鳥綱、今鳥亞綱、雞形目、雉科、原雞屬、原雞種、家雞亞種
基因組學研究進展	2004 年，華大基因聯合美國華盛頓大學等研究機構對紅原雞和英國肉雞、瑞典蛋雞、中國烏雞這三種現代家雞進行了基因測序，研究結果以封面文章的形式發表於《自然》雜誌。研究發現，現代家雞是多地、多次起源，有 20 對染色體，基因組大小為 1.2 Gb，差不多只有人類基因組的三分之一，但有 60% 的基因與人類同源。與哺乳動物相比，家雞缺乏分泌乳汁、唾液和牙齒發育相關的基因，而且味覺基因很少，嗅覺基因比較多。此研究還發現了多個與家雞外貌、生長、體脂、產蛋量、抗病性有關的基因。

參考文獻

1. 楊寧，李顯耀．家雞與原雞．生物學通報［J］．2005，1（40）：15–17.
2. Wong G.K., Liu B., Wang J., et al. A genetic variation map for chicken with 2.8 million single-nucleotide polymorphisms[J]. *Nature*. 2004 Dec 9, 432 (7018): 717-22.
3. Girdland Flink L., Allen R., Barnett R., et al. Establishing the validity of domestication genes using DNA from ancient chickens.
4. Rubin C.J., Zody M.C., Eriksson J., et al. Whole-genome resequencing reveals loci under selection during chicken domestication[J]. *Nature*. 2010 Mar 25; 464(7288): 587-91. *Proc Natl Acad Sci USA*. 2014 Apr 29; 111(17): 6184-9.
5. 施祖灝．趣談由"雞"而生的諾貝爾獎．生命世界［J］．2013，9: 88–93
6. The Goose Gland: Discoveries in Immunology, https://www.goldengooseaward.org/awardees/goose-gland-immunology, 2018.

“三極”動物逆境求生史

南極、北極，世人皆知，但還有第三極，那便是世界的“高極”——青藏高原。世界屋脊、極地冰原，是世界上最純淨的地方。往往越是人跡罕至的地方，越能體現自然的壯美、生命的神奇。

2009 年 4 月，深圳華大基因研究院聯合國內外多家研究機構，啟動了“世界三極”動物基因組研究項目，對生長在南極、北極和青藏高原嚴酷環境下的動物企鵝、北極熊和藏羚羊展開基因組水平上的研究，解讀它們的遺傳信息，探索它們的演化進程和適應嚴酷環境的功能基因。

“梅花香自苦寒來”，這些長期生活在酷寒環境下的動物，都演化出了一系列獨具一格的生理特徵。

“肥而不病”北極熊

北極熊（*Ursus maritimus*）是最大的陸地肉食動物，生活在北極圈附近的嚴寒環境，以富含脂肪的海魚、海豹為食。不光成年北極熊是高脂飲食，北極熊幼崽喝的母乳也是“高脂奶”——牛奶的含脂量一般是 3%，北極熊乳汁的含脂量卻高達 30%，足足是牛奶的 10 倍。

吃得油膩當然長得胖。我們形容一個人胖瘦的時候常說“瘦得像猴”“胖得像豬”，黑猩猩的體脂率是 3.6%，是當之無愧的瘦子，家豬的體脂率是 15%，人類因為營養充足，體脂率為 8%~35%，不少人的體脂率都超過了家豬。而北極熊的體脂率一般在 50% 左右，是家豬的好幾倍，真正做到了“比豬還胖”。

北極熊

對北極熊來說，這樣的體脂率才是正常的。北極圈環境惡劣，即使是高戰鬥力的北極熊也不能每天都捕到食物，尤其是在冬季，一連好幾個月沒有食物也是可能的。北極熊這身厚厚的脂肪，就是它們在捱餓的幾個月裏不致餓死的護身法寶。況且，北極熊和其他動物不同，它們從來不用擔心肥胖造成的“三高”和心血管疾病。

2014 年，科學家對來自瑞典、芬蘭、美國阿拉斯加的 79 隻北極熊和 10 隻棕熊的基因組進行分析，發現北極熊的多個與脂肪運輸和脂肪酸代謝相關的基因都發生了變異，不管它們吃多少高脂食物，長得多胖，身體依然健康。

在哺乳動物的脂肪代謝中，有個重要基因叫載脂蛋白 B 基因（*APOB*），這個基因合成的載脂蛋白 B 是低密度脂蛋白（LDL）中的主要蛋白，它結合的低密度膽固醇對身體有害，能引發高血脂和心血管疾病。跟其他動物不同，北極熊的 *APOB* 基因發生了變異，可以降低血液中的膽固醇。這是人類首次在北極熊身上發現可以預防高血脂和心血管疾病的基因。

現代人因為營養太好，“三高”和心血管疾病屢見不鮮。北極熊的這些脂肪代謝相關基因也許能為人類預防、治療高血脂引起的心血管疾病提供新的方向和思路。

研究還發現，北極熊和溫帶的棕熊其實源自同一個祖先，它們在 34.3 萬 ~47.9 萬年前分道揚鑣，而現代人類大約是在 50 萬年前和尼安德特人“分家”的，也就是說，北極熊和棕熊的進化距離就跟現代人類和尼安德特人差不多。

幾十萬年前，地球上曾有一段氣候溫暖的時期，北極圈也沒有如今寒冷，於是生活在溫帶的一些棕熊（*Ursus arctos*）便遷徙到北極圈。後來到了寒冷時期，這些生活在北極圈的棕熊為了適應嚴寒環境，被迫發生了一系列的演化，最終變成了今天的北極熊。一種體型龐大的哺乳動物，竟然能在極短的時間內完成這麼大的變化，確實是一個極罕見的演化事件，具有重要研究價值。

除了能適應高脂飲食，北極熊還演化出很多異於棕熊的特徵。比如，北極熊控制皮毛顏色的基因發生了改變，讓它毛色晶瑩接近透明，這些毛髮反射自然光線時便呈現白色，這在冰天雪地是極好的保護色；另外，冰上寸草不生，想要覓食就得下海捕食魚和海豹，所以北極熊也演化出流線型的身材，在水中游泳時能減少阻力，游得更快。

儘管北極熊的外形、生理都和棕熊有著極大差別，但它們在遺傳學上確實是近親，北極熊和棕熊甚至發生過多次雜交生下後代，這說明它們的親緣關係很近，沒有種間隔離。

隨著全球氣候的變暖，一些棕熊又開始涉足北極圈。從 2006 年開始，北極圈就出現一些外形特殊的北極熊，它們的頭部比普通北極熊更大，而且爪子是棕色的。這就是棕熊和北極熊雜交生下的後代。

“高原精靈”藏羚羊

去西藏、青海旅遊的“驢友”們，運氣好的時候會看到在如洗碧空下成群奔跑的藏羚羊（*Pantholops hodgsonii*），這些美麗的精靈已經成了青藏高原一道獨特的風景。

說起藏羚羊，很多人首先想起的就是它們聞名遐邇的珍貴羊絨。海拔 4,000 多米的青藏高原氣候寒冷，冬季雪深及膝，藏羚羊能耐受這樣的低溫，是因為它們的羊毛下長了一層纖細輕軟的絨毛，有極好的保溫能力。然而，這層羊絨既是藏羚羊對抗嚴寒的護身法寶，也給它們帶來了殺身之禍。

由於具有驚人的保暖能力和輕軟質地，藏羚羊絨在國際市場價格不菲，被稱為“軟黃金”。藏羚羊絨織成的披肩被稱為沙圖什（shahtoosh），以輕薄柔軟、外觀華美著稱，據說上好的沙圖什薄軟得可以穿過一枚指環，價格高達數萬美元。歐美的富賈名流對沙圖什十分推崇；而在印度北部，新娘的傳統嫁妝就包括一條沙圖什。

藏羚羊的羊絨緊貼羊皮，無法剪取，要獲取羊絨，只能殘忍地剝下整張羊皮取絨。通常，製作一條沙圖什需要殺死 3~5 頭藏羚羊。為了謀財，偷獵者趁藏羚羊在繁殖季節結群活動時開槍掃射羚羊群，剝取羊皮，不少尚在母腹的藏羚羊胎兒和剛出生的幼崽也慘遭殺害。

藏羚羊

1998 年 12 月，中國國家林業局發佈了《中國藏羚羊保護白皮書》，呼籲國際通力合作保護藏羚羊。在簽署了《瀕危野生動植物種國際貿易公約》的國家出售和擁有沙圖什是違法的。次年，中國、法國、印度、意大利、尼泊爾、英國等 7 個國家正式發佈了《西寧宣言》，形成國際間協作，共同打擊盜獵藏羚羊的違法行為，制止藏羚羊絨製品非法貿易，保護藏羚羊資源。

通過國際合作，各國對藏羚羊開展了大力保護，藏羚羊的數目也從 1999 年的 7 萬隻增加到了 2014 年的將近 30 萬隻。2016

年，世界自然保護聯盟宣佈，由於數量的增長，藏羚羊受威脅程度由“瀕危”降為“易危”。

除了極其保暖的羊絨，藏羚羊還有一個特異之處：即使在空氣稀薄的高原，它們也奔跑如飛，能以 80 公里的時速連續奔跑好幾個小時，毫不受缺氧環境的影響。2008 年北京奧運會吉祥物福娃“迎迎”的原型就是藏羚羊。“迎迎”敏捷靈活，善於田徑，這些都是藏羚羊的寫照。

有經驗的老藏民觀察到，藏羚羊的每個鼻孔內都有一個小囊，四肢和軀體的連接處也各有一個氣囊，起到儲存空氣的作用，有利於它們更好地呼吸、奔跑。

現代基因測序結果還發現，藏羚羊肌紅蛋白和腦紅蛋白的結構異於其他動物，攜氧能力也更強，有利於缺氧環境下的氧交換和氧運輸。藏羚羊有 9 個高原適應性基因和高原鼠兔相似，這說明這兩種動物為了適應高原缺氧環境進行了趨同演化。

2019 年的諾貝爾生理學或醫學獎，正是頒給了研究細胞感知、適應氧氣供應的生理機制的三名科學家。而藏羚羊適應高原環境的相關基因，不但有助於研究這一生理機制，更是對人類預測、預防與治療高原缺氧性疾病有著重大意義。因此，人類更應保護好野生動植物資源，而不是為了眼前利益將它們捕捉殆盡、趕盡殺絕。

“骨骼精奇”的企鵝

看過《帝企鵝日記》《快樂的大腳》《馬達加斯加》等電影的

人，一定對電影中黑背白腹、活像西裝紳士的企鵝（*Spheniscidae*）印象深刻。它們滾圓可愛，憨態可掬，不能飛翔卻善於潛泳，以魚蝦為食，經常成群結隊活動。

很多人都以為企鵝只生活在白雪皚皚的南極。其實，全世界共有 18 種企鵝，大部分都只是生活在靠近南極的地方，加拉帕戈斯企鵝（*Spheniscus mendiculus*）甚至生活在赤道附近。真正生活在南極的，只有帝企鵝（*Aptenodytes forsteri*）和阿德利企鵝（*Pygoscelis adeliae*）兩種。

企鵝（拍攝：尹燁）

帝企鵝是現存體型最大的企鵝，身高在 1 米以上。阿德利企鵝雖然個頭只有 70 多厘米，卻兇猛好鬥。BBC（英國廣播公司）紀錄片《臥底企鵝幫》（*Penguins Spy in the Huddle*）中有個鏡頭：當巨鸌（*Macronectes giganteus*）對著一群帝企鵝幼仔虎視眈眈，正要擇肥而噬時，一隻個頭還不如帝企鵝幼仔的阿德利企鵝衝到帝企鵝幼仔前面，為它們趕走巨鸌。看到這一幕的觀眾也許會以為阿德利企鵝是帝企鵝的友好鄰居，其實阿德利企鵝會為了佔領地盤而把帝企鵝幼仔強行趕下海中，至於它們勇救帝企鵝幼仔，也許不過是一時興起想要挑戰巨鸌罷了。

然而，縱觀兩種企鵝的歷史，忠厚老實的帝企鵝才是真正的贏家。阿德利企鵝的種群數量在大約 15 萬年前因為氣候溫暖而迅速增長，但在大約 6 萬年前，由於氣候變得寒冷乾燥，阿德利企鵝的種群數量下降了 40%。相比之下，帝企鵝的種群數量更加穩定，因為它們能夠更好地適應嚴寒環境。一個典型的例子就是孵化機制。帝企鵝會將蛋放在腳上孵化，這就提高了幼仔在寒冷環境中的孵化率和生存率；而阿德利企鵝把蛋產在石頭砌成的鳥巢上，顯然不如帝企鵝會育兒。

帝企鵝

阿德利企鵝

理論上說，動物體積越大，越有助於保持體溫，北極熊和藏羚羊都是大型哺乳動物，即使生活在低溫環境，體溫也不易散失。個頭相對較小的鳥類要保持體溫就遠比大型動物困難，寒冷地區往往是“千山鳥飛絕”。為了適應南極的環境，帝企鵝和阿德利企鵝也進行了一系列演化。

研究發現，這兩種企鵝的基因組中都帶有β角蛋白（β-Keratin）基因，它們體內至少有13個基因能產生單一類型的β角蛋白——相對於其他所有已知鳥類，它們這些基因的數量是最多的。β角蛋白是鱗片、羽毛、爪子的主要成分，富含該蛋白的企鵝羽毛具有短、硬、密的特性，既保暖，又能在游泳時起到防水和減少阻力的作用。企鵝體內的*DSG1*基因也發生了突變，人類的該基因突變會導致手掌和腳底皮膚粗厚，企鵝的該基因突變可能導致了企鵝皮膚增厚，能更好地抵禦寒冷。

企鵝體內儲存的脂肪不但可以禦寒，還是它們缺乏食物時的能量來源。帝企鵝和阿德利企鵝的脂質代謝方式不同，帝企鵝只有3個脂質代謝相關基因，阿德利企鵝的脂質代謝相關基因卻高達8個。

大多數鳥類眼睛的視錐細胞有4種光敏蛋白，但這兩種極地企鵝只有3種，也許是因為它們要忍受長達數月的極夜，要在光線昏暗的環境中生活，所以眼部構造也與其他鳥類有所不同。

企鵝與信天翁（*Diomedeidae*）是近親，它們的祖先也曾翱翔天空。但因為南極風力猛烈，企鵝飛行殊為不易，加上經常潛水覓食，久而久之便放棄飛翔，長居海洋，翅膀也在演化過程中變小變短，以便在潛泳時減少水流阻力，變成了像霸王龍一樣的“小短手”，以實現在海洋中的“飛翔”。

人類的*EVC2*基因突變會導致埃利偉氏綜合徵，症狀表現為短肢侏儒症和短肋胸廓發育不良。企鵝基因組中有17個與前肢相關的基因發生了變化，跟其他鳥類相比，企鵝*EVC2*基因的改變尤為明顯，這正是企鵝“小短手”的演化成因。

北極熊小貼士	
中文名	北極熊
拉丁學名	*Ursus maritimus*
英文名稱	polar bear
別稱	白熊
物種分類	脊索動物門、脊椎動物亞門、哺乳綱、真獸亞綱、食肉目、裂腳亞目、熊科、熊亞科、熊屬
基因組學研究進展	2014 年 5 月 9 日，來自深圳華大基因研究院、美國加利福尼亞大學、丹麥哥本哈根大學等科研院所的科學家們對北極熊基因組進行測序，揭示了北極熊適應北極極地氣候之謎。研究成果以封面文章的形式發表在《細胞》雜誌上。

藏羚羊小貼士	
中文名	藏羚羊
拉丁學名	*Pantholops hodgsonii*
英文名稱	Tibetan antelope
別稱	藏羚、長角羊
物種分類	脊索動物門、脊椎動物亞門、哺乳綱、真獸亞綱、偶蹄目、牛科、羚羊亞科、藏羚屬
基因組學研究進展	2013 年 5 月 14 日，青海大學、深圳華大基因研究院和中國科學院昆明動物研究所對藏羚羊進行基因測序，揭示了其適應高原環境的遺傳機制。研究成果發表在《自然・通訊》雜誌上。

企鵝小貼士	
中文名	企鵝
拉丁學名	*Spheniscidae*
英文名稱	penguin
別稱	海洋之舟
物種分類	脊索動物門、脊椎動物亞門、鳥綱、今鳥亞綱、企鵝目、企鵝科
基因組學研究進展	2014 年 12 月，華大基因和格里菲斯大學把兩種南極企鵝（阿德利企鵝和帝企鵝）基因組與其他鳥類基因組進行比較分析，發現了與企鵝羽毛、翅膀、視覺以及脂肪代謝相關的基因變異。此外，研究人員還分析了兩種企鵝的群體大小演化歷史以及與氣候變化的關係。研究成果發表在 *GigaScience* 上。

參考文獻

1. Liu S., Lorenzen E.D., Fumagalli M., et al. Population genomics reveal recent speciation and rapid evolutionary adaptation in polar bears[J]. *Cell*. 2014 May 8, 157(4): 785-94.
2. Ge R.L., Cai Q., Shen Y.Y., et al. Draft genome sequence of the Tibetan antelope[J]. *Nat Commun*. 2013, 4: 1858.
3. Zhang G., Li B., Li C., et al. Comparative genomic data of the Avian Phylogenomics Project[J]. *Gigascience*. 2014 Dec 11, 3(1): 26.
4. Li C., Zhang Y., Li J., et al. Two Antarctic penguin genomes reveal insights into their evolutionary history and molecular changes related to the Antarctic environment[J]. *Gigascience*. 2014 Dec 12, 3(1): 27.

昆蟲世界見聞錄

昆蟲是地球上數量最多的動物群體，目前發現的昆蟲約有 100 萬餘種。古人根據這些小生靈數量眾多的特點，給它們取名為昆蟲——《大戴禮記》有云："昆，眾也。"

親眼見過昆蟲遷徙的人，一定會驚歎於其數目之多。中國古代的蝗災都是東亞飛蝗（*Locusta migratoria*）的集體遷飛造成的，蝗群來時遮天蔽日，所到之處寸草不生，古代民間甚至立了蝗神廟，祈求"蝗神"助他們躲過蝗災。北美的黑脈金斑蝶（*Danaus plexippus*）為了覓食，也會在每年夏末的時候成群往南方遷徙，等到來年春天又飛回北方。黑脈金斑蝶的遷徙是美洲的一大盛景，過境之處漫天都是飛舞的橘色蝴蝶，彷彿童話場景；當它們在南方棲息產卵時，則又成群結隊棲息在樹上，宛如繁花堆滿枝頭。

昆蟲之所以數量如此龐大，不僅僅是因為它們繁殖能力驚人（一次能產卵幾十顆至幾千顆，部分昆蟲甚至可以在不經交配的情況下進行孤雌生殖），還因為它們對各種環境都有極強的適應能力。昆蟲或飛翔於藍天，或蟄伏於地底，或潛泳於水中，令天敵難以尋覓；部分昆蟲不吃不喝也能活大半個月，甚至被切了頭後還能活幾天；被稱作"小強"的蟑螂生命力更是強悍，甚至能在高能核輻射後存活。

恐龍時代的小生靈

蟑螂有這樣的生命力不足為奇，畢竟它誕生於 4 億多年前的志留紀[1]，在地球上的資歷比恐龍還老。恐龍早已滅絕，而蟑螂在經歷了四次生命大滅絕後依然存活於世，實在是演化的奇蹟。化石中的蟑螂與現代蟑螂相差無幾，這說明蟑螂在誕生之初時環境適應能力已經接近完美，不需多加演化便能適應億年來滄海桑田的變化。

其實，不少昆蟲在恐龍時代之前都已經誕生，昆蟲化石和包裹在樹脂中形成琥珀的昆蟲遺體記錄下了它們當年的模樣。比如蚊子，早在恐龍時代，它們就已經橫行無忌，也許琥珀中某隻蚊子的胃裏，就裝著當年吸食的恐龍鮮血。這正是電影《侏羅紀公園》的靈感來源：片中的科學家從琥珀中的象蚊（*Toxorhynchites rutilus*）胃裏獲取了恐龍的 DNA，克隆出大群恐龍……其實，象蚊以花蜜為食，並不吸食其他動物的鮮血，恐龍 DNA 更是不可能保存億年，所以《侏羅紀公園》不大有機會成為現實。

因為遠古時代的特殊環境，比如在高濃度氧氣的條件下，也有不少昆蟲長得與現代昆蟲大相徑庭。生活在石炭紀的巨脈蜻蜓（*Meganeura*）展翅長度能達到 70 多厘米，比現代的多數鳥類個頭都大。如此龐然大物當然不是吃素的。在巨脈蜻蜓的食譜上，除了其他昆蟲，小型的魚類、兩棲動物及爬行動物也赫然在列。巨脈蜻蜓消逝於二疊紀末期的生命大滅絕，多數人認為它們的滅絕

---

[1] 志留紀是早古生代的最後一個紀，也是古生代第三個紀，約開始於 4.4 億年前，結束於 4.1 億年前。——編者注

原因是空氣含氧量的下降，畢竟在巨脈蜻蜓活躍的石炭紀，空氣含氧量比現在高 20%，而離開了高氧環境它們便無法存活。也有人認為，巨脈蜻蜓的滅絕是因為二疊紀末期食物減少，如此龐大的身軀食量自然不小，而當時正值生命大滅絕時期，食物來源是沒法保障的。

不過巨型昆蟲並非只存在於遠古，現代也有翅展 20 厘米的烏桕大蠶蛾（*Attacus atlas*），翅展 28 厘米的亞歷山大女皇鳥翼鳳蝶（*Ornithoptera alexandrae*），體長 61 厘米的中國巨竹節蟲（*Phryganistria chinensis* Zhao）等。

飛蝗身上的顏色屬於化學色與結構色的結合

保存至今的琥珀和化石只能保留昆蟲的形體，它們當年五彩繽紛的顏色已經無處可尋。幸好，現代科技找到了給部分遠古昆蟲還原“色相”的辦法。大部分昆蟲鮮艷的色彩其實是結構色和化學色的結合，比如飛蝗，活著的時候化學色和結構色同時展現，一旦死亡，化學色漸漸消失，身體的色彩也會變得暗淡。蝴蝶、蛾類等昆蟲的色彩也都來自化學色與結構色的結合。所謂結構色，是和物理結構相關的：這些昆蟲的體表具有極其精巧的三維微觀結構，光線照射在蟲體表面的微觀結構上，就會產生折射、衍射及干擾，呈現出各種鮮艷的顏色，煞是好看。

和化學色不同，只要死後體表微觀結構不受破壞，昆蟲的結構色就不會消失。因此，甲蟲和蝴蝶標本上的鮮艷顏色能夠長久保存下去。通過分析化石中昆蟲體表的三維微觀結構，再和現代昆蟲的體表微觀結構與顏色進行比對，就可以把這些化石昆蟲億年前的顏色推測出來。

蝴蝶翅膀上的色彩，來自結構色（攝影：尹燁）

吃與被吃

為了保證下一代的生活，昆蟲都喜歡把卵產在食物充足的地方。如果找不到這樣的“風水寶地”，一些昆蟲會在產卵前給後代準備好食物。蜣螂（*Scarabaeidae*）和葬甲（*Silphidae*）會把幼蟲愛吃的糞便和小動物屍體埋進土中，在上面產卵，讓幼蟲一出生便不愁吃喝。蠅類、閻甲（*Histeridae*）等食腐昆蟲喜歡在屍體上產卵，法醫在遇到兇殺案時，根據屍體上食腐昆蟲的孵化情況，便可判斷受害者的死亡時間，這種利用昆蟲破案的學科叫法醫昆蟲學（forensic entomology）。

但多數昆蟲都並非這樣的"重口味"，比起腐食，它們更喜歡鮮肉。為了讓挑嘴的後代吃到新鮮的食物，泥蜂（*Sphecoidea*）、姬蜂（*Ichneumon*）、姬小蜂（*Eulophidae*）、蛛蜂（*Pompilidae*）等寄生蜂會捕獵其他昆蟲，用毒液將獵物麻醉後在它們身上產卵，幼蟲孵化出來後便寄生在被麻醉的獵物身上，以活體獵物的血肉為食。

古人早就發現，蜾蠃會銜泥建巢，並帶回螟蛉（*Naranga aenescens* Moore），放在泥巢中。在他們看來，這乃是因為蜾蠃無法生子，便收養螟蛉，將之變成自己的孩子。《詩經・小雅・小宛》有云"螟蛉有子，蜾蠃負之"，把蜾蠃帶螟蛉回巢比喻收養別人的子女。其實，蜾蠃哪有這份慈悲心？它們把螟蛉捕捉回來，只是把它們當作幼蟲的食物。一段時間後，泥巢便會飛出小蜾蠃來。

刻絨繭蜂（*Glyptapanteles*）則選擇在毛蟲身上產卵。其幼蟲一邊在毛蟲身上吸食血肉，一邊釋放出化學物質操縱毛蟲的行動。當繭蜂幼蟲從毛蟲身上鑽出結繭時，被化學物質控制的毛蟲就守在繭旁邊，為它們驅走天敵。如果沒有毛蟲的保駕護航，刻絨繭蜂可能會被其他寄生蜂寄生，落得一個"二重寄生"（寄生生物身上又被其他生物寄生）的下場。

有些寄生昆蟲甚至把主意打到了人類身上，人皮蠅（*Dermatobia hominis*）就是其中之一。它們會把卵產在人的衣服或者皮膚上，蠅蛆孵化出來後便鑽進人體皮膚內寄生，蠅蛆在皮下組織移行的時候，路過的地方會出現紅線狀的水腫性隆起，而被它們長期寄生的部位會產生腫塊。蠅蛆還在腫塊頂端留了氣孔供呼吸之用，等蠅蛆即將化蛹的時候，它們便會從氣孔鑽出來爬進地底，在泥土中化蛹。這種皮下蠅蛆病不但會讓人皮膚癤腫發炎，難看不堪，還會令患者出現低熱、頭痛、噁心、乏力等病症，如果蠅蛆爬進眼組織，甚至能造成失明。

昆蟲能寄生於其他生物，也會被其他生物寄生。最常寄生在昆蟲體內的生物便是真菌，中藥中的冬蟲夏草、蟬花，都是真菌侵襲昆蟲後形成的真菌與昆蟲的組合體。

偏側蛇蟲草菌（*Ophiocordyceps unilateralis*）不但寄生、蠶食螞蟻的身體，還能操縱螞蟻的肌肉，縱使螞蟻依然大腦清醒，也只能眼睜睜看著自己的身軀在真菌的控制下身不由己地爬上高處草葉，此時它體內的真菌便從高處釋放大量孢子，感染地面的其他螞蟻，循環發動類似“種蠱”的生化戰爭以培養更多的傀儡。

無獨有偶，被團孢黴屬（*Massospora cicadina*）真菌感染的蟬，後半段身體都會被白花花的真菌包裹，這些真菌能釋放裸蓋菇素和

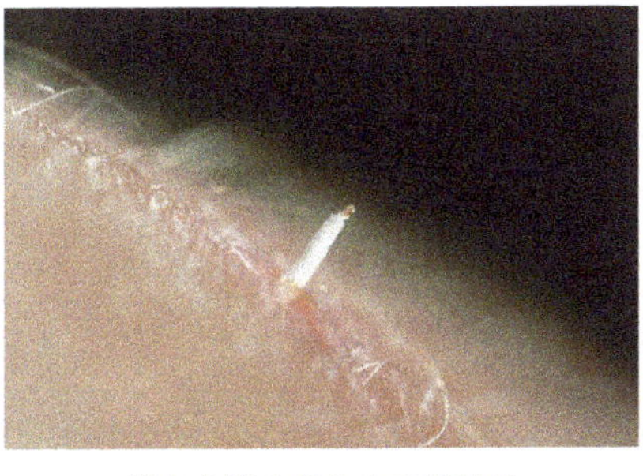

鑽出人體皮膚的人皮蠅蠅蛆

冬蟲夏草是蟲體和真菌子實體的組合體

卡西酮，讓被感染的蟬熱衷於交配，把真菌傳染給更多的蟬。

除了真菌，寄生蟲也有類似的特殊技能。鐵線蟲（*Gordiidae*）的幼蟲生活在水體中，如果螳螂飲水時誤飲了這些幼蟲，便會被寄生。寄生在螳螂體內的鐵線蟲成年後，會釋放出神經遞質，讓螳螂跳進水中自殺，鐵線蟲便從螳螂屍體鑽出，在水中交配繁殖。更可怕的是，鐵線蟲甚至可以寄生於人類身上，幸好它們的能耐還不夠大，被寄生的人類還不至於效仿螳螂，選擇跳水了斷自己。

與蟲同行

人類是什麼時候穿上衣服的？可以從體蝨身上找到答案。正因為人類穿上了衣服，原本寄生在頭髮中的頭蝨才有一部分分化為體蝨，在衣服褶皺中安營紮寨。美國佛羅里達大學的基因測序結果表明，體蝨與頭蝨的分化大約發生在 17 萬年前，這說明人類是在那個時候學會了穿衣遮體。

人類與昆蟲相伴而行的歷史其實遠不止 17 萬年。自古以來，人類既能享受昆蟲生產的蜂蜜、蠶絲，又得飽受蚊蠅和食稼之蟲的騷擾。人類根據昆蟲對自己有益還是有害，將之劃分為益蟲或者害蟲。其實所有的昆蟲都是遵循天性吃喝繁衍，並無好壞之分，但一些昆蟲的活動已經嚴重影響了人類的正常生活，為了自保，人類必須對它們痛下殺手。

譬如蚊子。當蚊子被瘧原蟲寄生後，叮咬人畜時就會把瘧原蟲傳播到人畜體內，引發瘧疾。因此，自古以來瘧疾多發地帶都是水源豐富的南方地區，畢竟溫暖濕潤的地方最容易滋生蚊蟲。

而南方地區地中海貧血症和鐮刀型貧血症發病率較高，也與瘧疾有關，因為這兩種疾病的患者不易被瘧原蟲寄生，在瘧疾多發地帶更容易存活下來。於是在長期自然選擇下，致病基因在當地人群中就擴散開來了。

在所有蚊子中，最兇殘的當數伊蚊屬的白紋伊蚊（*Aedes albopictus*），這種蚊子身體呈黑色，有白色斑紋，俗稱花蚊子，不但讓被叮者奇癢無比，而且一口氣能在人身上叮好幾個包，外國人把白紋伊蚊稱為“亞洲虎蚊”，一是因為它身上的斑紋，二是因為它叮人的兇殘程度。在中蒙邊境的一些地方，白紋伊蚊特別兇猛，能把圈養的豬叮得痛癢難耐，甚至撞牆自殺。

白紋伊蚊

傳統的除蚊方法就是使用各種滅蚊劑，甚至農藥。但化學毒殺的方法不僅很難根治蚊蟲，而且會污染環境。目前最理想的方法是生物防治：沃爾巴克氏菌（Wolbachia）能讓蚊子絕育，把攜帶沃爾巴克氏菌的雄蚊放生到野外和野生雌蚊交配，產生的受精卵無法孵出後代，這樣便能從源頭滅蚊。

在廣東的中山大學，就有一個世界最大的“蚊子工廠”。工廠有 4 個車間，每個車間每周能夠生產 500 萬隻攜帶沃爾巴克氏菌的雄性白紋伊蚊。2014 年，“蚊子工廠”生產的被感染蚊子在沙仔島試點釋放後，部分地區的成蟲抑制率達到 95% 以上。

螳螂、瓢蟲、白殭菌（*Beauveria*）、周氏齧小蜂（*Chouioia cunea* Yang）和赤眼蜂（*Trichogrammatid*）等生物也常被用於生物防治，它們能捕獵或者寄生於田間害蟲，殺死害蟲而又不危害其他動物。這種“以蟲治蟲”的方法最早見於北宋時期的《夢溪筆談》。

除了“蟲吃蟲”，“人吃蟲”也未嘗不可。美國節目《荒野求生》中的探險家貝爾．格里爾斯，就曾多次在節目中大啖蟲子。食用昆蟲古已有之，距今 4,400 多年前的古埃及墓碑上就刻著食用蝗蟲的場景。公元前 8 世紀的阿拉伯壁畫上描繪了士兵如何把蝗蟲串在樹枝上烤串以補充蛋白質。《聖經》中的施洗者約翰在野外生活時，也是以蝗蟲為食。《周禮．天官》中提到“蚳醢以供天子饋食”，蚳醢就是螞蟻卵做成的醬，這在當時是天子享用的美食。清朝的《本草綱目拾遺》認為，螞蟻卵具有強身健體、美容、催乳的功效。

時至今日，我國不少地區仍有食用蝗蟲、螞蟻、蠶蛹、知了、天牛幼蟲的習慣。聯合國糧農組織（Food and Agriculture Organization, FAO）指出，全世界可供人類食用的昆蟲超過 1,900 種，昆蟲富含蛋白質、維生素和礦物質，可以作為人類食物，食用昆蟲有助於緩解當前全球糧食和飼料短缺的問題。

雖然昆蟲可被人類當成“儲備糧”，但這個儲備糧倉不大可靠，因為不少昆蟲都面臨滅絕的危機。在過去的幾十年裏，因為環境破壞、氣候變化和殺蟲劑的濫用，昆蟲數量大量減少，更糟糕的是，受環境影響而滅絕的大多是對人類無害的昆蟲，而蚊、蠅、蟑螂等有害昆蟲因為它們強悍的生命力，所受影響有限，反倒在天敵和競爭對手大量滅絕的情況下大肆繁殖。

據英國《衛報》網站報道，昆蟲的滅絕速度是哺乳動物、鳥類和爬行動物滅絕速度的 8 倍，昆蟲的數目正在以每年 2.5% 的速度減少。如果不採取保護措施，也許昆蟲會在 100 年內徹底滅絕，從而導致整個生態系統的崩潰！植物會因為失去授粉昆蟲而滅絕，以昆蟲為食的鳥類、蝙蝠、蛙類等動物將大量餓死，而以這些動物為食的大型食肉動物也勢必隨之減少。

與此同時，雖然目前環境讓多種昆蟲數量銳減，但這種氣候溫暖、二氧化碳含量較高的環境卻有利於蚊子、蠓（*Ceratopogouidae*）、蚋（*Simuliidae*）等吸血昆蟲形成更多的新品種。因為吸血昆蟲喜歡溫暖、高二氧化碳的環境，在環境適宜、食物充足的情況下，基因變異的吸血昆蟲容易存活下去並形成新物種。這些新物種吸血昆蟲可能會傳播更多疾病，威脅人畜安全。

昆蟲已在地球生存數億年，但要讓它們滅絕只需百年。人類在自身發展的同時，也應顧及其他生物的生存，否則到頭來承擔後果的還是人類自己。

黑脈金斑蝶小貼士	
中文名	黑脈金斑蝶
拉丁學名	*Danaus plexippus*
英文名稱	Monarch butterfly
別稱	大樺斑蝶、黑脈樺斑蝶、帝王蝶
物種分類	節肢動物門、昆蟲綱、鱗翅目、蛺蝶科、斑蝶屬、黑脈金斑蝶種
基因組學研究進展	2011 年 11 月 24 日，美國馬薩諸塞大學（俗稱麻省大學）醫學院對黑脈金斑蝶進行基因測序，發現其基因組大小為 273 Mb，共有 16,866 個編碼基因。本次測序揭示了黑脈金斑蝶長途遷徙的遺傳和分子機制，分析了它們掌控視圖、生物鐘、方向性飛行的基因，以及保幼激素合成相關基因。保幼激素水平的調節能使初代遷徙蝴蝶關閉繁殖功能，並使其壽命延長到 9 個月。這是首個被破譯的蝴蝶基因組，也是首個長途遷移相關基因組研究。研究成果以封面文章的形式發表在《細胞》雜誌上。 2014 年 10 月 1 日，中科院與美國芝加哥大學、馬薩諸塞大學醫學院對黑脈金斑蝶進行了群體遺傳學分析，發現黑脈金斑蝶起源於北美，祖先屬於遷飛型，具有多套獨特的代謝調節通路，與飛行相關的肌肉也演化得更為發達。黑脈金斑蝶的鮮豔顏色則來自一個肌球蛋白基因，之前並沒發現昆蟲的顏色和這個基因有關，但小鼠身上的一個同源基因也會影響皮毛的顏色，這說明無脊椎動物與脊椎動物的體色調節機制有一定的相似性。該研究成果發表在《自然》雜誌上。

蝗蟲小貼士	
中文名	蝗蟲
拉丁學名	*Locustodea*
英文名稱	locust
別稱	蚱蜢、草蜢、螞蚱

蝗蟲小貼士	
物種分類	節肢動物門、昆蟲綱、直翅目、蝗亞目
基因組學研究進展	2014 年 1 月 14 日，中科院動物研究所、華大基因研究院以及中科院北京生命科學研究院的科學家們對東亞飛蝗（*Locusta migratoria*）進行基因測序，發現其基因組大小為 6.5 Gb，是人類基因組大小的兩倍。東亞飛蝗擁有如此大的基因組是因為有大量的重複序列（佔全基因組的 60%），其中又含有多個 DNA 轉座子和重複序列（LINE）反座子，在演化過程中這些重複序列從未被清除出去，留在基因組中，造就了如此龐大的基因組。東亞飛蝗含有多個與脂肪酸代謝相關的基因，能高效地為飛蝗提供能量；基因組中還含有 68 個編碼糖苷鍵轉移酶的基因，是所有昆蟲中最多的，這類代謝解毒酶類能夠降解植物中的有毒代謝物，讓飛蝗吃植物時免於中毒。此項研究還發現了東亞飛蝗的數百個潛在的殺蟲劑靶基因，有助於今後人工控制飛蝗數量。研究成果發表在《自然．通訊》雜誌上。

蟑螂小貼士	
中文名	蟑螂
拉丁學名	*Blattodea*
英文名稱	cockroach
別稱	甲由、小強、黃婆娘、偷油婆、鞋板蟲、油灶婆
物種分類	節肢動物門、昆蟲綱、蜚蠊目、蜚蠊種
基因組學研究進展	2018 年 3 月 21 日，中科院和華南師範大學的研究者對常見的蟑螂品種——美洲大蠊（*Periplaneta americana*）進行基因測序，測序結果顯示，美洲大蠊基因組大小為 3.38 Gb，與人類基因組大小相近，它們有 2 萬多個基因，感受化學刺激和解毒、免疫相關的基因家族都發生了擴張，讓它們具有極頑強的生命力。研究成果發表在《自然．通訊》雜誌上。

體蝨小貼士	
中文名	體蝨
拉丁學名	*Pediculus humanus corporis*
英文名稱	body louse
別稱	衣蝨、蝨子
物種分類	節肢動物門、昆蟲綱、有翅亞綱、蝨目
基因組學研究進展	2010 年 7 月，美國伊利諾伊大學厄巴納—香檳分校、英國班戈大學等機構對人類體蝨進行了基因測序，發現其基因組大小為 110 Mb。研究成果發表在《美國國家科學院院刊》上。 2011 年 1 月 6 日，美國佛羅里達大學研究人員通過測序發現，體蝨大約 17 萬年前從頭蝨中分化出來，人類應該是從那時起開始穿衣的。研究成果發表在《分子生物學與演化》（*Molecular Biology and Evolution*）雜誌上。

白紋伊蚊小貼士	
中文名	白紋伊蚊
拉丁學名	*Aedes albopictus*
英文名稱	Asian tiger mosquito
別稱	亞洲虎蚊、花斑蚊、花蚊子
物種分類	節肢動物門、昆蟲綱、雙翅目、蚊科、庫蚊亞科、伊蚊屬

白紋伊蚊小貼士	
基因組學研究進展	2015年10月19日，南方醫科大學、華大基因和加州大學歐文分校對廣東佛山的白紋伊蚊進行基因測序，測序結果表明，白紋伊蚊的基因組達到1,967 Mb，是迄今測序的最大蚊子基因組。白紋伊蚊的龐大基因組主要是因為其中的DNA重複序列高達64%。此外，涉及殺蟲劑抗性、滯育、性別決定、免疫和嗅覺的基因也發生了擴增，使白紋伊蚊能夠適應各種環境。白紋伊蚊和埃及伊蚊從7,100萬年前開始分化，但白紋伊蚊比埃及伊蚊有更高的叮咬頻率和更強的種間競爭優勢。這項研究成果發表在《美國國家科學院院刊》雜誌上。

參考文獻

1. Zhan S., Zhang W., Niitepõld K., et al. The genetics of monarch butterfly migration and warning colouration[J]. *Nature*. 2014 Oct 16, 514(7522): 317-21.
2. Zhang Q., Mey W., Ansorge J., et al. Fossil scales illuminate the early evolution of lepidopterans and structural colors[J]. *Sci Adv*. 2018 Apr 11, 4(4): e1700988.
3. Fredericksen M.A., Zhang Y., Hazen M.L., et al. Three-dimensional visualization and a deep-learning model reveal complex fungal parasite networks in behaviorally manipulated ants[J]. *Proc Natl Acad Sci U S A*. 2017 Nov 21, 114(47): 12590-12595.
4. Grosman A.H., Janssen A., de Brito E.F., et al. Parasitoid increases survival of its pupae by inducing hosts to fight predators[J]. *PLOS One*. 2008 Jun 4, 3(6): e2276.
5. Cooley J.R., Marshall D.C., Hill KBR. A specialized fungal parasite (Massospora cicadina) hijacks the sexual signals of periodical cicadas (Hemiptera: Cicadidae: Magicicada)[J]. *Sci Rep*. 2018 Jan 23, 8(1): 1432.
6. Bian G., Joshi D., Dong Y., et al. Wolbachia invades Anopheles stephensi populations and induces refractoriness to Plasmodium infection[J].

Science. 2013 May 10, 340(6133): 748-51.

7. 馬聰 . 飛翔的蛋白質［J］. 青年科學 . 2007，2: 38.
8. 鄭兆飛 . 淺析食用昆蟲的資源價值及其開發利用［J］. 福建林業 . 2017，1: 28–29.
9. Euan McKirdy. Massive insect decline could have “catastrophic” environmental impact, study says[BD/OL]. https://edition.cnn.com/2019/02/11/health/insect-decline-study-intl/index.html. 2019-02-12.
10. 參考消息 . 英媒：全球昆蟲或在 100 年內滅絕 將導致生態災難［N］. 參考消息 . 2012–02–12.
11. Tang C., Davis K.E., Delmer C., et al. Elevated atmospheric CO2 promoted speciation in mosquitoes (Diptera, Culicidae)[J]. *Commun Biol*. 2018 Nov 5, 1:182.

夜訪“鯊”先生——真實之夢？

夜行

當他們告訴我“大鯊魚”要找我聊聊的時候，我是非常莫名其妙的。雖然知道“大鯊魚”是 NBA（美國職業男子籃球聯賽）前球員沙奎爾·奧尼爾（Shaquille O’Neal）的綽號，但作為一個很少看 NBA 的理科男，我怎麼會引起他的注意？

半個小時的車程後，我被帶到了城郊的一處大房子。他們告訴我，從二號門進去後一直向裏走，“大鯊魚”就在最裏面等著我。“這是你和‘大鯊魚’先生的私人對話，我們就不進去了。”其中一個人說，同時他掏出了一副看起來很笨的墨鏡，“來，你戴上這個。”

“戴這個幹嗎？難道黑夜會閃瞎我嗎？”

“它能錄音，記錄你的對話，”他們只是冷笑，“畢竟，事後你可就不一定能記得發生什麼了。”

我就在一種詭異的忐忑中戴上了這副又笨又傻的墨鏡……在往裏走的時候，我開始懷疑自己是不是太蠢了，就因為陌生人的幾句話和一輛還算不錯的車，就大半夜乖乖跟他們來了這麼個地方。

我反省了一下，也許是覺得見體育明星機會難得吧。嗯，也許是個什麼真人秀？哎呀我能上電視了，好激動……

在一片漆黑中，我終於摸索著穿過二號門，走到了最深處，玻璃幕牆背後似乎閃著微藍的熒光。緊接著，我看到了“大鯊魚”先生，沒來得及驚訝，我就不省人事了……

事實證明，這個墨鏡還是有用的。最後，那天晚上到底發生了些什麼，我全是通過其中的錄音才知道的。

對話

我：你，你是……

他：外面那些人已經告訴過你了。

我：天啊，我以為你是奧尼爾……他們稱你是“大鯊魚先生”！

他：這倒沒錯，我是男性，你要驗一驗嗎？

我：不不不！不用了！謝謝！

他：你叫我“老沙”就好。

我：嗯好……老沙先生，您叫我來是……？

老沙：給你上一課。

我：……

老沙：吃過魚翅嗎？

我：吃過幾次，不多。

老沙：吃過鯊魚軟骨製品嗎？

我：呃，沒有，不過給我父母買過。您要嗎？我有朋友在搞代購……

老沙：不用了，謝謝。嗯，那這個課還是很有必要給你上的。你先離近點，看出來我是什麼了嗎？

我：呃，反正不是人……有點像，海怪？

老沙：……我是鯊魚！

我：對對對！是有那麼一點像那個大白鯊的樣子！

老沙：你們給我起的“學名”是“姥鯊”，跟大白鯊一樣都是鼠鯊目的。

我：啊，原來你是讓我叫你“姥鯊”啊，不好意思，誤會誤會……呃，所以您找我來，是因為半夜餓了叫了一份外賣嗎？

姥鯊：我不吃肉，謝謝。

我：鯊魚竟然不吃肉？

姥鯊：準確來說，我和藍鯨一樣是濾食性動物，只吃浮游生物。你看我這麼溫柔，像是要吃你的樣子嗎？

我：像啊……

姥鯊：你這是外貌歧視！我本來就長這個樣子。咳，說正經的啊，世界上體型數一數二的鯊魚，就數鯨鯊和我們姥鯊了，我們能長到十幾米、幾十噸。別看我們體型這麼大，實際上並不像大白鯊一樣吃海豹什麼的。

我：嗯，我也記得體型大的好像一般都吃草，比如大象什麼的，但我沒想過原因。

姥鯊：嗯，孺子可教也。其實，體型最大的動物往往不在食物鏈的頂端，比如大洋中的藍鯨、陸地上的大象，一個吃小魚小蝦，一個則乾脆就吃素。真正在食物鏈頂端的動物，體型反而不能特別大。你想想啊，假如大象要吃肉，那每天要吃多少才能滿足那麼大的食量啊？所以它們只能吃植物。

我：原來如此⋯⋯可是這跟我有什麼關係啊⋯⋯

姥鯊：先別急，你剛才說你吃過魚翅，還買過鯊魚軟骨製品對吧？

我：呃⋯⋯是的，不好意思，當時不知道您的身份，冒犯了冒犯了⋯⋯

姥鯊：唔，那你來說說，既然我們不吃你們，你們為什麼要殺我們呢？

我：這個⋯⋯當然是因為魚翅好吃又大補，鯊魚軟骨又能養護關節⋯⋯另外你說的也不對，你們姥鯊雖然不吃，可是大白鯊吃啊！你看過《大白鯊》和《深海狂鯊》沒？嚇死我了，簡直是童年陰影啊！還有近年的《鯊灘》《巨齒鯊》⋯⋯

姥鯊：唉，要不怎麼都說你們人類愚昧呢，現在海洋重金屬污染這麼嚴重，一些肉食類鯊魚又是食物鏈頂端的霸主，體內富集了大量重金屬，吃魚翅不但不能大補還傷身呀！我們鯊魚富含軟骨是沒錯，因為我們屬於軟骨魚，骨架多由軟骨組成，人類關節也屬於軟骨，但要指望吃鯊魚軟骨"以形補形"保養關節，你不如去吃點正規藥物，便宜還管用。還有，我要糾正你，其實大白鯊並不吃人。

我：啊？

姥鯊：你剛才說我們挺好吃，但你們人類可不怎麼好吃。鯊魚愛咬人純粹是你們的電影為了製造驚險刺激的情節而設計的，事實上大白鯊並不覺得你們好吃。食肉鯊魚的食譜裏主要是魚、海龜、鯨、海獅和海豹，你們那點營養和口感還沒資格出現在這份菜單上。

我：為什麼？我們一直都還以為自己很好吃啊！呃，並不是說您可以嚐嚐啊，我就是這麼一說，您別誤會。

姥鯊：呸，鯊魚的體型和運動量那麼大，需要高質量的能量來源，你們跟那些富含不飽和脂肪酸、高蛋白的海洋動物比起來，差太多了。

我：啊，這我就放心了……誒？可是我記得確實有鯊魚咬人的新聞啊！報紙上看到過的！

姥鯊：嗯，很多時候鯊魚不是為了專門吃你們的，而是在捕獵的時候以為游泳的人類是食物，才試探性地咬一口。還有些時候，是你們衝浪的人在板子上的影子太像海豹了……而且，一般鯊魚發現咬到的是人，通常掉頭就走了。你只看過鯊魚攻擊人類的新聞，你看過哪個是鯊魚把人吃了的啊？

我：這個……

姥鯊：唉，都是那些電影搞的，讓你們覺得鯊魚對海邊的人來說是個莫大的威脅。實際上，美國加州的衝浪者，被鯊魚襲擊的概率是多少？一千七百萬分之一，比中彩票的概率都低！你們與其擔心被鯊魚吃掉，不如小心一點防止溺水，或者注意別玩自拍作死。你知不知道，全球每年死於溺水的人類將近 40 萬，而被鯊魚無故攻擊死亡的，只有幾十個甚至是個位數，你們因為自拍死的人都比這多。

我：這我還真不知道！我這就回去跟我女朋友說！

姥鯊：……唉，總之啊，我們其實並沒那麼可怕，相反，你們人類才是我們的噩夢！你們連年捕殺，已經快把我們這個物種滅絕了。你想想，你們最常見到的鯊魚，是在紀錄片裏？還是在水族館裏？大概是在餐桌上吧！一碗一碗的魚翅，還有鯊魚軟骨做的保健品。過去十幾年裏，你們每年要殺死 1 億條鯊魚！

我：抱歉……

姥鯊：你說你吃過魚翅對吧？你們獲取魚翅的手法實在太殘忍。我們被活活割掉魚鰭，然後像垃圾一樣被扔回海裏等死，你知道嗎？只是香港一座城市，每年就要進口 5,000 噸魚翅產品。你算算那得是多少條鯊魚的性命！雖說《瀕危野生動植物種國際貿易公約》對我和鯨鯊、大白鯊進行了保護，但還有將近 80 種處於易危、瀕危、極危狀態的鯊魚未受保護！就連電影《大白鯊》的原著作者彼得・本奇利（Peter Benchley），在目睹魚翅產業造成的慘狀後，也投身於鯊魚保護事業了！

我：這個，長期以來，我們的一些飲食傳統確實有點……

姥鯊：從營養學上看，魚翅並沒有什麼特殊的營養價值，還富含重金屬和加工過程中的漂白劑，吃了反而傷身。你們要吃我們，還不如研究我們的基因。美國科學家發現大白鯊的 DNA 有極強的穩定性和自我修復能力，它的 DNA 突變和損傷遠比其他動物少，所以大白鯊不但長壽而且極少得癌症。此外，大白鯊的傷口自癒能力也非常驚人，能在受傷後迅速生成新的組織修復傷口。如果能把相關基因的作用機理研究透徹，你們人類要健康、要長壽，不是小菜一碟嗎？為什麼非要把我們吃得瀕臨絕種呢？

示意圖：人類潛水員和姥鯊（繪圖：柳葉刀）

我：不得不說，人類對待野生動物的一些行為，確實殘忍而愚昧。

姥鯊：現在是你們統治地球，你們當然可以為所欲為。但如果你們願意和其他物種和平共處，達到“共贏”的結果，也許會更好一些。好了，我想說的說完了，你可以回去了……

我：可是，姥鯊先生，我……

姥鯊：如果你聽我講完這麼多，內心能有一點感觸，我就感激不盡了。好了，謝謝你，再見吧！

這個世界依舊如常，那晚的經歷如夢似幻。

我安慰自己說這個墨鏡可能不只是錄音這麼簡單，說不定是某種催眠加 VR（虛擬現實）的設備，那個錄音可能是合成的，聽自己的聲音往往是判斷不準的⋯⋯可不知怎麼的，我總願相信這是真的。

後來，我再也沒吃過魚翅，也沒再買過鯊魚製品，還慢慢接觸了一些動物保護組織的工作。有一次，我去給一個保護鯊魚的講座當志願者，那個主講人令我印象深刻，他對動物保護事業也充滿了熱情。活動結束後大家一起吃飯，我便和他隨口聊起天來。

"您今天講得真好，是我聽過的最生動而又有理有據的演講。"

"謝謝，你們做志願者工作也辛苦了。"

"說來好笑哈，我上次聽鯊魚有關的知識，還是個挺奇怪的夢。"

他靜靜抿了一口茶，衝我微笑道："是姥鯊先生嗎？"

姥鯊小貼士	
中文名	姥鯊（象鯊）
拉丁學名	*Cetorhinus maximus*
英文名稱	basking shark（elephant shark）
別稱	姥鮫、贛鯊、蒙鯊、老鼠鯊、象鮫
物種分類	脊索動物門、軟骨魚綱、鼠鯊目、姥鯊科、姥鯊屬、姥鯊種

姥鯊小貼士	
基因組學研究進展	2014 年，國際研究人員對姥鯊基因組的測序和分析結果發表在《自然》雜誌上。在大約 1,000 個軟骨魚類物種中，選擇姥鯊作為模型是因為它的基因組相對緊湊，大小只有人類基因組的三分之一。研究人員將其與人類和其他脊椎動物的基因組進行比較，揭示出了為何鯊魚的骨架主要是由軟骨構成，而不像人類的骨架一樣是由骨骼構成，以及鯊魚的免疫系統相比人類要簡單得多的原因。研究還揭示了姥鯊基因組是所有脊椎動物中進化最慢的基因組，它有可能是很久以前滅絕的所有有頜脊椎動物祖先的最佳代表。

大白鯊小貼士	
中文名	大白鯊
拉丁學名	*Carcharodon carcharias*
英文名稱	white shark
別稱	食人鯊、白死鯊、白鮫、食人鮫、噬人鯊
物種分類	脊索動物門、軟骨魚綱、鼠鯊目、鯖鯊科、噬人鯊屬、大白鯊種
基因組學研究進展	2019 年 2 月，美國諾瓦東南大學和康奈爾大學科學家領導的一個國際研究團隊研究發現，大白鯊共有 41 對染色體，基因組大小為 4.63 Gb，是人類的 1.5 倍，GC 含量為 43.95%，重複序列佔 58.55%，包括很大比例的轉座子。該研究發現，大白鯊的基因組非常穩定，DNA 的修復和損傷耐受性極強，而且含有多個促進傷口癒合的基因，這使得大白鯊長壽、極少患癌症、傷口自癒能力極強。解碼大白鯊基因組，揭開其抗癌、長壽、超強自癒能力背後的秘密，有助於人類抗擊癌症、老年性疾病和難癒傷口。其研究結果發表在《美國國家科學院院刊》雜誌上。

參考文獻

1. Venkatesh B., Lee A.P., Ravi V., et al. Elephant shark genome provides unique insights into gnathostome evolution[J]. *Nature*. 2014 Jan 9, 505 (7482): 174-9.
2. Brendan Borrell. Why sharks have no bones[DB/OL]. http://www.nature.com/news/why-sharks-have-no-bones-1.14487, 2014-01-08.
3. 王聲瑜．魚類吉尼斯［J］．科學養魚，2002，(3)：58.
4. Brian Clark Howard. 6 Shark Attack Myths from "The Shallows" [DB/OL]. http://www.nationalgeographic.com/adventure/lists/surfing/the-shallows-shark-myths/, 2016-06-30.
5. 張艾京．統計顯示 2015 全球因自拍喪命人數超鯊魚攻擊致死 [DB/OL]. http://www.chinanews.com/gj/2015/09-23/7539688.shtml, 2015-09-23.
6. Megan Gannon. 100 Million Sharks Killed Each Year, Study Finds [DB/OL]. https://www.livescience.com/27575-100-million-sharks-killed-annually.html, 2013-03-01.
7. Marra N.J., Stanhope M.J., Jue N.K., et al. White shark genome reveals ancient elasmobranch adaptations associated with wound healing and the maintenance of genome stability[J]. *Proc Natl Acad Sci USA*. 2019 Feb 19, pii: 201819778.

為誰辛苦為誰甜

“不論平地與山尖，無限風光盡被佔。採得百花成蜜後，為誰辛苦為誰甜。”蜜蜂因為能採集、儲存香甜醉人的花蜜，自古被人類廣為稱讚，被視為勤勞、無私奉獻的象徵。

不過，蜜蜂的“無私奉獻”只是人類一廂情願的想象。誰願把自己的口糧拱手相讓？只是蜜蜂無力抵擋人類的掠奪罷了。

說起來，蜜蜂在地球上出現的時間遠比人類要早，它們的祖先誕生於第三紀，當時它們像胡蜂一樣是肉食動物，主要靠捕食其他昆蟲為生。到了白堊紀時期，隨著有花植物的興起，蜜蜂“放下屠刀”轉而以花蜜和花粉為食，族群也和螞蟻類似，演化成了社會性昆蟲，它們的授粉對有花植物的發展有重要意義。儘管人類在蜜蜂面前屬於很晚很晚的後輩，但這並不影響他們對野蜂的掠奪：在距今 4 萬年前的歐洲洞穴壁畫上，就繪有人類採摘野蜂蜂巢的場景。

蜜蜂王國

白居易在詩中寫道：“蜂巢與蟻穴，隨分有君臣。”跟螞蟻一樣，蜜蜂也屬於社會性昆蟲，蜂群中的成員地位有別，分工不同，古人認為它們像人一樣有君臣之別。

蜂群成員一般包括一隻蜂王、少數雄蜂和大量工蜂。蜂王又稱蜂后、雌蜂，是生殖系統發育完善、能繁育後代的雌性蜜蜂，個頭比較大，負責產卵繁殖後代，壽命長達數年。工蜂則是生殖系統不完善的雌性蜜蜂，個頭較小，負責餵養幼蟲、修建蜂巢、採集食物、攻擊敵人，壽命只有幾個月。

蜂王和工蜂都是受精卵發育而成的雙倍體個體，基因型完全一樣，是什麼造成它們身體狀況、壽命等方面出現種種差異？關鍵因素乃是食物。

青年工蜂會分泌蜂王漿，餵給剛孵化的蜜蜂幼蟲，但對多數幼蟲只餵 3 天的蜂王漿，此後便給它們餵食蜂蜜和花粉，這些幼蟲日後發育為工蜂；而被選定成為未來蜂王的幼蟲則居於王台，終身食用蜂王漿，發育為蜂王，壯碩長壽，子孫繁盛。

當蜂王意外死亡時，工蜂便把 3 日齡以下的幼蟲移到王台，給它餵食蜂王漿，讓它成長為新的蜂王。如果沒有合適的幼蟲，它們只能給某隻成年工蜂餵食蜂王漿，工蜂無法交配，只能孤雌生殖，產下未受精卵。這些卵只能孵化出單倍體的雄蜂，這個蜂群最終還是會因為無法繁殖而消亡。

蜂王漿造成了蜂王和工蜂截然不同的身體狀況，讓人類對這種神奇的液體心生嚮往：其中是不是有增強生育能力、延長壽命的功效？人類服用蜂王漿是不是也能健康長壽？因為傳說有著神奇的保健功效，加上產量少，採集困難，蜂王漿逐漸被捧為價格不菲的高級保健品。

然而，蜂王漿真的如此神奇嗎？其中主要的有效物質又是什麼？研究人員給動物餵食了蜂王漿，發現這種物質確實能在一定程度上提高動物的生殖能力。2011 年，日本科學家在新鮮的蜂王漿中發現了一種叫作 royalactin 的蛋白質，能促進生長激素的分泌，但這種物質不是十分穩定，長期儲存的話可能降解。

後來，學者發現蜜蜂幼蟲能發育成蜂王，不僅與吃蜂王漿有關，還因為它避開了蜂蜜和花粉中的對香豆酸和 miRNA（小分子 RNA），miRNA 可以對蜜蜂產生表觀遺傳學方面的影響。對香豆酸和 miRNA 對人畜無害，卻會影響蜜蜂的生長發育。如果幼蟲能一直食用不含這兩種物質的蜂王漿，便能正常發育。總之，蜂王漿有一定保健功效，可以適當服用，但它也並非神藥，不宜對它的功效過於迷信。

雄蜂的基因型則與蜂王、工蜂不同，它是由未受精卵孵化出來的單倍體個體，唯一的任務就是和蜂王交配。一旦蜂王成功受精產卵，雄蜂便被工蜂逐出蜂巢，因飢寒而死。古人又把雄蜂稱為將蜂或者相蜂，認為它能輔佐君王，而它這種"狡兔死，走狗烹"的命運，也跟史書上的不少名臣命運頗為相似。

蜂巢寶藏

工蜂最主要的工作是採蜜。每天清晨，少數工蜂總是率先離巢尋找蜜源。科學家們發現，這些擔任"偵察員"的工蜂，兒茶酚胺、谷氨酸和 GABA 的分泌水平遠超普通工蜂，所以表現出更強的探索能力。

蜜蜂的視覺對黃色和藍色比較敏感，所以它們偏愛這些顏色的鮮花（包括能明顯看到黃色花粉的鮮花）。另外，紅花因為容易吸熱而溫度較高，容易被蜜蜂注意，香氣濃郁的鮮花也能以氣味吸引蜜蜂，也受到了蜜蜂的青睞。

當偵查蜂發現蜜源花叢後，便返回蜂巢用舞蹈動作通知工蜂大部隊前來採蜜。奧地利科學家卡爾·弗里希（Karl Frisch）經過多年研究發現，如果偵查蜂跳的是圓圈舞，說明蜜源離蜂巢不到百米；如果偵查蜂跳的是 8 字形舞蹈，說明蜜源離蜂巢百米以外，而且舞蹈動作越慢，說明蜜源越遠。另外，偵查蜂跳舞時頭部的朝向則指明了蜜源的方向。憑著這一發現，弗里希獲得了 1973 年的諾貝爾生理學或醫學獎。後來，德國科學家發現，偵查蜂除了運用舞蹈，還會用振翅的聲波向同伴傳遞信息，曾有科學家讓機器蜂給蜂群指點蜜源，結果因為機器蜂無法發出振翅聲波，被蜂群識破：既然“非我族類”，自有一頓痛毆。

在蜂巢釀蜜的蜜蜂

蜜蜂把採到的花蜜儲存在蜜囊裏，回巢後把花蜜吐到各蜂房裏，一邊扇翅讓水分蒸發，一邊反覆吞吐蜂蜜，讓體內的酶把蜂蜜的蔗糖轉化為容易吸收的葡萄糖和果糖。這個加工過程就叫釀蜜。釀造好的蜂蜜，含水量不到 20%，不但味道更加甘美，而且久存不壞。據說，在古埃及金字塔中還有 3,000 多年前埋藏的蜂蜜，至今仍未變質，甚至可以食用。

蜂蜜在古代是上等美食，宋人梅堯臣稱讚蜂蜜“調和露與英，凝甘滑於髓”，三國時期的袁術臨死前還念念不忘要喝蜂蜜水。原始人類一般靠採摘野蜂巢獲取蜂蜜，就連蜂巢裏的蜂蛹也成了他們口中的美食。後來人類開始馴養蜜蜂，為蜜蜂趕走老鼠等偷蜜者，在冬天百花凋零時為蜜蜂準備糖水充當口糧，而蜜蜂也讓人類取走部分蜂蜜作為回報。

除了蜂蜜和蜂王漿，蜂巢中的花粉、蜂蠟、蜂膠對人類也大有用處。採蜜時，蜜蜂會沾染一身花粉；隨後，則用後腿的花粉刷把身上的花粉掃入後腿的花粉筐中（蜜蜂身上的花粉刷和花粉筐均由粗毛組成），攢成一個花粉團；而蜜蜂身上沒被收集的零散花粉，便隨它們四處採蜜時落在其他花朵上，完成幫植物傳宗接代的任務。古人早就注意到蜜蜂後腿上所攜帶的花粉團，古詩中也有“採華香負蜜蜂股”的句子。被蜜蜂採回的花粉團又稱蜂花粉，含有豐富的維生素、氨基酸和微量元素，可被加工為食品和保健品。

年紀略大的工蜂可以分泌蜂蠟修建蜂巢，工蜂腹部有 4 對蠟腺，分泌的液狀蠟質與空氣接觸後便凝結成固體蠟。蜂蠟可用於製作蠟燭、蠟丸、蠟染布料，在藥丸外面包裹蠟衣製成蠟丸，可以長期保存，而軍中傳遞機密文書時，也會把書帛封在蠟丸中，防止外人偷窺泄密。

當蜂巢受損的時候，工蜂會用樹脂加工而成的蜂膠來修補蜂巢，如果蜂箱裏有無法移出的昆蟲屍體，工蜂也會用蜂膠包裹昆蟲屍體，免得昆蟲屍體腐爛污染環境。因為其強大的殺菌防腐功能，蜂膠被譽為“紫色黃金”，市場上形形色色的蜂膠保健品也不少，有人把蜂膠當成可以抗衰老、抗腫瘤、提高免疫力的保健品長期服用。其實蜂膠的主要功能是抗菌消炎，健康人長期服用並沒有好處，過敏體質者服用蜂膠甚至可能引起過敏。

蜂巢不但是儲存美食的寶庫，還自帶“中央空調”。為了讓幼蟲健康成長，工蜂要保持蜂巢溫度穩定，在天氣炎熱的時候需要尋找水源，並把水灑在蜂巢上，用翅膀扇風，通過水分的蒸發降低蜂巢溫度；而在寒冷時期，蜂群會群聚在蜂巢中央，加速代謝產熱，為蜂巢保溫。

蜂毒妙用

人類雖然陶醉於蜂蜜的美味，但也懼怕有毒的蜂刺。當有外敵掠奪蜂蜜時，蜜蜂會奮力抵抗外敵，用尾部的蜂刺痛蜇來敵，並把蜂刺留在對方身體中，蜂刺在脫離蜜蜂身體後，連在其上的毒囊還會繼續把其中的蜂毒注入敵人體內。蜜蜂毒液呈弱酸性，會引發炎性反應，使被蜇處皮膚紅腫，痛癢難當。

蜜蜂毒液成分複雜，其中含量最高的是一種叫蜂毒素（melittin）的小分子多肽。這種多肽會激活人體中的 TRPV1 通道，使人感到火燒般的灼熱感。蜂刺的毒液讓人敬而遠之，《詩經．周頌．小毖》就有“莫予荓蜂，自求辛螫”的句子。

但古人發現，蜂毒雖然讓人痛苦，但也是治病的良藥。距今 2,000 多年的《黃帝內經》中記載“蜂螫有毒可療疾”，民間傳說，

蜜蜂用尾部的蜂刺螫人

蜂毒有治療風濕性及類風濕性關節炎、三叉神經痛等功效。

現代科學發現，蜂毒素可以殺滅多種細菌、真菌和病毒，包括艾滋病病毒——蜂毒素能損壞艾滋病病毒的包膜，同時不傷害人類細胞，它也許能成為治療艾滋病的新型靶向藥物。

但蜂毒也可能致人死命。20 世紀 50 年代，巴西為了發展養蜂業，從非洲引進產蜜量高但攻擊性強的野蜂進行育種。不料，非洲野蜂逃逸到野外，與當地早前引進的意大利蜜蜂雜交，繁育出兇猛好鬥的後代。這種雜交蜂的攻擊是致命的，根據不完全統計，目前已有千人死於它們的螫刺，而且它們生命力極強，難以捕殺消滅。這種蜜蜂被稱為非洲化蜜蜂（Africanized honeybee, AHB），而大眾對它們的俗稱是"殺人蜂"。

然而，"殺人蜂"並非完全有害無利，墨西哥蜂農發現"殺人蜂"抗病害能力極強而且產蜜量高，如果管理得當，完全可以把它們當家蜂飼養；而傳播到波多黎各的"殺人蜂"更是發生了基因變異，性情和意大利蜜蜂一樣溫和，但又像其他"殺人蜂"一樣強壯且高產。

蜂蜜固然甜美誘人，但蜜蜂對人類最重要的意義不是生產蜂蜜，而是為經濟作物授粉。光是美國，每年依靠蜜蜂授粉的農產品產值就高達 150 億美元。傳說愛因斯坦曾預言："如果蜜蜂從地球上消失，人類只能活 4 年。"雖然愛因斯坦並沒有說過這句話，此話很可能是來自比利時養蜂人的一場罷工，但這也在一定程度上反映了蜜蜂對生態系統的重要性。

然而從近代起，常有成年工蜂大量消失，這種情況被稱為蜂群崩潰綜合徵。一旦蜜蜂真的在這世上滅絕，不光人類失去了甜美的蜂蜜，整個生態系統也會因為植物缺乏授粉昆蟲、繁殖困難而崩潰。蜂群崩潰綜合徵的成因眾說紛紜，有人認為這是病毒造成的，有人認為是濫用殺蟲劑和農藥的後果，雖然真正的原因還沒有定論，但可以確定的是，濫用農藥確實對蜜蜂有影響。

蜜蜂其實是"癮君子"，採蜜時更偏愛含有咖啡因的花蜜。同樣，含有農藥的花蜜對蜜蜂也具有致命的誘惑力。蜜蜂像毒品上癮一樣採集被農藥污染的花蜜，而被它們帶回蜂巢的有毒蜂蜜，最終會毒害所有蜜蜂和幼蟲。

此外，蜜蜂的多樣性也在縮減。中國原產的蜜蜂品種是中華蜜蜂（簡稱中蜂），產蜜量不算高，但具有抗病害能力強、食量小、擅長採集零散蜜源等優點；後來，意大利蜜蜂（簡稱意蜂）被引入了國內，不但產蜜量高，還能大量出產蜂王漿、花粉、蜂膠等副產品。於是，蜂農為了經濟利益大量飼養意蜂，家養的中蜂越來越少，中蜂在 2006 年甚至被列入農業部國家級畜禽遺傳資源保護品種。

不但中國，世界各地的原產蜜蜂也紛紛不敵進口蜂種，數量劇減，這對養蜂業的長期發展非常不利。萬一主流蜂種被病害侵襲，一時也難以尋覓足夠的當地野蜂填補空缺。

蜜蜂雖有蜂刺防身，但還是無法擺脫滅絕的危機，而數千年來一直享用蜂蜜的人類，也理應保護生態、發展物種多樣性，讓人與蜜蜂的這段甜蜜關係能延續下去。

蜜蜂小貼士	
中文名	蜜蜂
拉丁學名	*Apidae*
英文名稱	bee
別稱	蜂
物種分類	節肢動物門、昆蟲綱、膜翅目、細腰亞目、蜜蜂總科、蜜蜂科
基因組學研究進展	2006 年 10 月 26 日，來自 13 個國家數十個科研機構的蜜蜂基因組測序聯盟，公佈了它們對蜜蜂基因組的測序結果和分析。蜜蜂共有 16 對染色體，染色體大小為 2.6 Gb，大約有 1 萬個有效基因。蜜蜂的祖先來自非洲。儘管蜜蜂是極其古老、進化緩慢的生物，但它體內控制生理節奏、衰老、RNA（核糖核酸）干擾的基因，與果蠅等昆蟲的同類基因相差較大，反而與人類等脊椎動物的同類基因更為接近。此外，基因組分析還表明，蜜蜂控制嗅覺的基因極為發達，數量超過果蠅和蚊子的同類基因，而控制味覺的基因明顯較少，這説明，嗅覺是影響蜜蜂覓食和與同類通信的主要因素。科學家們還發現，基因可能決定蜜蜂的社會分工。比如，工蜂神經中樞裏一些“主控基因”的開啟或關閉，會使工蜂由照料蜂王的“護工”轉變成以攻擊為主的“守衛”。研究結果發表在《自然》雜誌上。

蜜蜂小貼士	
基因組學研究進展	2015 年 5 月 15 日，華大基因與伊利諾伊大學厄巴納—香檳分校合作完成了對具有不同社會組織形態的 10 種蜂類的比較基因組學研究，並從分子水平上闡明了社會性組織形態的演化過程及分子機制。研究人員發現社會化程度越高的物種，其轉錄因子結合潛能和被甲基化調控的基因越多。轉錄因子的結合以及甲基化修飾是真核生物中兩種主要的基因調控作用方式。同時，在基因區研究還發現參與基因表達調控相關的基因在高程度社會化的物種中具有更快的分子演化速率。研究成果發表在《科學》雜誌上。 2017 年 11 月 16 日，深圳國家基因庫、哥本哈根大學、中國科學院昆明動物研究所和伊利諾伊大學厄巴納—香檳分校組成的研究團隊合作完成了關於蜜蜂攻擊行為快速演化的分子機制研究，提出了波多黎各島上蜜蜂的攻擊性在幾代內急劇下降的演化機制，研究成果發表在《自然．通訊》雜誌上。

參考文獻

1. A fossil bee from Early Cretaceous Burmese amber. Poinar GO Jr, Danforth BN[J]. *Science*. 2006 Oct. 27, 314(5799): 614.
2. 雲無心．萬物皆有理［M］．北京：中信出版集團，2018.
3. Kamakura M. Royalactin induces queen differentiation in honeybees[J]. *Nature*. 2011 May 26, 473(7348): 478-83.
4. Shahid S., Kim G., Johnson N.R., et al. MicroRNAs from the parasitic plant Cuscuta campestris target host messenger RNAs[J]. *Nature*. 2018 Jan 3, 553(7686): 82-85.
5. Liang Z.S., Nguyen T., Mattila H.R., et al. Molecular determinants of scouting behavior in honey bees[J]. *Science*. 2012 Mar 9, 335(6073): 1225-8.
6. （奧）卡爾．馮．弗里希．蜜蜂［M］．北京：中國友誼出版公司，2017.
7. Avalos A., Pan H., Li C., et al. A soft selective sweep during rapid evolution of gentle behaviour in an Africanized honeybee[J]. *Nat Commun*. 2017 Nov 16, 8(1): 1550.
8. Kessler S., Tiedeken E.J., Simcock K.L., et al. Bees prefer foods containing neonicotinoid pesticides[J]. *Nature*. 2015 May 7, 521(7550): 74-76.

失落的恐龍世界

不少人對恐龍的認知和興趣都來自《侏羅紀公園》和“侏羅紀世界”系列電影。畢業於哈佛大學醫學院的原著作者邁克爾·克萊頓（Michael Crichton）用自己扎實的科研基礎和大膽的想象力，為全世界構建了一個栩栩如生的恐龍世界。在電影中，人類最終還是無法控制親手復活的恐龍，後者在人類世界橫衝直撞，證明了自己才是地球的真正霸主。

史前世界霸主

恐龍（dinosaur）一詞原意是“恐怖的蜥蜴”，古生物學家把希臘單詞 *Dinos* 和 *Sauros* 組合起來，漢語則簡潔地將其翻譯為“恐龍”。化石證據證明，最早的恐龍誕生於距今 2.4 億 ~2.47 億年的三疊紀中後期。在此之前，地球上已有多種蜥蜴類爬行動物，也許它們就是恐龍的祖先。在三疊紀末期的生物大滅絕中，生態系統經歷了一次大洗牌，不少原有物種都宣告滅絕，而恐龍卻幸存下來成為優勢物種。發現於阿根廷西北部的黑瑞龍（*Herrerasaurus*）是世界上最早出現的恐龍之一，它跟後來出現的大部分恐龍相比還很原始，是從蜥蜴向恐龍演化過程中的一個過渡物種。

因為《侏羅紀公園》等電影的深入人心，多數人可能以為侏羅紀是恐龍最繁盛的時期，其實恐龍是在侏羅紀後期發展為地球上的統治者的，隨後的白堊紀才是恐龍種類最多、最繁盛的時期。在侏羅紀時期，不但有多種陸生恐龍出現，還出現了飛行的翼龍（*Pterosauria*），生活在海中的魚龍（*Ichthyosauria*）等品種，恐龍正式成為海陸空的主宰。

示意圖：恐龍曾是地球的主宰

世界上已發現的最大的恐龍也出現於侏羅紀時期，這種恐龍化石的神經弓特別容易碎，所以發現者愛德華・科普（Edward Cope）給它取名為易碎雙腔龍（*Amphicoelias fragilimus*）。由於易碎雙腔龍過於龐大，直到今天，仍未有人發現它的完整骨骼，只能通過部分骨骼的大小推測它是最大的恐龍。

易碎雙腔龍屬於梁龍科（*Diplodocoidae*），體型也與梁龍（*Diplodocus*）相似。1994 年，科學家葛瑞格利・保羅（Gregory Paul）以梁龍為模型，推斷出易碎雙腔龍的股骨可能長達 3~4 米，身長 40~60 米。2006 年，肯尼思・卡彭特（Kenneth Carpenter）

推斷，假如易碎雙腔龍和梁龍體型比例相同，它的身長大概會達到 58 米。所以從體型來看，易碎雙腔龍應該是有史以來最大的動物，體型超過了藍鯨。古生物學界普遍認為，易碎雙腔龍的體重可能超過 200 噸。

《侏羅紀公園》中登場的不少恐龍種類都是白堊紀才出現的，包括嚇壞了無數小朋友的霸王龍（*Tyrannosaurus rex*，簡稱 *T. rex*）。霸王龍又名雷克斯暴龍，是暴龍科（*Tyrannosaurus*）中體型最大的一種。霸王龍的屬名 *Tyrannosaurus* 在古希臘文中的意思是“殘暴的蜥蜴王”，種名 *rex* 在拉丁文中的意思是“國王”，從名字便可知它“王中王”的兇猛和霸氣。

雖然有人認為，霸王龍的戰鬥力可能不如棘背龍（*Spinosaurus*）等體型更大、嘴巴更大的恐龍，但評價動物的兇猛程度，除了體型之外，咬合力（動物上下顎咬緊時的力量）也是一個重要指標。霸王龍的咬合力為 8,526~34,522 牛頓，是棘背龍的兩倍有餘。

霸王龍是天生的“小短手”，前肢長度只有後肢的 22%。一頭體長 10 米的霸王龍，前肢只有 80~100 厘米，跟普通人手臂長度差不多。考古學家們根據霸王龍四肢長度，推斷它不可能四肢著地行走，只能靠後肢支撐體重，直立行走，前肢在走路時起平衡作用。現代人也經常利用這個特點開霸王龍的玩笑，比如“霸王龍接吻時就不能擁抱，擁抱時就不能接吻”。

《侏羅紀公園》裏還有一種小型恐龍，雖然它們沒有霸王龍的龐大身軀和驚人體力，但它們智慧驚人，懂得群體作戰，還會開門入室，令人不寒而慄。電影中的這些恐龍叫迅猛龍

（*Velociraptor*），但真實的迅猛龍並沒有那樣的智力和戰鬥力，它們只是一種長著羽毛、體重十來公斤的恐龍，跟人類單打獨鬥只有被拔光羽毛下湯鍋的份兒。

霸王龍化石

恐龍中真正的天才，是和迅猛龍同處白堊紀的傷齒龍（*Troodon*）。傷齒龍的體重約為 60 千克，和一個成年人差不多，四肢修長，奔跑速度快。前肢可以像鳥類一樣向後折起，手部具有可以握物的拇指，而第二腳趾長著可伸縮的鐮刀型趾爪。這種可伸縮的趾爪和貓的爪子很像，奔跑時會縮回，方便行走；而捕獵、搏鬥的時候，又能伸出來當作武器。它們眼睛很大，視力也比多數恐龍更好，甚至可能在夜間活動，以夜間行動的哺乳動物為食。從身體情況來看，傷齒龍的戰鬥力顯然比迅猛龍強。

傷齒龍大腦和身體的比例在恐龍中是最大的，智力估計也是最高的。人類平均 IQ（智商）是 90~100，按人類的 IQ 來衡量的話，袋鼠的 IQ 只有 0.7，傷齒龍的 IQ 可能高達 5.3，接近現代鳥類的智商。現代一些鳥類經過訓練後可以進行雜技表演，或者模仿人類說話，傷齒龍的智商可能與它們相差無幾。

恐龍在白堊紀晚期的生物大滅絕中消亡殆盡。加拿大古生物學家戴爾・羅素（Dale Russell）曾經認為，如果恐龍沒有滅絕，傷齒龍也許會演化成有智慧的“恐龍人”，替代人類成為地球的主宰，這就是著名的“恐人學說”（Dinosauroid）。

恐龍化石之爭

我們現在看到的千姿百態的恐龍還原圖，都是根據出土的恐龍化石還原出來的。當然，科幻電影中的部分恐龍形象會經過藝術加工，從而達到更震撼的視覺效果。

古人其實早已發現了恐龍化石，只是他們並不知道這是何物。《史記・孔子世家》記載，春秋戰國時期，吳國發現了一節像車子一樣大的骨骼，派使者請教孔子，孔子認為這是傳說中的巨人族——防風氏的遺骨。晉朝的《華陽國志》也記載：“山出龍骨。傳云龍升其山，值天門閉，不達，墮死於此，後沒地中，故掘取得龍骨。”古人從未見過如此巨大的骨骼，只能猜測這是神話中巨人或者龍的遺骨。

1822 年，英國蘇塞克斯郡的曼特爾（Mantell）夫人在新修公路兩旁的岩層發現巨大的動物牙齒化石，出於好奇，她把這些牙齒化石挖出來帶回家給自己丈夫——鄉村醫生吉迪恩・曼特爾（Gideon Mantell）看。

曼特爾先生在發現牙齒化石的地方又挖出了一些巨大的骨骼

化石，把這些化石寄給法國著名博物學家喬治・居維葉（Georges Cuvier）進行鑒定，居維葉認為牙齒化石屬於犀牛，骨骼化石屬於河馬。這個結論並未能使曼特爾信服。

兩年後，曼特爾在倫敦皇家學院博物館看到了美洲鬣蜥的牙齒，發現它們跟自己發現的牙齒化石非常相似，他堅信這些化石屬於一種滅絕的古代爬行動物。於是，他把這種生物命名為禽龍（*Iguanodon*），這個詞在拉丁文中的意思是"鬣蜥的牙齒"。

雖然曼特爾是第一個發現恐龍化石的人，但他沒有及時把此發現寫成論文發表。1824 年，牛津大學教授威廉・巴克蘭（William Buckland）把他發現的一種恐龍化石命名為斑龍（*Megalosaurus*），並發表了世界上第一篇關於恐龍的論文。所以，巴克蘭才是學術界公認的發現恐龍的第一人。

雖然遭受打擊，曼特爾對恐龍化石的熱情絲毫不減，他放棄了行醫的工作，專心收集各種恐龍化石，出版關於恐龍的學術著作，還把自家改裝成恐龍化石博物館。然而曼特爾並非富豪，購買化石和自費出書使他債台高築，妻離子散，最後只能賣掉化石藏品還債。

屋漏偏遭連夜雨，當時的學術名人理查德・歐文（Richard Owen）也盯上了曼特爾的學術成果。他迅速把這類爬行動物正式命名為"恐龍"（dinosaur），並趁曼特爾貧病交加，將他多年前命名的恐龍品種改個名字，便宣稱這是自己的學術成果。為了打壓曼特爾，他還串通學術雜誌把曼特爾投稿的研究論文統統拒稿。

就這樣，在失去了醫生工作、妻兒、大部分藏品後，曼特爾苦心經營多年的學術成果也被掠奪，他本人也於 1852 年含恨離世。

曼特爾逝世 6 年後，大洋彼岸的美國也爆發了一場被載入史冊的化石戰爭（The Bone Wars），這也是一場令人扼腕的惡性競爭。戰爭的雙方，便是上文中發現了易碎雙腔龍的美國院士愛德華·科普和哈佛教授奧塞內爾·馬什（Othniel Marsh）。這是一場沒有贏家的戰爭，馬什依仗財勢，大搞不公平競爭，兩人一生明爭暗鬥，最後雙雙在挖掘化石的過程中耗盡家財，不得善終。

雖然此事已經過去百年，但我們也應以史為鑒，儘可能讓科學研究向健康、有序的方向發展。

滅絕之謎

雖然恐龍留下了化石，可供人類推測它們生前的體型和習性，然而化石能訴說的信息實在太少，無法解答這種史前地球霸主給我們留下的無數不解之謎。比如，恐龍是如何滅絕的？

恐龍滅絕的原因眾說紛紜，最為人信服的說法是隕石撞擊。1980 年，美國科學家在 6,500 萬年前的白堊紀晚期地層發現了高濃度的銥元素，而這一元素只存在於天外行星，這說明當時地球很可能經歷了一次小行星撞擊。根據銥元素的分佈狀況推測，撞擊地球的小行星直徑至少有 10 公里。

墨西哥的希克蘇魯伯隕石坑被認為是那顆小行星撞擊的痕跡。不幸的是，小行星撞擊的中美洲地區，地表淺層含有大量的烴類和硫化物，在小行星撞擊造成的高溫中，烴類和硫化物大量燃燒，造成嚴重霧霾和氣溫劇變。同時，硫化物燃燒導致的酸雨使植物大量死亡，引發了整個食物鏈的崩潰。

有科學家推測，如果小行星撞擊在地球上烴類含量不高的地區，未必會造成這樣的毀滅性後果，恐龍也能得以幸存。時也，命也，小行星偏偏擊中了地球的死穴，恐龍也就在劫難逃了。

此外，也有一些觀點認為，恐龍是死於氣候變化或者大規模火山爆發造成的環境失衡。就連白堊紀晚期被子植物的興起，也可能與恐龍滅絕有關——某些被子植物為了防止被動物所食，在體內產生了生物碱等毒性物質，毒死了大批植食恐龍，食肉恐龍也因而死於食物匱乏。無論真相是什麼，恐龍的滅絕已是既成的事實。

恐龍與鳥

電影中的恐龍形象都是皮膚粗糙、身披鱗片，跟現代的巨蜥、鱷魚差不多，但科學家從化石中發現，許多恐龍都像鳥類一樣長著羽毛，《侏羅紀公園》的兩大主角霸王龍和迅猛龍，其實都是“毛茸茸”的。此外，翼龍、始祖鳥（*Archaeopteryx*）、鐮刀龍（*Therizinosaurus*）、竊蛋龍（*Oviraptor*）、馳龍（*Dromaeosaurus*）、鸚鵡嘴龍（*Psittacosaurus*）、天羽龍（*Tianyulong*）等恐龍的化石中也發現了羽毛的痕跡。

現代鳥類身上有多種羽毛，功能各異，比如正羽可以輔助飛行和保護身體，絨羽可以保暖，毛羽感受外界環境等。翼龍身上也有 4 種結構不同的羽毛，分別用於保暖、輔助飛行、感應獵物等。即使是不會飛行的霸王龍、迅猛龍等品種，也有羽毛護體，它們的羽毛可能起到保暖、成為保護色、求偶、炫耀等作用。

科學家曾認為恐龍羽毛的顏色是個千古之謎，因為化石無法看出羽毛原本的顏色。但隨著技術的發展，科學家現在可以通過掃描電子顯微鏡觀察到恐龍羽毛化石中的色素體，再把這些色素體和現代鳥類羽毛的色素體做比對，就可以復原出恐龍羽毛的顏色。

恐龍的羽毛具有重要研究意義。因為蛇、蜥蜴等冷血動物的體溫都隨外界溫度變化，不需要毛髮保暖，在低溫狀態下會出現行動遲緩、冬眠等表現。而部分恐龍具有能保暖的羽毛，說明它們是溫血動物，活動能力也比冷血爬行動物更強，在自然競爭中更有優勢。

恐龍身上的羽毛，也證明了它們和現代鳥類有莫大的血緣關係。現代鳥類是由一些小型恐龍演化而來的，化石也證明，部分小型恐龍除了長著能輔助飛行的羽毛，還具有前肢加長、前腦增大、骨骼中空、體內有氣囊等與鳥類相似的特徵。始祖鳥和中華龍鳥（*Sinosauropteryx*）都是具有鳥類特徵的恐龍，屬於恐龍向鳥類演化的過渡型動物，因為外形和鳥類太相似，它們甚至一度被認為是原始的鳥類——尤其是始祖鳥，它的化石出土於 1861 年，當時達爾文的首版《物種起源》已經問世兩年，所以它成了支持生命演化中“缺失的一環”的有力證據。最早的鳥類之一孔子鳥（*Confuciusornis*），也有不少類似爬行動物的特徵，比如胸骨沒有龍骨突、翅膀上有爪子。

始祖鳥復原圖

物競天擇，雖然恐龍已經在生存競爭中謝幕離場，但它們的後裔鳥類卻已在地球繁衍生息上億年。從恐龍嘶鳴到鳥語啁啾，實在令人感歎生物演化的無限可能。恐龍已逝，與其不計成本地考慮將其復活，遠不如珍惜、善待現存於世的鱷、龜、蛇、蜥蜴等同時代的爬行動物，正所謂“滿目山河空念遠，何不憐取眼前人”。

參考文獻

1. Gignac P.M., Erickson G.M. The Biomechanics Behind Extreme Osteophagy in *Tyrannosaurus rex*[J]. *Sci Rep*. 2017 May 17, 7(1): 2012.
2. Jeff Hecht. “Smartasaurus” . *Cosmos* Magazine. Retrieved 1 June 2017.
3. Kaiho K., Oshima N. Site of asteroid impact changed the history of life on Earth: the low probability of mass extinction[J]. *Sci Rep*. 2017 Nov 9, 7(1): 14855.
4. Xu X., Wang K., Zhang K., et al. A gigantic feathered dinosaur from the lower cretaceous of China[J]. *Nature*. 2012 Apr 4, 484(7392): 92-5.
5. Kellner A.W., Wang X., Tischlinger H., et al. The soft tissue of Jeholopterus (Pterosauria, Anurognathidae, Batrachognathinae) and the structure of

the pterosaur wing membrane[J]. *Proc Biol Sci*. 2010 Jan 22, 277(1679): 321-9.

6. Li Q., Gao K.Q., Meng Q., et al. Reconstruction of Microraptor and the evolution of iridescent plumage[J]. *Science*. 2012 Mar 9, 335(6073): 1215-9.
7. Xu X., Zhou Z., Dudley R., et al. An integrative approach to understanding bird origins[J]. *Science*. 2014 Dec 12, 346(6215): 1253293.

且放白鹿青崖間

鹿因其美麗優雅的形象，自古就被人類當成瑞祥神獸。在中國傳統神話中，鹿往往是壽星等仙人的坐騎，唐朝詩人李白曾寫下"且放白鹿青崖間，須行即騎訪名山"的詩句。無獨有偶，西方民間傳說中的聖誕老人，在平安夜給孩子們發放禮物時，乘坐的正是馴鹿拉的雪橇。

既然鹿常與仙人為伴，古代的王公貴族、達官貴人自然也喜歡在自家園林養鹿，取其吉祥之意。《詩經》中的《大雅・靈台》就描寫了周文王園林"王在靈囿，麀鹿攸伏。麀鹿濯濯，白鳥翯翯"的情景。

鹿角長生

當然，不少人養鹿除了觀賞，更是為了鹿茸。鹿茸是鹿剛長出不久尚未骨化的嫩角，外覆茸皮，內含軟骨、血管。其中梅花鹿（*Cervus nippon*）和馬鹿（*Cervus elaphus*）的鹿茸都可供藥用，據《本草綱目》記載，鹿茸有"補腎壯陽、生精益血、補髓健骨"的功效，是強身健體的上好補品。但如果不及時鋸取鹿茸，任其繼續生長，鹿茸便會褪掉茸皮，逐漸骨化為堅硬的鹿角。此時養鹿者只能再等一年，等鹿角在秋冬時脫落，於次年春季長出新的

帶茸皮的鹿茸（上）和切片的鹿茸（下）

鹿茸，再進行收割。

反芻動物是現存唯一具有骨顱附屬物（角）的哺乳動物，具體種類包括鹿、羚羊、牛、羊等。反芻動物一共有瘤胃、網胃、瓣胃、皺胃四個胃，其中只有最後面的皺胃是能分泌胃液、進行化學性消化的真正意義上的胃，前面三個胃其實只是食道的異化。吃火鍋時涮的毛肚、金錢肚、牛百葉，其實分別是牛的瘤胃、網胃、瓣胃。

因為反芻動物都是植食動物，在野生環境下進食時容易被食肉獸捕獵，所以它們只能匆匆把食物嚥下儲存於瘤胃，等處在安全環境下時才把在瘤胃中浸泡和軟化的食物逆嘔回口腔，經過細細咀嚼後依次經過瘤胃、網胃、瓣胃，最後來到皺胃中。這種消化方式叫反芻，反芻動物因此得名。

牛羊等反芻動物的角都是中空的，而且一般終身不脫落；而鹿角是實心的骨質，每年都會脫落舊角，長出新角。其實鹿的老祖宗在 3,500 萬年前問世時，並不長角，經過了 1,000 萬年的演化，中新世早期的鹿才發育出骨質的角，但這種角既沒有分叉也不脫落。直到 1,300 萬年後的上新世，鹿角才出現了類似現代鹿角的分叉。

全世界目前共有 38 種鹿科動物（長頸鹿不屬於鹿科，而屬於獨立的長頸鹿科），多數種類的鹿都是只有雄性才長角，在交配時節用於吸引雌性、與競爭者搏鬥。然而巨大的鹿角雖有助於雄鹿獲得生殖優勢，但這也不利於它們的生存。鹿角越大，生長時所需的養分越多，而且過大的鹿角容易被卡在樹枝上，被卡住失去行動能力的鹿往往葬身於天敵之口，或者困在原地活活被餓死。獵人也更喜歡捕獵長著巨大鹿角的鹿，因為鹿角做的裝飾品可以賣出好價錢。如今非洲象為了逃避偷獵者對象牙的掠奪，象牙在代代演化下變得越來越短，也許在將來，野鹿們的鹿角也會像象牙一樣演化得越來越小。

為了減少營養消耗和被捕獵的風險，獐（*Hydropot*）和麝（*Noschus noschiferus*）等體型較小的鹿科動物，無論雌雄都不長角。而生活在北極圈的馴鹿（*Rangifer tarandus*）需要用鹿角把冰雪下的地衣（lichens）刨出來充飢，因此雌雄都長角。多數鹿科動物的雄性都是通過雄激素促進鹿角的生長，而馴鹿的 *CCND1* 基因上游發生了突變，使其雄激素受體可以被其他信號分子激活，導致雌鹿的雄激素受體在缺乏雄激素的狀態下也能促進鹿角生長，如能把變異的基因引入其他品種的雌鹿體內，便可以讓雌鹿也長出鹿茸，增加鹿茸產量。

鹿角生長需要大量的鈣和其他營養成分。眾所周知，陽光對動物體內維生素 D 的合成起著關鍵作用，而維生素 D 又能促進鈣的吸收。馴鹿生活在北極圈，當地的陽光強度和光照時長都不如低緯度地區，馴鹿要吸收足夠的鈣滿足鹿角生長的需要，自身必須有極強的合成維生素 D 的能力。研究發現，馴鹿體內基因發生了變異，維生素 D 代謝途徑中的 CYP27B1 和 POR 兩種關鍵酶活性比其他動物的更高，有助於維生素 D 的合成。

越是高等的生物，肢體再生就越難。人類一旦身體受損，便只能抱憾終身，再無可能讓失去的器官、組織重生。然而鹿每年都能長出新的鹿茸並發育為鹿角，是唯一能實現器官再生的哺乳動物。鹿茸的再生源自角柄處的骨膜幹細胞團的生長、分化，這

生活在北極圈的馴鹿

種幹細胞團能發育為鹿茸的軟骨、血管、神經、皮膚等組織。如果把鹿茸再生的機理研究透徹，不但能生產更多鹿茸，更重要的是，將此研究用於臨床，有望使肢體受損的患者實現肢體再生。

防癌有術

古人把鹿當成神獸，認為通靈性的“神鹿”壽命極長，是長壽的象徵。《述異記》中提到：“鹿一千年為蒼鹿，又五百年化為白鹿，又五百年化為玄鹿。”相傳唐玄宗曾獵到一頭大鹿，八仙之一張果老告訴他，這頭鹿已經將近千歲，自己曾在漢朝時與漢武帝獵到此鹿並將之放生，放生前在鹿角下繫了一塊銅牌作為標記。唐玄宗檢查鹿頭，果然發現了這塊銅牌。這些傳說，都為鹿的長壽蒙上了一層神秘的色彩。

事實證明，鹿科動物的壽命只有二三十年，在動物界並不算特別長壽。但鹿有個過人的優勢，就是不容易得癌症。鹿茸生長速度極快，最快時每天都能生長 1.7~2 厘米，生長速度甚至超過了腫瘤組織。而鹿茸中也確有多個原癌基因的表達，與骨癌組織中的原癌基因表達相似，也許這些原癌基因在調控鹿茸快速再生過程中起了重要作用。

然而，即使體內的原癌基因大量表達，也不會增加鹿科動物罹患腫瘤的概率，相反，鹿科動物的腫瘤發病率甚至遠低於其他動物。原來，鹿體內除了有原癌基因的高效表達，*PML*、*NMT2*、*CD2AP*、*ELOVL6*、*S100A8*、*ISG15*、*CNOT3*、*CCDC69* 等抑癌基因也大量表達，抑制腫瘤的生成，使鹿的細胞在迅速生長的同時又不會引發腫瘤。

鹿科動物的腫瘤抑制機制，可以為臨床腫瘤的預防和治療提供新的思路和方法。鹿雖不是傳說中的“祥瑞神獸”，但仍然是健康、吉祥的象徵，為人類的健康長壽帶來了更多的希望。

馴鹿小貼士	
中文名	馴鹿
拉丁學名	*Rangifer tarandus*
英文名稱	reindeer
別稱	角鹿
物種分類	脊索動物門、脊椎動物亞門、哺乳綱、真獸亞綱、偶蹄目、反芻亞目、鹿科、空齒鹿亞科、馴鹿屬、馴鹿種
基因組學研究進展	2019 年 6 月 21 日，西北工業大學、西北農林科技大學、華大基因等研究機構對馴鹿進行了基因測序。馴鹿是目前唯一一種被完全馴化的鹿科動物，基因組大小為 2.6 Gb。該研究揭示了北極鹿的廣泛特徵的遺傳基礎，並為理解哺乳動物對北極的適應性策略提供了基礎。比較基因組研究和功能分析鑒定了許多基因，這些基因具有與晝夜節律性心律失常、維生素 D 代謝、順應性和鹿茸生長相關的功能，以及獨特突變和 / 或正選擇的基因。該結果可能提供與人類健康相關的見解，包括馴鹿中維生素 D 的遺傳反應如何影響骨骼和脂肪代謝及基因如何影響晝夜節律性心律失常。研究結果以封面文章的形式發表在《科學》雜誌上。

參考文獻

1. 宋勝利，劉國世，宋文輝，史文清，劉久田．鹿角及其文化現象 —— 中國鹿與鹿文化研究 [A]．2013 中國鹿業進展 [C]．北京：中國畜牧業協會，2013. 286-295.
2. 李佳．仙鹿長壽意義考辨 [J]．華夏文化．2015，4: 54-55.

3. Lin Z., Chen L., Chen X., et al. Biological adaptations in the Arctic cervid, the reindeer (*Rangifer tarandus*)[J]. *Science*. 2019 Jun 21; 364(6446).
4. 奇雲 . 鹿角再生的秘密［J］. 科學與文化 . 2006，4: 19.
5. Wang Y., Zhang C., Wang N., et al. Genetic basis of ruminant headgear and rapid antler regeneration[J]. *Science*. 2019 Jun 21; 364(6446).

責任編輯　張　梅
書籍設計　a_kun
書籍排版　楊　錄

書　　名　生命密碼 1 —— 萬物演化的基因秘密
著　　者　尹　烨
出　　版　三聯書店（香港）有限公司
香港北角英皇道 499 號北角工業大廈 20 樓
Joint Publishing (H.K.) Co., Ltd.
20/F., North Point Industrial Building,
499 King's Road, North Point, Hong Kong
香港發行　香港聯合書刊物流有限公司
香港新界荃灣德士古道 220-248 號 16 樓

版　　次　2026 年 6 月香港第 1 版第 1 次印刷

國際書號　ISBN 978-962-04-5895-8

www.ingramcontent.com/pod-product-compliance
Lightning Source LLC
LaVergne TN
LVHW051921051126
851857LV00021B/2092
* 9 7 8 9 6 2 0 4 5 8 9 5 8 *